Otto Bruhns

Aufgabensammlung Technische Mechanik 3

Kinetik für Bauingenieure
und Maschinenbauer

Otto Bruhns

Aufgabensammlung Technische Mechanik 3

Kinetik für Bauingenieure und Maschinenbauer

Mit über 200 Abbildungen

Die Deutsche Bibliothek – CIP-Einheitsaufnahme
Ein Titeldatensatz für diese Publikation ist bei
Der Deutschen Bibliothek erhältlich

ISBN 978-3-528-07422-7   ISBN 978-3-322-90801-8 (eBook)

DOI 10.1007/978-3-322-90801-8

Alle Rechte vorbehalten
© Friedr. Vieweg & Sohn Verlagsgesellschaft mbH, Braunschweig/Wiesbaden, 1999

Der Verlag Vieweg ist ein Unternehmen der Bertelsmann Fachinformation GmbH.

http://www.vieweg.de

Konzeption und Layout des Umschlags: Ulrike Weigel, www.CorporateDesignGroup.de
Druck und buchbinderische Verarbeitung: Hubert & Co., Göttingen
Gedruckt auf säurefreiem Papier

Vorwort

Die Mechanik ist eine der Grundlagen der Ingenieurwissenschaften. Sie soll die Studierenden an die Ingenieurprobleme heranführen und sie später in die Lage versetzen, neuen Problemen mit geschärftem analytischen Denkvermögen begegnen zu können.

Erfahrungsgemäß ist das Erlernen der wesentlichen Grundlagen und Methoden der Mechanik etwas, das den Studierenden der Ingenieurwissenschaften zu Beginn ihres Studiums besonders schwerfällt. Das vorliegende Buch soll dazu beitragen, die Schwierigkeiten beim Erlernen dieses Faches zu überwinden. Es wendet sich deshalb insbesondere an die Studierenden des Bauingenieurwesens und des Maschinenbaus im Grundstudium.

Das Buch folgt eng der didaktischen Linie der Mechanik-Vorlesungen an deutschen Hochschulen. Es ist insbesondere hervorgegangen aus meiner langjährigen Lehrtätigkeit an der Ruhr-Universität in Bochum.

Das vorliegende Studienbuch ist der dritte Band der Reihe "Aufgabensammlung Mechanik", die die Bände "Elemente der Mechanik" ergänzen und abrunden soll. Es ist so aufgebaut, daß die wesentlichen Elemente der "Kinetik" behandelt werden. Zu Beginn eines jeden Kapitels werden die für die Lösung der Aufgaben wichtigsten Beziehungen und Formeln zusammengestellt und kurz erläutert. Dabei wird jeweils auf die entsprechenden Abschnitte der Bände der "Elemente der Mechanik" Bezug genommen, so daß ein genaueres Nacharbeiten erleichtert wird. Es folgen einige typische Beispiele von Aufgaben, die in aller Ausführlichkeit gelöst werden. Den Abschluß bilden dann in jedem Kapitel eine Reihe von Aufgaben, für die im Kapitel 13 die Lösungen in Kurzform angegeben werden.

Die Mechanik behandelt einen Stoff, der erfahrungsgemäß durch reines Lesen nicht erlernbar ist. Es wird deshalb empfohlen – und der gewählte Aufbau der Kapitel soll die Studierenden in dieser Weise motivieren – die zusammengestellten Aufgaben entsprechend den Lösungen der Beispiele sorgfältig durchzuarbeiten. Dabei wird hier allerdings vorausgesetzt, daß die Methoden und Prinzipien der "Statik" und der "Festigkeitslehre" beherrscht werden. Eine Besonderheit der Aufgaben der Kinetik besteht darin, daß sich in aller Regel keine standardisierten Lösungen mehr angeben lassen. Häufig existieren nebeneinander ganz verschiedene Lösungswege – und erfahrungsgemäß bereitet gerade dies besondere Schwierigkeiten. Das vorliegende Buch ist bemüht, auch auf diese Probleme einzugehen.

Mein herzlicher Dank geht an dieser Stelle an alle meine Mitarbeiter, die durch ständige Diskussion sehr zur nun vorliegenden Fassung des Buches beigetragen haben. Mein besonderer Dank gilt jedoch den beiden Studenten cand. ing. B. Kiefer und stud. ing. P. Lubrich, die mir bei der Erstellung der vielen Abbildungen behilflich waren.

Bochum, im August 1999 *Otto Bruhns*

Inhaltsverzeichnis

1   Eindimensionale Bewegung

1.1   Allgemeines

Unter den Voraussetzungen der klassischen Mechanik (siehe Elemente Band I, Kapitel 6, bzw. Band III, Kapitel 1) können wir den Zusammenhang zwischen den auf einen Körper einwirkenden resultierenden Kräften (bzw. Momenten) und den dadurch hervorgerufenen Bewegungen beschreiben durch

Impulssatz, Massen-Mittelpunktsatz

$$\boxed{F^{(a)} = \frac{\mathrm{D}}{\mathrm{d}t} m v_M = m \dot{v}_M = m \ddot{r}_M,} \tag{1.1}$$

Drallsatz - bezogen auf den raumfesten Punkt 0

$$\boxed{M^{(a)}_{(0)} = \frac{\mathrm{D}}{\mathrm{d}t} H_{(0)}.} \tag{1.2}$$

Dabei sind $F^{(a)}$ bzw. $M^{(a)}_{(0)}$ die von außen auf den Körper einwirkenden (eingeprägten) Kräfte bzw. Momente (bezogen auf 0), r_M bzw. v_M sind der Ortsvektor und die Geschwindigkeit des Massen-Mittelpunktes und $H_{(0)}$ ist der Drall des Körpers (ebenfalls bezogen auf 0).

Wir können den Drallsatz auch für den Massen-Mittelpunkt M anschreiben und erhalten dann

Drallsatz - bezogen auf den Massen-Mittelpunkt

$$M^{(a)}_{(M)} = \frac{\mathrm{D}}{\mathrm{d}t} H_{(M)} = \frac{\mathrm{D}}{\mathrm{d}t} \int_V (r - r_M) \times \mathrm{d}m v, \tag{1.3}$$

mit $H_{(M)}$ dem Drall des Körpers in bezug auf den Massen-Mittelpunkt.

Für starre Körper gilt daneben stets der

Energiesatz der Mechanik für starre Körper

$$\boxed{\mathrm{D}A^{(a)}_M = F^{(a)} \cdot \mathrm{D}r_M = \mathrm{D}E_M.} \tag{1.4}$$

Dabei sind $\mathrm{D}A^{(a)}_M$ das Inkrement der Arbeit aller äußeren Kräfte und

$$E_M = \frac{1}{2} m v_M^2 \tag{1.5}$$

die kinetische Energie des Massen-Mittelpunktes.

Sind alle an einem starren Körper angreifenden Kräfte Potentialkräfte, d.h. gemäß $F = -\mathrm{grad}\,\Phi$ aus einem Potential $\Phi = \Phi(r)$ ableitbar, so wird aus (1.4)

$$\boxed{\mathrm{D}(E + \Phi) = 0, \quad \rightarrow \quad E + \Phi = \text{konst.,}} \tag{1.6}$$

der Energiesatz der Mechanik für konservative Systeme. Als Potential Φ gilt z.B.:
(i) die Federenergie für eine elastische Feder

$$\Phi = \frac{1}{2} c x^2. \tag{1.7}$$

mit der Federkonstanten c,

(ii) die potentielle Energie für einen Körper der Masse m in einem homogenen Schwerefeld

$$\Phi = m g\, h_M \,, \tag{1.8}$$

wobei h_M die Lage des Massen-Mittelpunktes über einem Bezugsniveau (in aller Regel die Erdoberfläche) bezeichnet.

In den ersten 4 Kapiteln dieses Bandes wollen wir die Bewegungen von Massenpunkten beschreiben, also von solchen Körpern, bei denen wir uns die gesamte Masse m des Körpers im Massen-Mittelpunkt vereinigt denken und bei denen wir alle von außen an dem Körper angreifenden Kräfte diesem Punkt zuordnen (Ersatz-Modell der Punkt-Kinetik, siehe auch Elemente der Mechanik, Band III, Kapitel 2). Im Rahmen dieser Vereinfachung reicht dann auch der Impulssatz (1.1) aus, die Bewegung des Massenpunktes zu beschreiben. Entsprechend können wir auch die Schreibweise vereinfachen, indem wir den Index M fortlassen, also z.B. einfach v statt v_M schreiben.

Wir wollen zunächst nur solche Bewegungen eines Massenpunktes betrachten, bei denen die (geradlinige oder gekrümmte) Bahn des Massenpunktes im voraus bekannt oder durch kinematische Bindungen gegeben ist, so daß wir die Lage des Massenpunktes im Raum eindeutig mit einer Orts-Koordinate beschreiben können.

Kinematik der eindimensionalen Punkt-Bewegung

Von eindimensionalen Bewegungen sprechen wir insbesondere bei geradliniger Bewegung eines Massenpunktes. Für diese gilt - wenn wir eine längs der Bahn verlaufende Koordinate s benutzen und den Bewegungsablauf in der Bahn als Funktion der Zeit beschreiben

$$s = s(t), \quad \dot{s} = v(t), \quad \ddot{s} = \dot{v}(t) = a(t)$$

für den zurückgelegten Weg s, die Geschwindigkeit v sowie die Beschleunigung a.

Wir können den Bewegungsablauf auch in anderer Form beschreiben, z.B. durch die Angabe von

$$\dot{s} = v(s)$$

und nennen dies die Darstellung der Bewegung in der Phasenebene. Diese Darstellung ist der Darstellung $s(t)$ äquivalent. Aus der Beziehung $\dot{s} = v(s)$ folgt nämlich durch Trennung der Variablen

$$\int\limits_{t_0}^{t} \mathrm{d}t = \int\limits_{s_0}^{s} \frac{\mathrm{D}s}{v(s)} \quad \rightarrow \quad t = t(s), \quad \rightarrow \quad s = s(t),$$

wenn wir s_0 und t_0 als fest gegeben betrachten. Ferner gilt

$$\ddot{s} = a(s) \quad \rightarrow \quad \ddot{s} = \frac{\mathrm{D}\dot{s}}{\mathrm{D}s}\frac{\mathrm{D}s}{\mathrm{d}t} = \frac{\mathrm{D}\dot{s}}{\mathrm{D}s}\dot{s} = a(s) \quad \rightarrow \quad \int \dot{s}\,\mathrm{D}\dot{s} = \int a(s)\,\mathrm{D}s.$$

Das kinematische Bewegungsgesetz der eindimensionalen Bewegung kann uns in verschiedener Weise gegeben sein. Wir können vier Grundfälle unterscheiden.

1. Grundfall:

Gegeben sei $s = s(t)$ (bzw. $\dot{s}(t)$ oder $\ddot{s}(t)$). Aus $s(t)$ erhalten wir durch Differentiation nach der Zeit

$$\dot{s}(t) = v(t), \quad \rightarrow \quad \ddot{s}(t) = \dot{v}(t) = a(t).$$

Ist $\dot{s}(t) = v(t)$ gegeben, so gewinnen wir $s(t)$ durch Integration über die Zeit

$$s(t) = s_0 + \int\limits_{t_0}^{t} v(t)\,\mathrm{d}t.$$

$\ddot{s}(t)$ ermitteln wir dagegen wiederum durch Differentiation nach der Zeit.

In der dritten Variante ist zunächst $\ddot{s}(t) = a(t)$ vorgegeben. Dann erhalten wir $v(t)$ bzw. $s(t)$ durch einmalige bzw. zweimalige Integration von $a(t)$ über die Zeit. Die Umkehr von $s(t)$ liefert $t = t(s)$. Setzen wir das in $v(t)$ bzw. $a(t)$ ein, so können wir stets auch

$$v = v(s) \quad \text{bzw.} \quad a = a(s)$$

angeben. In manchen Fällen ist es schließlich noch interessant,

$$a = a(v) \quad \text{bzw.} \quad v = v(a)$$

zu kennen. Wir erreichen dies, indem wir aus $v(t)$ und $a(t)$ bzw. aus $v(s)$ und $a(s)$ die Zeit t bzw. den Weg s eliminieren.

2. Grundfall:

Gegeben sei $\dot{s} = v(s)$. Dies entspricht der Darstellungsmöglichkeit des Bewegungsablaufes in der Phasenebene. Wie dort gezeigt, können wir aus $v(s)$ zunächst durch Differentiation

$$a(s) = \frac{Dv(s)}{Ds} \, v(s)$$

und durch Integration

$$t(s) = t_0 + \int_{s_0}^{s} \frac{Ds}{v(s)}$$

gewinnen. Die Umkehr von $t(s)$ liefert dann $s(t)$. Durch Einsetzen von $s(t)$ in $v(s)$ und $a(s)$ bzw. durch Differentiation von $s(t)$ nach der Zeit erhalten wir dann $v(t)$ und $a(t)$ und durch Elimination von s oder t schließlich auch $a(v)$ bzw. $v(a)$.

3. Grundfall:

Gegeben sei $\ddot{s} = a(s)$. Wegen

$$a(s) = v(s) \, \frac{Dv(s)}{Ds}$$

können wir daraus durch Integration über s

$$\int_{s_0}^{s} a(s) \, Ds = \int_{v_0}^{v} v(s) \, Dv(s), \quad \rightarrow \quad v(s) = \sqrt{v_0^2 + 2 \int_{s_0}^{s} a(s) \, Ds}$$

ermitteln. Von da an können wir wie im 2. Grundfall verfahren.

4. Grundfall:

Gegeben sei $\ddot{s} = a(v)$. Setzen wir

$$\ddot{s} = \frac{Dv}{Ds} \, v,$$

so können wir dies umformen zu

$$Ds = \frac{v \, Dv}{a(v)} \quad \rightarrow \quad s(v) = s_0 + \int_{v_0}^{v} \frac{v \, Dv}{a(v)} \, .$$

Die Umkehr liefert $\dot{s} = v(s)$. Damit haben wir das Problem auf den 2. Grundfall zurückgeführt. Setzen wir dagegen

$$\ddot{s} = \frac{Dv}{dt},$$

so ergibt die Umformung dieses Ausdruckes zunächst

$$dt = \frac{Dv}{a(v)} \quad \rightarrow \quad t(v) = t_0 + \int_{v_0}^{v} \frac{Dv}{a(v)} \, .$$

Die Umkehr dieser Funktion liefert $\dot{s} = v(t)$ und führt uns damit auf den 1. Grundfall.

1.2 Beispiele

Aufgabe 1.1:

Das Weg-Zeit-Diagramm eines Fahrzeuges sei gegeben. Bestimmen Sie

1. die mittlere Geschwindigkeit im Zeitintervall von $t_1 = 1$ s bis $t_2 = 3,\ 2,\ 1,5$ sowie $1,1$ s,
2. die momentane Geschwindigkeit zum Zeitpunkt $t = t_1$,
3. die mittlere Beschleunigung im Zeitintervall von $t_1 = 1$ s bis $t_2 = 3,\ 2,\ 1,5$ sowie $1,1$ s,
4. die momentane Beschleunigung zum Zeitpunkt $t = t_1$

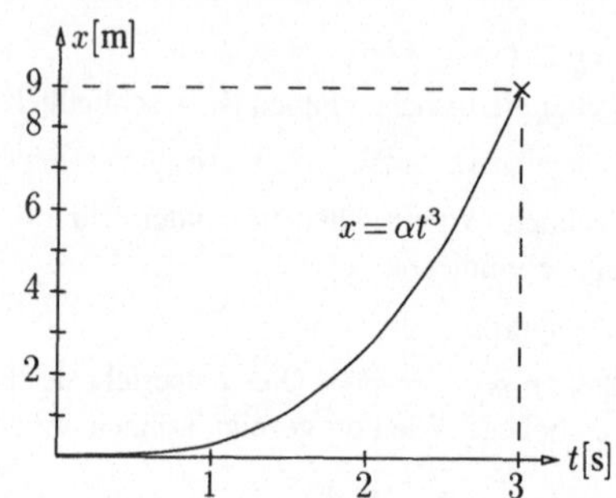

Lösung: Das Weg-Zeit-Diagramm folgt einer kubischen Parabel, deren Parameter α wir mit Hilfe der Werte des Diagramms bestimmen

$$\alpha = \frac{x}{t^3} = \frac{1}{3} \ \mathrm{ms}^{-3}.$$

1. mittlere Geschwindigkeiten:

$$\overline{v} = \frac{x_2 - x_1}{t_2 - t_1} = \frac{\Delta x}{\Delta t}.$$

Damit erhalten wir

    a) $\Delta t = 2.0$ s, $x_1 = \frac{1}{3}$ m, $x_2 = 9.0$ m $\rightarrow$ $\overline{v} = 4.33$ m/s

    b) $\Delta t = 1.0$ s, $x_1 = \frac{1}{3}$ m, $x_2 = 2.667$ m $\rightarrow$ $\overline{v} = 2.33$ m/s

    c) $\Delta t = 0.5$ s, $x_1 = \frac{1}{3}$ m, $x_2 = 1.125$ m $\rightarrow$ $\overline{v} = 1.58$ m/s

    d) $\Delta t = 0.1$ s, $x_1 = \frac{1}{3}$ m, $x_2 = 0.444$ m $\rightarrow$ $\overline{v} = 1.11$ m/s

2. momentane Geschwindigkeit:

$$v = \lim_{t_2 \to t_1} \frac{x_2 - x_1}{t_2 - t_1} = \lim_{\Delta t \to 0} \frac{\Delta x}{\Delta t} = \frac{\mathrm{d}x}{\mathrm{d}t}$$

$$x = \alpha t^3 \quad \rightarrow \quad v = \frac{\mathrm{d}x}{\mathrm{d}t} = 3\alpha t^2 \quad \rightarrow \quad v(t_1 = 1 \text{ s}) = 1 \text{ m/s}.$$

3. mittlere Beschleunigungen:

$$\overline{a} = \frac{v_2 - v_1}{t_2 - t_1} = \frac{\Delta v}{\Delta t}.$$

Damit erhalten wir

    a) $\Delta t = 2.0$ s, $v_1 = 1$ m/s, $v_2 = 9.0$ m/s $\rightarrow$ $\overline{a} = 4.0$ m/s^2

    b) $\Delta t = 1.0$ s, $v_1 = 1$ m/s, $v_2 = 4.0$ m/s $\rightarrow$ $\overline{a} = 3.0$ m/s^2

    c) $\Delta t = 0.5$ s, $v_1 = 1$ m/s, $v_2 = 2.25$ m/s $\rightarrow$ $\overline{a} = 2.5$ m/s^2

    d) $\Delta t = 0.1$ s, $v_1 = 1$ m/s, $v_2 = 1.21$ m/s $\rightarrow$ $\overline{a} = 2.1$ m/s^2

4. momentane Beschleunigung:

$$v = 3\alpha t^2 \quad \rightarrow \quad a = \frac{\mathrm{d}v}{\mathrm{d}t} = 6\alpha t \quad \rightarrow \quad a(t_1 = 1 \text{ s}) = 2 \text{ m/s}^2.$$

Aufgabe 1.2:

Bei einem aus der Ruhe startenden Läufer verhalte sich die Geschwindigkeit als Funktion des Weges wie $v(s) = k\sqrt[3]{s}$, ($k = $ konst). Berechnen Sie bei gegebenem k

a) $a(s)$,

b) $a(t), s(t)$ und $v(t)$,

wenn für $t = 0$ $s = 0$ sein soll.

Lösung: Die Lösung folgt dem 2. Grundfall.

a) Für die Beschleunigung a gilt bei gegebenem $v(s)$

$$a(s) = \frac{\mathrm{d}v}{\mathrm{d}t} = \frac{\mathrm{d}v}{\mathrm{d}s}\frac{\mathrm{d}s}{\mathrm{d}t} = \frac{1}{3}k^2 s^{-\frac{1}{3}}.$$

b) Es gilt

$$v(s) = \frac{\mathrm{d}s}{\mathrm{d}t} \quad \to \quad \mathrm{d}t = \frac{\mathrm{d}s}{v(s)} \quad \to \quad \int_0^t \mathrm{d}t = \frac{1}{k}\int_0^s s^{-\frac{1}{3}}\,\mathrm{d}s \quad \to \quad t = \frac{3}{2k}s^{\frac{2}{3}}$$

$$s(t) = \left(\frac{2}{3}kt\right)^{\frac{3}{2}}, \quad v(t) = ks^{\frac{1}{3}} = k\left(\frac{2}{3}kt\right)^{\frac{1}{2}}, \quad a(t) = \frac{1}{3}k^2 s^{-\frac{1}{3}} = \frac{1}{3}k^2\left(\frac{2}{3}kt\right)^{-\frac{1}{2}}.$$

Aufgabe 1.3:

Beim Betrieb eines Bandgerätes ist die Einhaltung einer konstanten Bandgeschwindigkeit v von großer Bedeutung. Wie müssen die Winkelgeschwindigkeiten ω_1 und ω_2 der beiden Spulen ausgelegt werden, wenn das Band mit konstanter Geschwindigkeit transportiert werden soll?

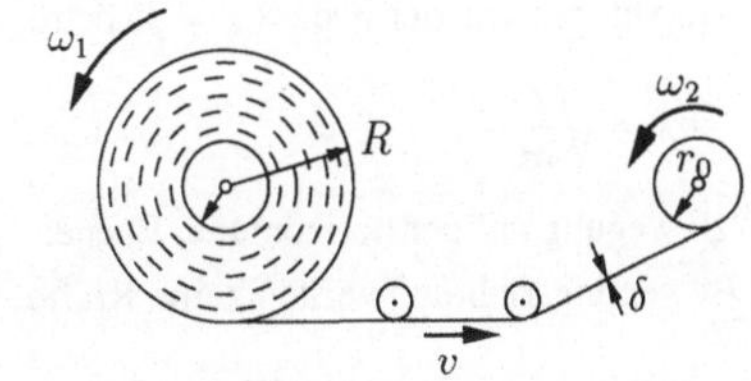

Gegeben: $\delta \ll r_0$

Lösung: Für konstante Bandgeschwindigkeit gilt

$$v = \omega_1(t)r_1(t) = \omega_2(t)r_2(t)$$

bei veränderlichen Radien $r_1(t)$ bzw. $r_2(t)$ an beiden Rollen. Für jede abgewickelte Lage des Bandes verringert sich der Radius der Rolle 1 um die Dicke δ des Bandes, d.h.

$$r_1(t) = R - \frac{\delta}{2\pi}\varphi_1(t) \quad \to \quad \dot\varphi_1(t) = \omega_1(t), \quad \dot r_1(t) = -\frac{\delta}{2\pi}\omega_1(t) = -\frac{\delta}{2\pi}\frac{v}{r_1(t)}$$

bzw. nach Umstellen der Gleichung

$$\int_R^{r_1} r_1\,\mathrm{d}r_1 = -\frac{\delta v}{2\pi}\int_0^t \mathrm{d}t \quad \to \quad r_1 = \sqrt{R^2 - \frac{\delta v}{\pi}t}, \quad \omega_1 = \frac{v}{r_1}.$$

Entsprechend erhalten wir für Rolle 2

$$r_2(t) = r_0 + \frac{\delta}{2\pi}\varphi_2(t) \quad \to \quad r_2 = \sqrt{r_0^2 + \frac{\delta v}{\pi}t}, \quad \omega_2 = \frac{v}{r_2}.$$

Aufgabe 1.4:

Vor einer um die Strecke f zusammengedrückten Feder liegt ein Massenpunkt vom Gewicht G. Wie groß ist seine Geschwindigkeit beim Ablösen von der Feder? Wie weit rutscht er die schiefe Ebene hinauf? Bewegungswiderstände sind zu vernachlässigen.

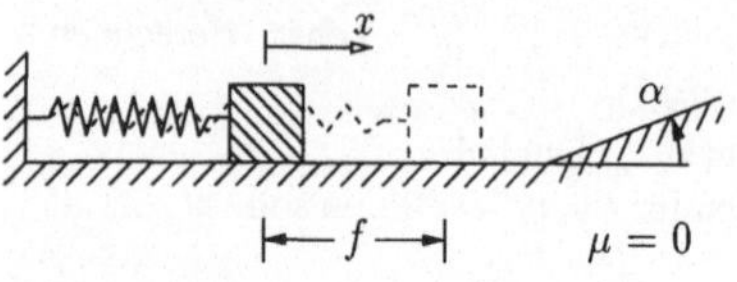

Gegeben: $\mu = 0$

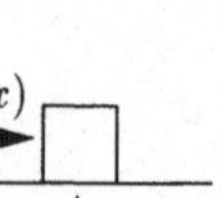

Lösung: Wir betrachten drei Bereiche der Bewegung des Massenpunktes:

1.) Bewegung unter Einwirkung der Federkraft:

Der Impulssatz in x-Richtung liefert

$$m\ddot{x} = c(f - x),$$

wobei $c(f - x)$ die Kraft der zusammengedrückten Feder angibt. Die Lösung des Problems erfolgt entsprechend dem 3. Grundfall, d.h.wir formen die Bewegungsgleichung um und erhalten

$$\int_0^v v\,\mathrm{D}v = \int_0^x \frac{c}{m}(f - x)\,\mathrm{D}x \quad \rightarrow \quad v^2 = \frac{c}{m}\left(2fx - x^2\right).$$

Beim Ablösen von der Feder ($x = f$) beträgt die Geschwindigkeit

$$v_A = \sqrt{\frac{c}{m}}\, f\,.$$

2.) Bewegung auf der horizontalen Ebene:

In Bewegungsrichtung wirken keine Kräfte

$$\ddot{x} = 0 \quad \rightarrow \quad \dot{x} = v = \text{konst.} = v_A\,.$$

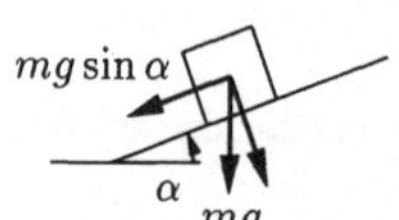

3.) Bewegung auf der schiefen Ebene

Der Impulssatz in Bewegungsrichtung liefert

$$m\ddot{x} = -mg\sin\alpha\,.$$

Die Aufwärtsbewegung endet, wenn $v = 0$ wird, der dann zurückgelegte Weg sei x_0. Da v gesucht und a gegeben ist, können wir abermals auf den 3. Grundfall zurückgreifen

$$\int_{v_A}^0 v\,\mathrm{D}v = \int_0^{x_0} -g\sin\alpha\,\mathrm{D}x \quad \rightarrow \quad v^2\Big|_{v_A}^0 = 2g\sin\alpha\Big|_0^{x_0} \quad \rightarrow \quad x_0 = \frac{1}{2}\frac{v_A^2}{g\sin\alpha}\,.$$

Alternative Lösung: Wir gehen nun aus vom Energiesatz für konservative Systeme (1.6) und bestimmen die Energie zu Beginn und beim Ablösen von der Feder

$$E(0) + \Phi(0) = E_A + \Phi_A\,.$$

Mit (1.5) bzw. (1.7) erhalten wir daraus bei $E(0) = 0$ sowie $\Phi_A = 0$

$$\frac{1}{2}cf^2 = \frac{1}{2}mv_A^2 \quad \rightarrow \quad v_A = \sqrt{\frac{c}{m}}\, f\,.$$

Auf entsprechende Weise erhalten wir auch den Wert x_0

$$E_A + \Phi_A = E_0 + \Phi_0 \quad \rightarrow \quad \frac{1}{2}\,mv_A^2 = mgh \quad \rightarrow \quad x_0 = \frac{h}{\sin\alpha} = \frac{1}{2}\,\frac{v_A^2}{g\sin\alpha}\,.$$

wenn wir ausnutzen, daß bei x_0 : $v = 0$ und damit auch $E_0 = 0$ werden.

Wir sehen also, daß der Energiesatz in den Fällen, in denen nach der Geschwindigkeit gefragt ist, ein außerordentlich wirksames Hilfsmittel zur Lösung der Bewegungsgleichungen darstellt.

Aufgabe 1.5:

Die nebenstehende Anordnung wird sich selbst überlassen. Bestimmen Sie die Beschleunigungen der Gewichte G_1 und G_2. Die Rollen sind masselos, Bewegungswiderstände sind zu vernachlässigen.

Gegeben: $G_1 = m_1 g$, $G_2 = m_2 g$

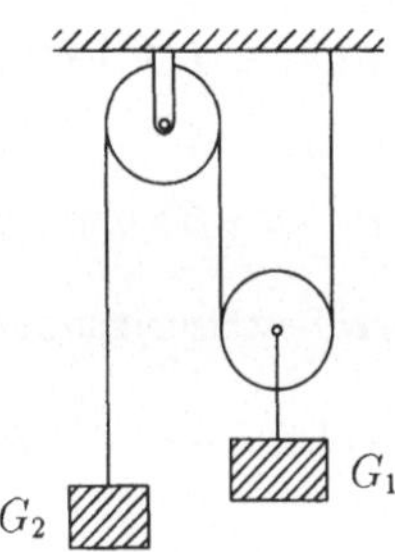

Lösung: Wir schneiden das System frei und beschreiben die vertikale Bewegung der beiden Massen durch die Koordinaten x und y. Zwischen diesen Koordinaten besteht die kinematische Bindung

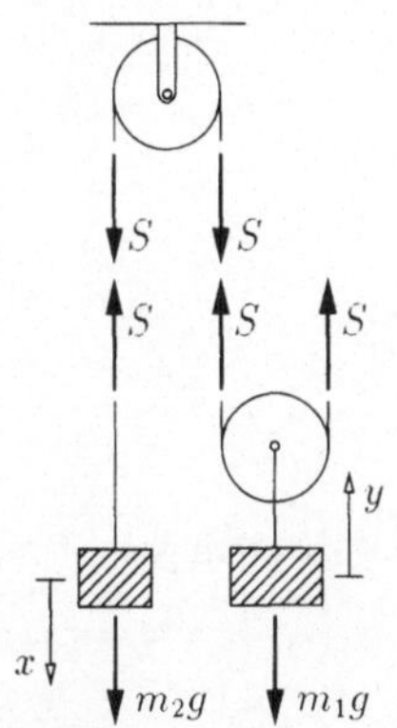

$$x = 2y.$$

Der Impulssatz liefert nun für beide Massen

$$m_1\ddot{y} = -m_1 g + 2S,$$
$$m_2\ddot{x} = 2m_2\ddot{y} = m_2 g - S,$$

mit S der unbekannten Seilkraft. Lösen wir hier die zweite Gleichung nach S auf und setzen dies in die erste ein, so erhalten wir schließlich

$$\ddot{y}(m_1 + 4m_2) = g(-m_1 + 2m_2) \quad \rightarrow$$

$$\ddot{y} = \frac{-m_1 + 2m_2}{m_1 + 4m_2}\,g\,, \quad \ddot{x} = 2\ddot{y}\,.$$

Aufgabe 1.6:

Ein Lastwagen vom Gewicht $G = 20\ \text{kN}$ fährt eine Straße konstanter Steigung ($\sin\alpha = 7/250$) hinauf. Als Bewegungswiderstand wirke eine konstante Kraft $R = 1\ \text{kN}$. Welche maximale Leistung muß vom Motor abgegeben werden, wenn

a) der Wagen mit gleichbleibender Geschwindigkeit $v_0 = 36\ \text{km/h}$ fährt,

b) die Geschwindigkeit bei konstanter Beschleunigung a_0 in $10\ \text{s}$ von v_0 auf $1,5\,v_0$ erhöht werden soll? Wie groß ist die mittlere Leistung während des Beschleunigungsvorganges?

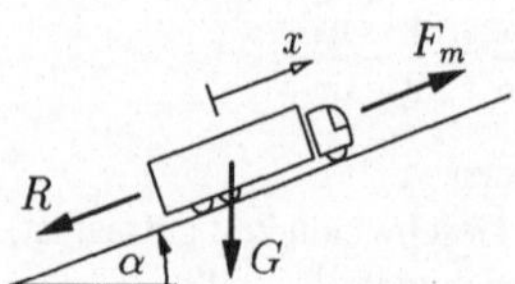

Lösung: Wir beschreiben die Bewegung des Fahrzeuges mit Hilfe des Impulssatzes in Fahrtrichtung

$$m\ddot{x} = F_m - R - G\sin\alpha.$$

a) Bei konstanter Geschwindigkeit verschwindet die Beschleunigung. Die vom Motor abgegebene Kraft F_m wird dann

$$F_m = R + G\sin\alpha.$$

Die Arbeit die diese Kraft auf dem Weg x verrichtet ist

$$A_M = \int\limits_0^x F_m\,\mathrm{d}x = \int\limits_0^x (R + G\sin\alpha)\,\mathrm{d}x = (R + G\sin\alpha)\,x\,,$$

$$P_M = \dot{A}_M = (R + G\sin\alpha)\,\dot{x} = (R + G\sin\alpha)\,v_0 = 15{,}6\ \mathrm{kW}.$$

b) Bei konstanter Beschleunigung a_0 erhalten wir aus dem Impulssatz

$$F_m = R + G\sin\alpha + ma_0 = R + G\sin\alpha + \frac{G}{g}\,a_0\,.$$

$$P_M(t) = \dot{A}_M = (R + G\sin\alpha + \frac{G}{g}\,a_0)\,v(t).$$

Dabei ist die Geschwindigkeit $v(t) = a_0 t + v_0$ mit

$$a_0 = \frac{1{,}5\,v_0 - v_0}{t_1} = \frac{v_0}{2t_1}\,,\quad t_1 = 10\ \mathrm{s}.$$

Wir erhalten auf diese Weise

$$P_M(t) = (R + G\sin\alpha + \frac{G}{g}\,a_0)\,(a_0 t + v_0)\,.$$

Die maximale Leistung ist am Ende des Beschleunigungsvorganges bei $t = t_1$ zu erbringen

$$P_{M\mathrm{max}} = (R + G\sin\alpha + \frac{G}{g}\,\frac{v_0}{2t_1})\,\frac{3}{2}\,v_0 = 38{,}7\ \mathrm{kW}.$$

Die mittlere Leistung erhalten wir als Quotient aus der vom Motor verrichteten Arbeit und der Beschleunigungszeit t_1

$$P_m = \frac{A_M}{t_1} = (R + G\sin\alpha + \frac{G}{g}\,a_0)\,\frac{x_1}{t_1}\,.$$

Der in der Zeit t_1 zurückgelegte Weg beträgt dabei

$$x_1 = \int\limits_0^{t_1} v(t)\,\mathrm{d}t = \frac{1}{2}\,a_0 t_1^2 + v_0 t_1 = \frac{5}{4}\,v_0 t_1\,,$$

$$P_m = (R + G\sin\alpha + \frac{G}{g}\,a_0)\,\frac{5}{4}\,v_0 = 32{,}2\ \mathrm{kW}\,.$$

Aufgabe 1.7:

Ein Ballon vom Gesamtgewicht G bewegt sich mit der konstanten Beschleunigung $a = 0,5\,g$ auf die Erdoberfläche zu.

a) Bestimmen Sie den Auftrieb des Ballons.

b) In einer Höhe von 100 m über der Erdoberfläche versucht der Ballonfahrer, die Landung abzubremsen. Zu diesem Zeitpunkt hat der Ballon bereits eine Geschwindigkeit von $v_0 = 20$ m/s erreicht. Wieviel Ballast muß er über Bord werfen, damit die Landung weich erfolgen kann ($v_a = 0$)? (Der Auftrieb des Ballons werde durch den Ballastabwurf nicht beeinflußt).

c) Mit welcher Geschwindigkeit würde der Ballon auf der Erde aufschlagen, wenn der Ballonfahrer keinen Ballast abwirft?

Lösung: a) Wir bestimmen den Auftrieb A mit Hilfe des Impulssatzes in vertikaler Richtung

$$m\ddot{x} = ma = G - A \quad \rightarrow \quad A = G - ma = \frac{1}{2}\,G.$$

b) Beim Bremsvorgang sind Geschwindigkeiten und Höhen des Ballons zu Beginn und am Ende des Prozesses gegeben. Wir wenden den Energiesatz (1.6) an und erhalten mit $v_a = 0$ aus

$$E_0 + \Phi_0 = E_a + \Phi_a \quad \rightarrow$$

$$\frac{1}{2}\,(m - m_Q)(v_0^2 - v_a^2) + (m - m_Q)gH - AH = 0,$$

wobei der Auftrieb A lediglich die Gewichtskraft G abmindert. Den abzuwerfenden Ballast Q berechnen wir daraus zu

$$(m - m_Q)(v_0^2 + 2gH) = mgH \quad \rightarrow \quad Q = m_Q g = \frac{v_0^2 + gH}{v_0^2 + 2gH}\,G = 0,585\,G.$$

c) Wir wenden abermals den Energiesatz an

$$\frac{1}{2}\,m(v_0^2 - v_a^2) + mgH - AH = 0$$

und bestimmen daraus v_a

$$v_a^2 = v_0^2 + gH \quad \rightarrow \quad v_a = 37,16 \text{ m/s}.$$

Aufgabe 1.8:

Eine Rakete mit der Anfangsmasse m_0 (Schale incl. Füllung) wird senkrecht abgefeuert. Der Treibstoff der Rakete wird als konstanter Massenfluß $q = \mathrm{d}m/\,\mathrm{d}t$ mit der konstanten Geschwindigkeit u relativ zur Rakete ausgestoßen. Gesucht ist der Verlauf der Geschwindigkeit $v(t)$ der Rakete.

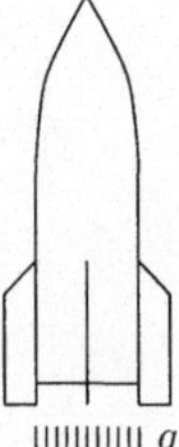

Lösung: Wir gehen aus vom Impulssatz (1.1) und bringen ihn in seine Integralform

$$\int_{t_1}^{t_2} \boldsymbol{F}^{(a)}\,\mathrm{d}t = m\boldsymbol{v}_M(t_2) - m\boldsymbol{v}_M(t_1).$$

Für einen Körper mit veränderlicher Masse bedeutet dies im Zeitintervall dt - wie vereinbart, lassen wir gleichzeitig den Index M fallen

$$\int\limits_{t}^{t+dt} \boldsymbol{F}^{(a)}\, dt = m\boldsymbol{v}(t + dt) - m\boldsymbol{v}(t)\,.$$

Die Bewegungsgröße $m\boldsymbol{v}(t)$ können wir für die beiden betrachteten Zeitpunkte angeben

$$m\boldsymbol{v}(t) = (m_0 - qt)v\,\boldsymbol{e}_x,$$
$$m\boldsymbol{v}(t + dt) = \{(m_0 - qt - q\,dt)(v + dv) - (u - v)q\,dt\}\,\boldsymbol{e}_x$$

und die eingeprägte Kraft $\boldsymbol{F}^{(a)}$ ist durch die jeweilige Gewichtskraft festgelegt

$$\boldsymbol{F}^{(a)}(t) = -(m_0 - qt)g\,\boldsymbol{e}_x\,.$$

Für das oben angegebene Integral über die eingeprägten Kräfte erhalten wir, wenn wir alle Terme höherer Ordnung in dt vernachlässigen

$$\int\limits_{t}^{t+dt} \boldsymbol{F}^{(a)}\, dt = \boldsymbol{F}^{(a)}\, dt = m\boldsymbol{v}(t + dt) - m\boldsymbol{v}(t)\,.$$

Setzen wir hier nun die Beziehungen für die eingeprägte Kraft sowie die Bewegungsgröße ein, so wird daraus

$$\frac{dv}{dt}\,(m_0 - qt) = uq - (m_0 - qt)g\,,$$

wenn wir abermals alle höheren Glieder in den Inkrementen vernachlässigen. Wir integrieren diese Bewegungsgleichung und erhalten so

$$\int\limits_{0}^{v} dv = \int\limits_{0}^{t} \left\{ \frac{uq}{m_0 - qt} - g \right\} dt \quad \rightarrow \quad v(t) = u\ln\frac{m_0}{m_0 - qt} - gt\,.$$

1.3 Aufgaben

Aufgabe 1.9:

Bestimmen Sie $v(s), a(s), v(t), s(t), a(t)$ sowie $a(v)$
für die im nebenstehenden Phasenporträt beschriebe-
ne Bewegung.

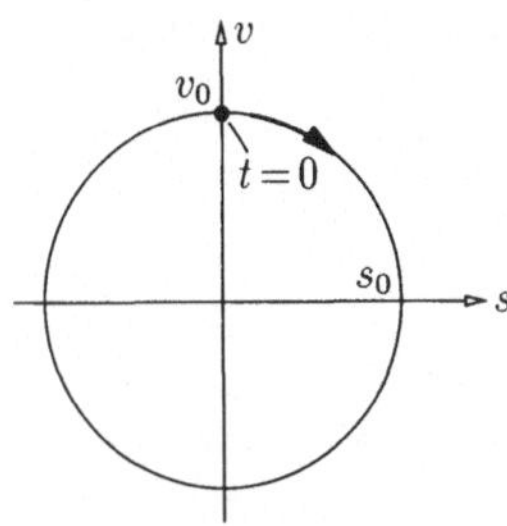

Aufgabe 1.10:

Die Anfahrbeschleunigung eines Flugzeuges auf dem Rollfeld läßt sich näherungsweise durch die
Beziehung $a(v) = a_0 v_0/(v_0 + v)$ darstellen. Welche Strecke s legt das Flugzeug auf der Rollbahn bis
zum Start bei $v_1 = 80$ m/s zurück, und welche Zeit benötigt es bis zum Abheben?

Gegeben: $a_0 = 4$ m/s^2, $v_0 = 200$ m/s.

Aufgabe 1.11:

Wie groß wird die Grenzgeschwindigkeit für einen bemannten Fallschirm von 10 kN Gewicht, der die
Form einer halben Hohlkugel vom Durchmesser 4 m besitzt?
Der Luftwiderstand sei $F_W = c_W A \frac{1}{2} \rho v^2$. Dabei sind A die Projektionsfläche, $\rho = 1,25$ kg/m^3 die
Dichte der Luft und $c_W = 1,33$ der Widerstandsbeiwert.

Aufgabe 1.12:

Die Beschleunigung, die ein Massenpunkt im Schwerefeld der Erde erfährt, beträgt $a(s) = -K/s^2$.
Die Konstante K ist so zu bestimmen, daß für $s = R = 6.370$ km die Beschleunigung $a = -g = -9,81$ m/s^2 wird. Mit welcher Geschwindigkeit müßte man einen Körper von der Erdoberfläche aus
senkrecht nach oben schießen, damit er nicht mehr zur Erde zurückkehrt?

Aufgabe 1.13:

Von einem Schlitten mit dem Gewicht $G = 1$ kN wird
ein Geschoß ($G' = 1$ N) mit $v' = 300$ m/s abgefeuert.
Wie bewegt sich der Schlitten nach dem Abschuß,
wenn dieser unter dem Winkel von $\alpha = 30°$ erfolgt?

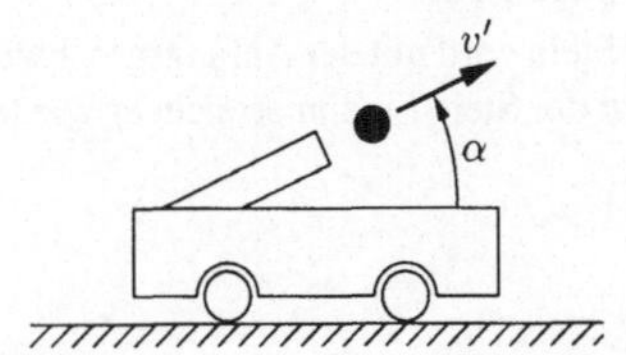

Aufgabe 1.14:

Die Bremsverzögerung eines Fahrzeugs wird durch
das nebenstehende Diagramm beschrieben. Wie groß
ist a_0, wenn das Fahrzeug zur Zeit t_0 noch mit
$v_0 = 72$ km/h fährt und zur Zeit t_1 zum Stillstand
gekommen ist?

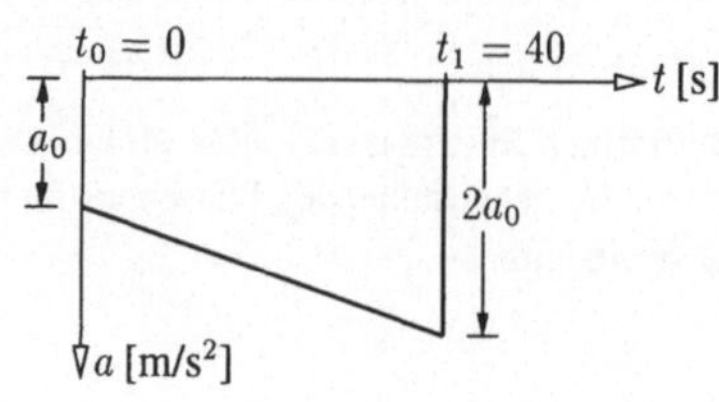

Aufgabe 1.15:

Ein Schütze trifft mit einer Kugel (Gewicht $G' =
1 \cdot 10^{-2}$ N) einen Holzklotz von $1,5$ N in seinem
Schwerpunkt. Der Holzklotz, der auf einer rauhen
Unterlage ($\mu = 0,3$) horizontal gleiten kann, rutscht
daraufhin $0,68$ m bis zum Stillstand. Wie groß war
die Auftreffgeschwindigkeit der Kugel?

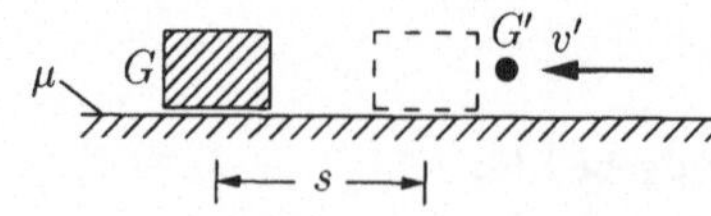

Aufgabe 1.16:

Beim Umspulen eines Bandes dreht die Wickelspu-
le (rechts) mit konstanter Winkelgeschwindigkeit Ω.
Bestimmen Sie:

a) die Geschwindigkeit des Bandes als Funktion der
   Zeit,
b) den Winkel der linken Spule als Funktion der Zeit
c) die Winkelgeschwindigkeit der linken Spule als
   Funktion der Zeit ($\delta \ll r_0$).

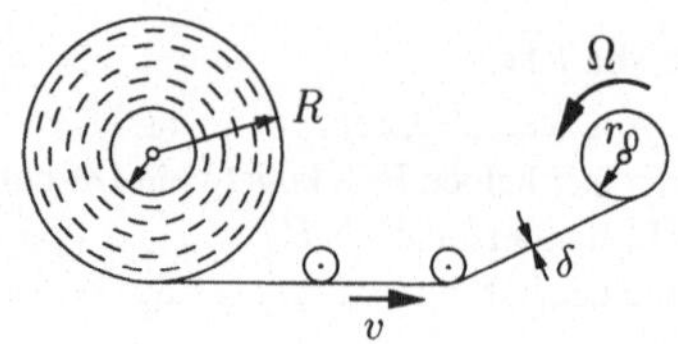

Aufgabe 1.17:

Ein Ballon mit dem Gesamtgewicht G fällt mit konstanter Beschleunigung a. Wie groß ist der Auftrieb?
Wieviel Ballast Q muß abgeworfen werden, damit der Ballon bei unverändertem Auftrieb wieder mit
der Beschleunigung b steigen kann?

Aufgabe 1.18:

Ein Stein wird mit der Anfangsgeschwindigkeit $v_0 = 20$ m/s senkrecht nach oben geworfen. Wie hoch
fliegt der Stein? Wann erreicht er wieder den Boden? Der Luftwiderstand ist zu vernachlässigen.

Aufgabe 1.19:

Der Massenpunkt der Masse m_1 bewegt sich auf horizontaler Ebene. Wie groß sind die Geschwindigkeiten der Massen, wenn die Masse m_1 den Punkt B erreicht hat?

Seil und Umlenkrolle seien masselos. Bewegungswiderstände sind zu vernachlässigen.

Gegeben: $h = 3$ m, $l = 4$ m, $m_2 = 2\,m_1$

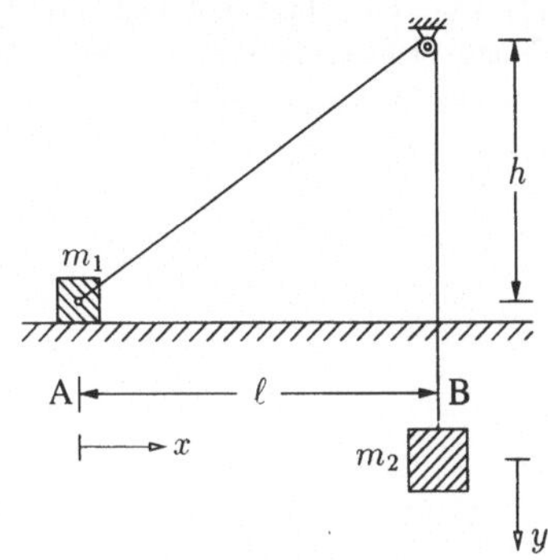

Aufgabe 1.20:

Die Beschleunigung eines Kraftwagens als Funktion der Geschwindigkeit lasse sich aus dem angegebenen Diagramm ablesen. Berechnen Sie,

a) nach welcher Zeit t_0 der Wagen die Geschwindigkeit $0.5v_0$ erreicht sowie

b) den Weg x_0, den er dann zurückgelegt hat.

Vergleichen Sie diese Ergebnisse mit denen einer konstanten Beschleunigung.

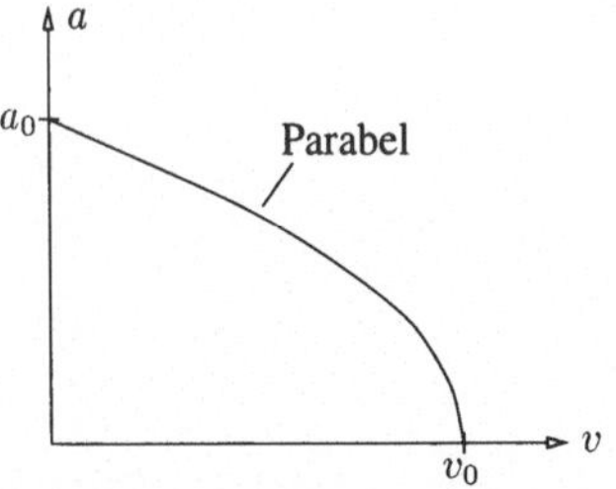

Aufgabe 1.21:

Um welche Strecke x senkt sich die mittlere Masse maximal ab, wenn das System aus der Ruhe losgelassen wird?

Seil und Rolle sind als masselos zu betrachten.

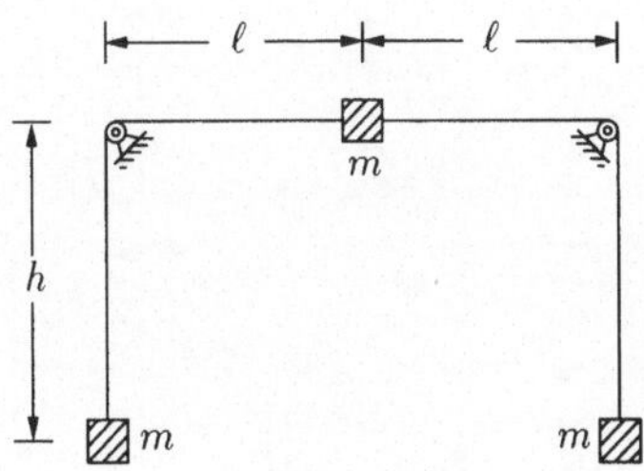

Aufgabe 1.22:

Die Bewegung eines Massenpunktes m mit der Anfangsgeschwindigkeit v_0 wird durch einen hydraulischen Dämpfer (Dämpfkraft: kv) abgebremst. Welchen Weg hat der Massenpunkt bis zum Stillstand zurückgelegt und welche Zeit benötigt er dafür?

Gegeben: m, k, v_0

Aufgabe 1.23:

In welchem Zeitabstand muß man zwei Massenpunkte mit den Gewichten $G_1 = 50$ N bzw. $G_2 = 100$ N an der Oberfläche eines Sees loslassen, damit sie sich nach $h = 30$ m treffen? Auf beide Massenpunkte wirke der Auftrieb $A = 10$ N. Von Widerstand ist abzusehen.

2   Ebene und räumliche Bewegung

2.1   Allgemeines

Zur Beschreibung allgemeiner Bewegungen eines Massenpunktes werden wir verschiedene Koordinatensysteme verwenden, die wir hier als raumfest betrachten, d.h. als ruhend gegenüber dem Beobachtungsraum (siehe Elemente Band III, Kapitel 2.3).

Kartesische Koordinaten

Die zeitabhängige Lage des Massenpunktes beschreiben wir durch

$$r(t) = x(t)e_x + y(t)e_y + z(t)e_z. \tag{2.1}$$

Für die Geschwindigkeit bzw. die Beschleunigung des Massenpunktes leiten wir daraus ab

$$\boxed{v(t) = \frac{Dr}{dt} = \dot{r}(t). \quad \rightarrow \quad a(t) = \dot{v}(t) = \ddot{r}(t),} \tag{2.2}$$

d.h.

$$\begin{aligned}
v_x(t) &= \dot{x} & a_x(t) &= \dot{v}_x = \ddot{x} \\
v_y(t) &= \dot{y} & a_y(t) &= \dot{v}_y = \ddot{y} \\
v_z(t) &= \dot{z} & a_z(t) &= \dot{v}_z = \ddot{z}.
\end{aligned} \tag{2.3}$$

Zylinder-Koordinaten

Die Lage eines Massenpunktes ist nun gegeben durch

$$r(t) = r(t)e_r(t) + z(t)e_z \, . \quad e_r(t) = e_r(\varphi(t)), \quad e_\varphi(t) = e_\varphi(\varphi(t)) \tag{2.4}$$

mit den folgenden Beziehungen zur Beschreibung in kartesischen Koordinaten

$$\begin{aligned}
r(t) &= \sqrt{x^2(t) + y^2(t)}. \quad \varphi(t) = \arctan\frac{y(t)}{x(t)} \\
e_r(t) &= \cos\varphi(t)\,e_x + \sin\varphi(t)\,e_y \\
e_\varphi(t) &= -\sin\varphi(t)\,e_x + \cos\varphi(t)\,e_y.
\end{aligned} \tag{2.5}$$

Die Orientierung der Basis e_r, e_φ, e_z ist von der jeweiligen Lage des Massenpunktes abhängig. Die Basis ändert sich deshalb, wenn sich die Lage des Massenpunktes ändert

$$\dot{e}_r = \dot{\varphi}\,e_\varphi, \quad \dot{e}_\varphi = -\dot{\varphi}\,e_r.$$

Mit diesen Beziehungen erhalten wir für die Geschwindigkeit bzw. die Beschleunigung des Massenpunktes

$$\boxed{v(t) = \dot{r}(t), \quad \rightarrow \quad a(t) = \dot{v}(t) = \ddot{r}(t)} \tag{2.6}$$

mit

$$\begin{aligned}
v_r(t) &= \dot{r} & a_r(t) &= \ddot{r} - r\dot{\varphi}^2 \\
v_\varphi(t) &= r\dot{\varphi} & a_\varphi(t) &= 2\dot{r}\dot{\varphi} + r\ddot{\varphi} \\
v_z(t) &= \dot{z} & a_z(t) &= \ddot{z}.
\end{aligned} \tag{2.7}$$

Natürliche Basis

Ist die Bahn eines Massenpunktes gegeben oder bereits ermittelt, so erweist es sich in vielen Fällen als vorteilhaft, Geschwindigkeit und Beschleunigung auf die natürliche Basis zu beziehen

$$e_t = \frac{\mathrm{d}r}{\mathrm{d}s}, \quad e_n = R\,\frac{\mathrm{d}e_t}{\mathrm{d}s}, \quad e_b = e_t \times e_n, \tag{2.8}$$

wobei R der Krümmungsradius der Bahn ist. Die Lage des Massenpunktes beschreiben wir durch die Angabe von

$$r(t) = r(s(t)). \tag{2.9}$$

Für die Geschwindigkeit bzw. die Beschleunigung erhalten wir

$$\boxed{v(t) = \dot{r}(t) = v\,e_t, \quad \rightarrow \quad a(t) = \dot{v}(t) = \ddot{r}(t) = \dot{v}\,e_t + \frac{v^2}{R}\,e_n.} \tag{2.10}$$

d.h.

$$v_t = v = \dot{s}, \qquad a_t = \dot{v}, \quad a_n = \frac{v^2}{R}\,.$$

Kreisbewegung

Für den Sonderfall einer ebenen Kreisbewegung erhalten wir mit $r = $ konst. aus der Beschreibung in Polarkoordinaten (bzw. Zylinderkoordinaten) (2.7)

$$\boxed{\begin{array}{ll} v_r(t) = 0 & a_r(t) = -r\dot{\varphi}^2 \\ v_\varphi(t) = r\dot{\varphi} & a_\varphi(t) = r\ddot{\varphi}\,. \end{array}} \tag{2.11}$$

Wir sehen, daß diese Beschreibung wegen $v = r\dot{\varphi}$ mit der Beschreibung in einer natürlichen Basis übereinstimmt (wenn wir beachten, daß $e_r = -e_n$ bzw. $e_\varphi = e_t$).

Der Flächensatz

Ausgehend vom Impulssatz für Körper (1.1) können wir einen Flächensatz formulieren

$$r \times F^{(a)} = 2m\,\frac{\mathrm{D}}{\mathrm{d}t}(\dot{A}), \quad \text{mit} \quad \dot{A} = \frac{1}{2}\,r \times v, \tag{2.12}$$

wobei $F^{(a)}$ die Vektorsumme aller äußeren Kräfte und $\dot{A}$ die vektorielle Flächengeschwindigkeit ist.

Gravitationsgesetz

Das Gravitationsgesetz beschreibt die zwischen zwei Körperelementen i und k (des gleichen Körpers oder verschiedener Körper) wirkende Gravitationskraft. Die resultierende Massenanziehungskraft zwischen zwei Körpern erhalten wir durch eine Integration über beide Körper

$$F_{ik} = -\Gamma\,\frac{m_i m_k}{|r_{ik}|^2}\,\frac{r_{ik}}{|r_{ik}|} = -F_{ki}. \tag{2.13}$$

Darin sind m_i, m_k die Massen der betreffenden Körper, F_{ik} die am Körper i infolge des Körpers k angreifende Gravitationskraft, r_{ik} der Ortsvektor vom Körper k zum Körper i und Γ die Gravitationskonstante mit $\Gamma = 6,67 \cdot 10^{-11}$ Nm^{2}kg^{-2}.

Für das Zwei-Körper-Problem, d.h. z.B. die Bewegung der Planeten um die als ruhend angenommene Sonne, erhalten wir aus (2.13)

$$F = -\Gamma\,\frac{m_S m}{r^2}\,e_r = -K\,\frac{m}{r^2}\,e_r, \tag{2.14}$$

wenn wir jeweils nur die Sonne und einen Planeten betrachten und den Bezugspunkt mit dem Massen-Mittelpunkt der Sonne identifizieren. Dabei ist m_S die Masse der Sonne und m die Masse des Planeten. Die Größe $K = \Gamma m_S$ ist für alle Planetenbewegungen um die Sonne eine universelle Konstante. Da die Kraft F stets auf einen Punkt gerichtet ist, sprechen wir von einer Zentralbewegung.

2.2 Beispiele

Aufgabe 2.1:

Ein Körper wird auf eine um $\varphi = 30°$ gegen die Horizontale geneigte Ebene geworfen. Bei welchem Abwurfwinkel α_0 wird die Wurfweite am größten.

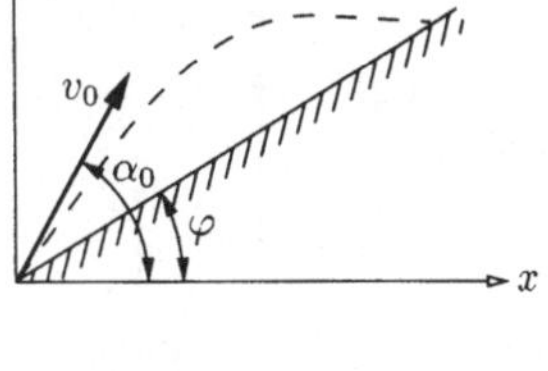

Lösung: Mit Hilfe des Impulssatzes (1.1) stellen wir die Bewegungsgleichungen auf. Es gelten in

x-Richtung: $\quad m\ddot{x} = 0$

y-Richtung: $\quad m\ddot{y} = -mg\,,$

mit den Anfangsbedingungen ($t = 0$):

$$\dot{x} = v_0 \cos\alpha_0\,, \quad \dot{y} = v_0 \sin\alpha_0\,.$$

Durch Integration erhalten wir daraus

$$\ddot{x} = 0 \quad \rightarrow \quad \dot{x} = \text{konst.} = v_0 \cos\alpha_0 \quad \rightarrow \quad x = v_0 \cos\alpha_0\, t$$

bzw.

$$\ddot{y} = -g \quad \rightarrow \quad \dot{y} = -gt + v_0 \sin\alpha_0 \quad \rightarrow \quad y = -\frac{1}{2} gt^2 + v_0 \sin\alpha_0\, t\,.$$

Der Körper trifft zum Zeitpunkt $t = t_A$ auf die geneigte Ebene, wobei dann $y_A = \tan\varphi\, x_A$ ist.

$$-\frac{1}{2} gt_A^2 + v_0 \sin\alpha_0\, t_A = \tan\varphi\, v_0 \cos\alpha_0\, t_A \quad \rightarrow \quad t_A = \frac{2v_0}{g}\left(\sin\alpha_0 - \cos\alpha_0 \tan\varphi\right).$$

Damit bestimmen wir die Wurfweite zu

$$x_A = x(t = t_A) = \frac{2v_0^2}{g}\left(\cos\alpha_0 \sin\alpha_0 - \cos^2\alpha_0 \tan\varphi\right).$$

Die maximale Wurfweite erhalten wir als Extremwert dieser Aussage

$$\frac{\mathrm{d}x_A}{\mathrm{d}\alpha_0} = \frac{2v_0^2}{g}\left(\cos^2\alpha_0 - \sin^2\alpha_0 + 2\cos\alpha_0 \sin\alpha_0 \tan\varphi\right) = 0$$

mit der Lösung

$$\cot 2\alpha_0 = -\tan\varphi \quad \rightarrow \quad \alpha_0 = 60° \quad \text{und} \quad x_{A\max} = \frac{1}{\sqrt{3}}\frac{v_0^2}{g}\,.$$

Aufgabe 2.2:

Die Massenpunkte beginnen ihre Bewegung aus der dargestellten Ruhelage heraus. Wo befinden Sie sich nach einer Sekunde? Wie groß sind die Geschwindigkeiten? Seil und Rollen sind masselos. Bewegungswiderstände sollen vernachlässigt werden.

Gegeben: $m_1 : m_2 : m_3 = 1 : 2 : 3$

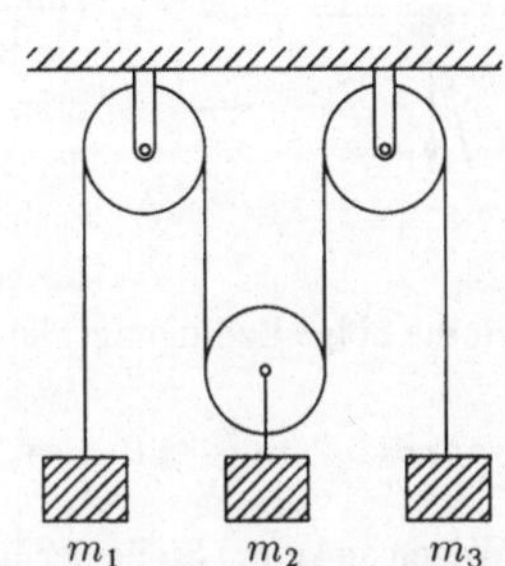

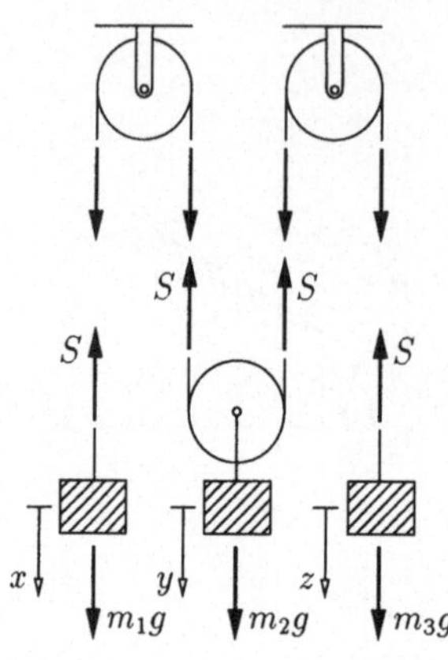

Lösung: Wir schneiden das System durch einen horizontalen Schnitt frei und beschreiben die vertikale Bewegung der drei Massen durch die Koordinaten x, y und y. Zwischen diesen Koordinaten besteht die kinematische Bindung

$$y = -\frac{1}{2}(x + z).$$

Ferner seien $m_1 = m$, $m_2 = 2m$, $m_3 = 3m$. Der Impulssatz liefert dann für die drei Massen

$$m_1\ddot{x} = m_1 g - S \quad \rightarrow \quad m\ddot{x} = mg - S,$$
$$m_2\ddot{y} = m_2 g - 2S \quad \rightarrow \quad m\ddot{y} = mg - S,$$
$$m_3\ddot{z} = m_3 g - S \quad \rightarrow \quad m\ddot{z} = mg - \tfrac{1}{3}S,$$

mit S der unbekannten Seilkraft. Setzen wir diese Beziehungen in die - zweimal abgeleitete - kinematische Bindung ein und lösen diese Gleichung nach S auf, so erhalten wir

$$S = \frac{6}{5}mg \quad \rightarrow \quad \ddot{x} = \ddot{y} = -\frac{1}{5}g, \quad \ddot{z} = \frac{3}{5}g.$$

Zum Zeitpunkt $t = 1$ s sind

$$x = -0.98\ \text{m} \quad \rightarrow \quad \dot{x} = -1.96\ \text{m/s}, \quad y = x,$$
$$z = \ \ 2.94\ \text{m} \quad \rightarrow \quad \dot{z} = \ \ 5.88\ \text{m/s}.$$

Aufgabe 2.3:

Die auf die Länge l sich erstreckende Unebenheit einer Straße sei durch die Funktion $y = \frac{h}{2}(1 - \cos(2\pi x/l)$ darstellbar. Welcher Bedingung muß die Fahrgeschwindigkeit eines Kraftwagens genügen, damit der Wagen nirgends ins Springen kommt.

Gegeben: $l = 10$ m, $h = 10$ cm

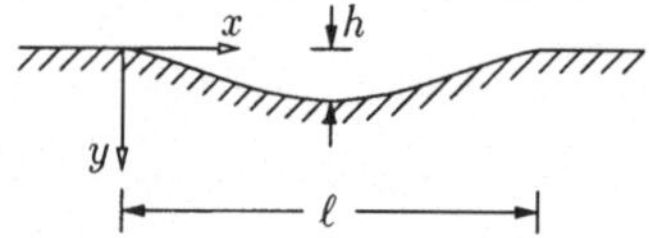

Lösung: Wir führen als Koordinatensystem zur Beschreibung der Bewegung des Massenpunktes eine natürliche Basis ein und können darin die Normalkomponente des Impulssatzes angeben

$$ma_n = m\,\frac{v^2}{R} = mg\cos\alpha - N.$$

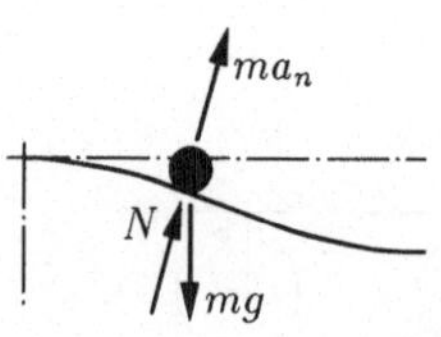

Anmerkung: Die Tangentialkomponente, aus der wir wegen $a_t = \dot{v}$ die Bewegungsgleichung für unseren Kraftwagen erhalten würden, brauchen wir hier nicht aufzustellen, da nicht nach der Auswirkung der Unebenheit auf dessen Geschwindigkeit gefragt ist. Es kann deshalb auch offen bleiben, ob als Bewegungswiderstand (siehe Kapitel 3) Gleitreibung anzusetzen ist, oder nicht.

Lösen wir die obige Bedingungsgleichung nach N auf, so erhalten wir

$$N = mg\cos\alpha - m\,\frac{v^2}{R} \geqslant 0 \quad \rightarrow \quad v^2 \leqslant Rg\cos\alpha,$$

wenn der Wagen an keiner Stelle der Bahn abheben soll.

Die Bahn des Wagens ist gegeben. Damit lassen sich die folgenden geometrischen Zusammenhänge angeben:

$$\tan \alpha = y', \quad \cos \alpha = \frac{1}{\sqrt{1 + y'^2}}, \quad R = \frac{(1 + y'^2)^{\frac{3}{2}}}{y''} \quad \rightarrow \quad R \cos \alpha = \frac{1 + y'^2}{y''}.$$

Mit Hilfe des Funktionsverlaufes läßt sich dieser Wert abschätzen

$$R \cos \alpha \Big|_{\min} = R \cos \alpha \Big|_{x=0} = \frac{l^2}{2\pi^2 h} \quad \rightarrow \quad v^2 \leqslant \frac{l^2 g}{2\pi^2 h},$$

mit den Zahlenwerten:

$$v \leqslant 22.29 \text{ m/s} = 80.26 \text{ km/h}.$$

Aufgabe 2.4:

Ein homogener Stab vom Gewicht G und der Länge l rotiert in horizontaler Ebene um sein eines Ende. Bestimmen Sie die Zustandslinien für

a) $\dot{\varphi} = \mathrm{D}\varphi / \mathrm{d}t = \omega_0 = $ konst.

b) $\dot{\varphi} = \omega_0 / t_0 \, t$.

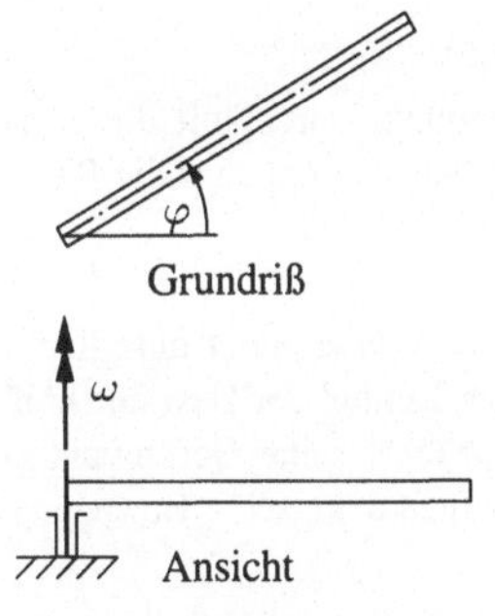

Lösung: Zur Beschreibung der Drehbewegung des Stabes führen wir Polarkoordinaten ein. Wie in der Statik (siehe Elemente Band I, Kapitel 9, bzw. Aufgabensammlung Band 1, Kapitel 6) schneiden wir zur Bestimmung der Zustandslinien ein Balkenelement heraus und tragen an den beiden Schnittufern die jeweilig positiven Schnittgrößen N, Q und M (einschließlich der Zuwächse) an. Dieses Balkenelement betrachten wir nun als Massenpunkt mit der Masse

$$\mathrm{d}m = \frac{G}{gl} \, \mathrm{d}r.$$

Der Massenpunkt beschreibt in der horizontalen Ebene eine Kreisbahn. Ausgehend von den Beziehungen (2.11) können wir den Impulssatz angeben mit

$$\mathrm{d}m a_r = -\mathrm{d}m r\dot{\varphi}^2 = \mathrm{d}N(r) \quad \rightarrow \quad \mathrm{d}N(r) = -\frac{G}{gl} r\dot{\varphi}^2 \, \mathrm{d}r,$$

$$\mathrm{d}m a_\varphi = \mathrm{d}m r\ddot{\varphi} = -\mathrm{d}Q(r) \quad \rightarrow \quad \mathrm{d}Q(r) = -\frac{G}{gl} r\ddot{\varphi} \, \mathrm{d}r.$$

Zwischen $M(r)$ und $Q(r)$ gilt der bekannte Zusammenhang (siehe z.B. Aufgabensammlung Band 1, Kapitel 6)

$$\mathrm{d}M(r) = Q(r) \, \mathrm{d}r.$$

a) Es sei zunächst: $\dot{\varphi} = \mathrm{d}\varphi / \mathrm{d}t = \omega_0 = $ konst. Dann wird

$$\mathrm{d}N(r) = -\frac{G}{gl} \omega_0^2 r \, \mathrm{d}r \quad \rightarrow \quad \int_N^0 \mathrm{d}N = -\frac{G}{gl} \omega_0^2 \int_r^l r \, \mathrm{d}r = -\frac{G}{2gl} \omega_0^2 (l^2 - r^2).$$

$$N(r) = \frac{G}{2gl}\,\omega_0^2\,(l^2 - r^2)\,, \quad Q(r) = M(r) \equiv 0.$$

b) Im zweiten Fall sei: $\dot\varphi = \omega_0/t_0\, t$. Dann wird

$$\mathrm{d}N(r) = -\frac{G}{gl}\,\omega_0^2\,\frac{t^2}{t_0^2}\,r\,\mathrm{d}r \quad \rightarrow \quad N(r) = \frac{G}{2gl}\,\omega_0^2\,(l^2 - r^2)\,\frac{t^2}{t_0^2}$$

$$\mathrm{d}Q(r) = -\frac{G}{gl}\,\frac{\omega_0}{t_0}\,r\,\mathrm{d}r \quad \rightarrow \quad Q(r) = \frac{G}{2gl}\,\frac{\omega_0}{t_0}\,(l^2 - r^2)$$

$$\mathrm{d}M(r) = Q(r)\,\mathrm{d}r \qquad \rightarrow \quad M(r) = \frac{G}{2gl}\,\frac{\omega_0}{t_0}\,l^3\left\{\frac{r}{l} - \frac{1}{3}\left(\frac{r}{l}\right)^3 - \frac{2}{3}\right\}.$$

Daneben besteht auch eine Beanspruchung des Stabes in der r-z-Ebene durch den Einfluß der Gewichtskraft.

Aufgabe 2.5:

Ein Massenpunkt durchläuft die dargestellte Bahn. Wo verläßt der Massenpunkt die Bahn BC bei gegebenem Verhältnis r/R?

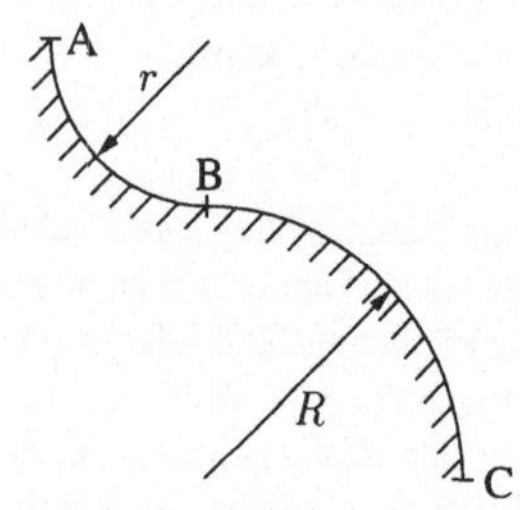

Lösung: Der Massenpunkt unterliegt bei seiner Bewegung dem Einfluß der Gewichtskraft mg. Wir bestimmen zunächst seine Geschwindigkeit im Punkt B und verfolgen dann seine Bewegung auf der Bahn BC.

1.) Geschwindigkeit im Punkt B

Der Massenpunkt folgt einer Kreisbahn. Wir können sowohl die Bewegungsgleichungen für eine Kreisbahn aufstellen und diese dann integrieren, als auch den Energiesatz benutzen. Da hier direkt nach der Geschwindigkeit gefragt ist, wählen wir den Energiesatz (1.6). Es treten nur Potentialkräfte auf, d.h. es liegt ein konservatives System vor. Wir setzen $\Phi_B = 0$ und erhalten bei $E_A = 0$ aus

$$E_A + \Phi_A = E_B + \Phi_B = \text{konst.} \quad \rightarrow \quad mgr = \frac{1}{2}\,mv_B^2 \quad \rightarrow \quad v_B^2 = 2gr\,.$$

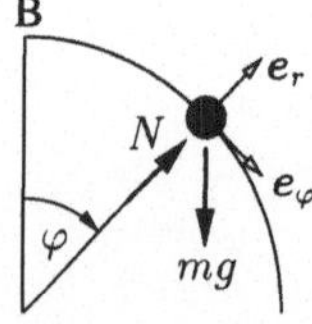

2.) Bewegung auf der Bahn BC

Wir führen nun Polarkoordinaten ein und erhalten aus (2.11) für eine Kreisbewegung

$$a_r = -R\dot\varphi^2\,, \quad a_\varphi = R\ddot\varphi\,.$$

Damit liefert dann der Impulssatz (1.1) für die beiden Richtungen

$$r\text{-Richtung:} \quad -mR\dot\varphi^2 = N - mg\cos\varphi\,,$$

$$\varphi\text{-Richtung:} \quad R\ddot\varphi = mg\sin\varphi\,.$$

Der Massenpunkt verläßt die Bahn, sobald $N \leqslant 0$ wird, d.h. wir erhalten aus der Beziehung in r-Richtung

$$N = mg\cos\varphi - mR\dot\varphi^2 \leqslant 0.$$

Die noch fehlende Größe $\dot\varphi$ können wir aus der zweiten Impulssatzgleichung bestimmen (3. Grundfall)

$$\ddot{\varphi} = \frac{\mathrm{d}\dot{\varphi}}{\mathrm{d}\varphi}\,\dot{\varphi}\,, \quad \dot{\varphi}(\varphi = 0) = \dot{\varphi}_0 = \frac{v_B}{R} \quad \rightarrow \quad \int\limits_{\dot{\varphi}_0}^{\dot{\varphi}} R\,\dot{\varphi}\,\mathrm{d}\dot{\varphi} = \int\limits_{0}^{\varphi} g\sin\varphi\,\mathrm{d}\varphi\,,$$

mit der Lösung

$$\dot{\varphi}^2 = \dot{\varphi}_0^2 + \frac{2g}{R}\,(1 - \cos\varphi) \quad \rightarrow \quad \dot{\varphi}^2 = \frac{2gr}{R^2} + \frac{2g}{R}\,(1 - \cos\varphi)\,.$$

Alternativ können wir für die Berechnung von $\dot{\varphi}$ auch wieder auf den Energiesatz (1.6) zurückgreifen

$$E_\varphi + \Phi_\varphi = E_B + \Phi_B \quad \text{mit} \quad E_\varphi = \frac{1}{2}\,m(R\dot{\varphi})^2\,, \quad \Phi_\varphi = -mgR(1 - \cos\varphi)\,.$$

$$\frac{1}{2}\,m(R\dot{\varphi})^2 - mgR(1 - \cos\varphi) = \frac{1}{2}\,mv_B^2 \quad \rightarrow \quad \dot{\varphi}^2 = \frac{2gr}{R^2} + \frac{2g}{R}\,(1 - \cos\varphi)\,.$$

Der Massenpunkt verläßt die Bahn, sobald

$$\cos\varphi < \frac{2}{3}\,\Big(1 + \frac{r}{R}\Big)\,.$$

Aufgabe 2.6:

Durch die Öffnung in einer Blende wird ein Massenpunkt m in eine Kreisbahn ($\mu = 0$) geschlagen. Wie ist die Anfangsgeschwindigkeit v_0 dieser Masse zu wählen, damit sie nach Verlassen der Kreisbahn die Blende gerade noch überfliegen kann? Auf dem Geradenstück wirke Gleitreibung ($\mu = 0.5$).

Gegeben: $r = 0,50$ m

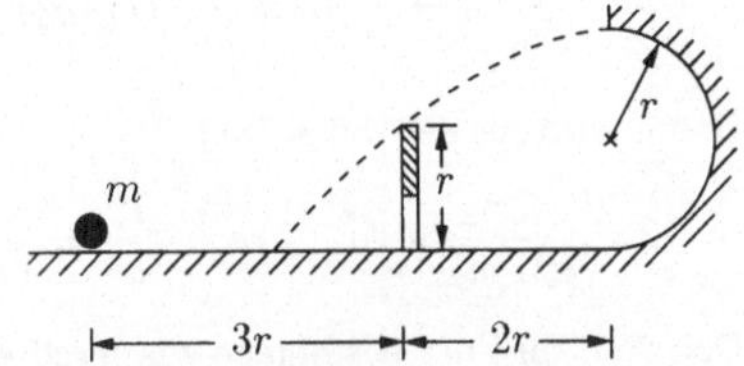

Lösung: Mit Hilfe des Energiesatzes (1.4)

$$E_1 + \Phi_1 - (E_0 + \Phi_0) = A_{01}$$

bestimmen wir zunächst die (horizontale) Geschwindigkeit v_1 des Massenpunktes beim Verlassen der Kreisbahn. Dabei ist A_{01} die infolge der Gleitreibung zu verrichtende Arbeit auf dem Geradenstück (siehe Kapitel 3).

Wegen

$$\Phi_0 = 0\,, \quad A_{01} = -\int\limits_{0}^{5r} \mu mg\,\mathrm{d}s = -5r\,\mu mg$$

erhalten wir aus

$$\frac{1}{2}\,m(v_1^2 - v_0^2) + mg\,2r = 5r\,\mu mg \quad \rightarrow \quad v_1 = \sqrt{v_0^2 - gr(4 + 10\mu)}\,.$$

Mit dieser Anfangsgeschwindigkeit durchläuft der Massenpunkt anschließend eine Wurfparabel – unter der Bedingung, daß für $x = 2r$ die Blende gerade noch überflogen wird ($y \leqslant r$, wenn wir den Ursprung des Koordinatensystems in den oberen Scheitel der Kreisbahn legen).

Wir erhalten schließlich

$$v_0 \geqslant \sqrt{gr(6 + 10\mu)} \quad \rightarrow \quad v_0 \geqslant 7,35 \text{ m/s} = 26,44 \text{ km/h}\,.$$

Aufgabe 2.7:

Die Umlaufbahn des russischen Satelliten Sputnik I verlief in einer Höhe von 224 km bis 895 km (gemessen in der Ebene der Umlaufbahn). Wie groß war seine Umlaufzeit?

Lösung: Der Satellit bewegt sich auf einer Ellipsenbahn mit der konstanten Flächengeschwindigkeit

$$\frac{\mathrm{d}A}{\mathrm{d}t} = \dot{A} = \frac{1}{2}\,r^2\dot{\varphi} = d = \text{konst.} \qquad \text{(2. Keplersches Gesetz)}$$

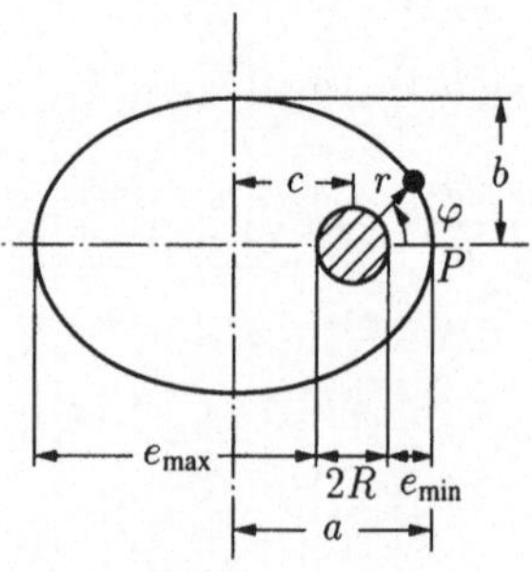

Bei einem vollen Umlauf überstreicht der Ortsvektor die gesamte Ellipsenfläche $A = \pi ab$

$$A = \dot{A}T, \quad \rightarrow \quad T = \frac{\pi ab}{d},$$

mit T als Umlaufzeit. Die Konstante d bestimmen wir für den Bahnpunkt P. In ihm gilt (2.14)

$$\Gamma\,\frac{mm_E}{r_P^2} = \frac{mv_P^2}{\varrho_P} = \frac{mr_P^2\dot{\varphi}_P^2}{\varrho_P},$$

mit ϱ_P als Krümmungsradius der Ellipse im Punkt P:

$$\varrho_P = \frac{b^2}{a} \quad \rightarrow \quad \dot{\varphi}_P = \frac{1}{r_P^2}\sqrt{\Gamma m_E\varrho_P} \quad \rightarrow \quad d = \frac{1}{2}\,r_P^2\dot{\varphi}_P = \frac{1}{2}\sqrt{\Gamma m_E\varrho_P}\,.$$

Damit wird aus der Umlaufzeit

$$T = \frac{2\pi}{\sqrt{\Gamma m_E}}\,a\sqrt{a} \quad \text{bzw.} \quad \frac{T^2}{a^3} = \frac{4\pi^2}{\Gamma m_E} \qquad \text{(3. Keplersches Gesetz)}$$

Den Wert für Γm_E bestimmen wir durch Anwendung des Gravitationsgesetzes auf der Erdoberfläche

$$G = mg = \Gamma\,\frac{mm_E}{R^2} \quad \rightarrow \quad gR^2 = \Gamma m_E\,.$$

Mit $R = 6\,370$ km sowie $a = R + \frac{1}{2}\left(e_{\min} + e_{\max}\right) = 6\,929,5$ km erhalten wir dann

$$T = \frac{2\pi}{\sqrt{g}\,R}\,a\sqrt{a} = 1,60\,\text{h} = 95,74\,\text{min}\,.$$

2.3 Aufgaben

Aufgabe 2.8:

Bestimmen Sie die Anfangsgeschwindigkeit v_0 und -richtung α_0 eines Tennisballs, der in der skizzierten Weise gerade noch ins Aufschlagfeld gelangen soll.

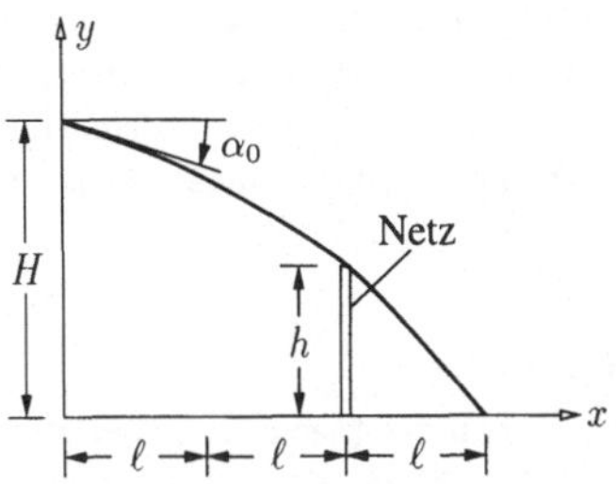

Aufgabe 2.9:

Der Massenpunkt m fährt mit der Anfangsgeschwindigkeit v_0 in die Looping-Bahn ein. Geben Sie den Druck der Masse auf die Bahn als Funktion des Winkels φ an. Welchen Einfluß hat ein konstanter Bewegungswiderstand in Form der Gleitreibung (Koeffizient μ) auf dieses Ergebnis?

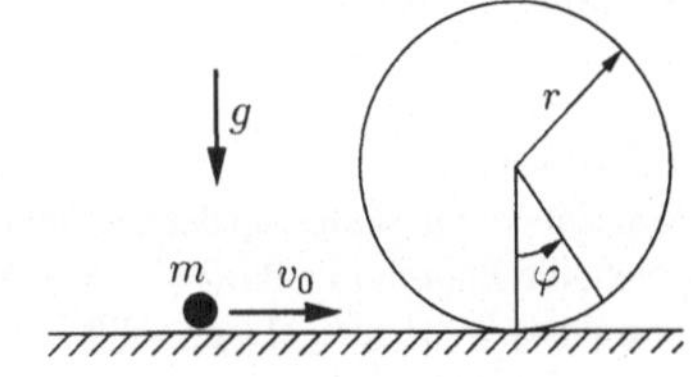

Aufgabe 2.10:

An einem masselosen Faden rotiert ein Massenpunkt auf einer horizontalen Kreisbahn. Zur Zeit $t = 0$ beträgt der Bahnradius r_0 und die Winkelgeschwindigkeit ω_0.

a) Bestimmen Sie $r(t)$ und $\omega(t)$, wenn der Faden mit der konstanten Geschwindigkeit u_0 durch das skizzierte vertikale Rohr nach unten gezogen wird. Wie groß ist die Seilkraft?

b) Nach welcher Zeit t_1 hat sich die Winkelgeschwindigkeit verdoppelt und wie groß ist dann r_1?

c) Um welchen Betrag ΔE hat sich die kinetische Energie des Massenpunktes geändert? Welche Arbeit verrichtet die Seilkraft S?

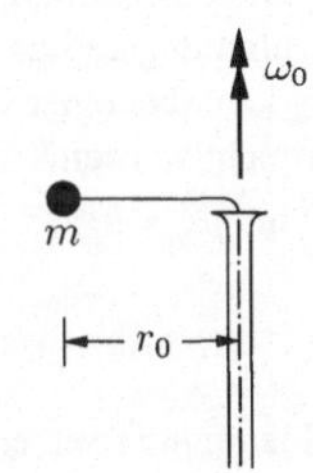

Aufgabe 2.11:

Zur Nachrichtenübertragung zwischen zwei Kontinenten soll ein Satellit auf eine Kreisbahn um die Erde gebracht werden. Der Satellit soll über einem Punkt der Erde scheinbar still stehen. Welche Höhe über der Erdoberfläche muß er dann haben?

Gegeben: Erdradius $R = 6.370$ km

Aufgabe 2.12:

Von einem mit der konstanten Geschwindigkeit v_w fahrenden Wagen aus wird ein Massenpunkt m abgeworfen. (Der Einfluß des Impulses auf den Wagen kann vernachlässigt werden.) Unmittelbar nach dem Abwurf soll der Wagen mit a_0 beschleunigt werden. Wie hat man a_0 zu wählen, damit der Wagen den Massenpunkt wieder auffangen kann?

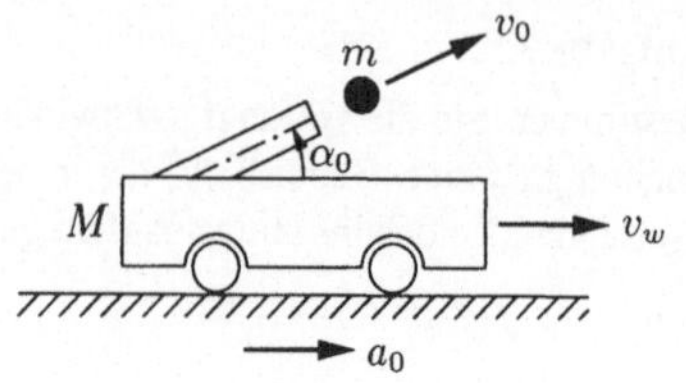

Aufgabe 2.13:

Ein Geschoß der Masse m startet auf einer glatten Rampe, welche um den Winkel α zur Horizontalen geneigt ist, mit der Geschwindigkeit v_0. Geben Sie die Beziehung an, aus der α gewonnen werden kann, wenn die Reichweite des Geschosses möglichst groß werden soll.

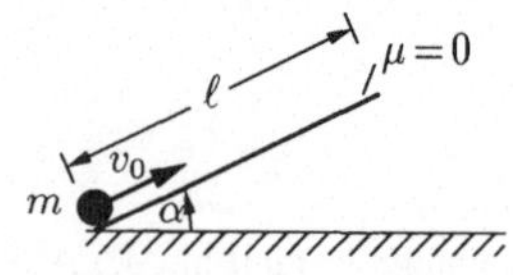

Aufgabe 2.14:

Ein Massenpunkt m startet mit der Geschwindigkeit v_0 auf der glatten parabelförmigen Bahn $y = x^2/l$. Er verläßt die Bahn im Punkt $y = x = l$. Wie groß muß v_0 gewählt werden, wenn der Massenpunkt an der Stelle $x = 2\,l$ aufschlagen soll?

Aufgabe 2.15:

Mit welcher konstanten Maximalgeschwindigkeit v_{kr} kann ein Auto eine Kurve ohne Überhöhung mit minimalem Krümmungsradius r durchfahren, ohne ins Rutschen zu kommen? Welche maximale Bremsverzögerung kann bei einer Geschwindigkeit von $v = 90$ km/h $\leqslant v_{kr}$ in der Kurve (r) bzw. auf gerader Strecke erreicht werden?

Gegeben: $r = 200$ m, $\mu_0 = 0.5$

Aufgabe 2.16:

Mit welcher Beschleunigung setzen sich die Massen der nebenstehenden Anordnung unter Einwirkung der Schwerkraft in Bewegung? Wo befindet sich die Masse m_2 nach 1 Sekunde?

Gegeben: $m_1 = m_3 = m$, $m_2 = 2m$

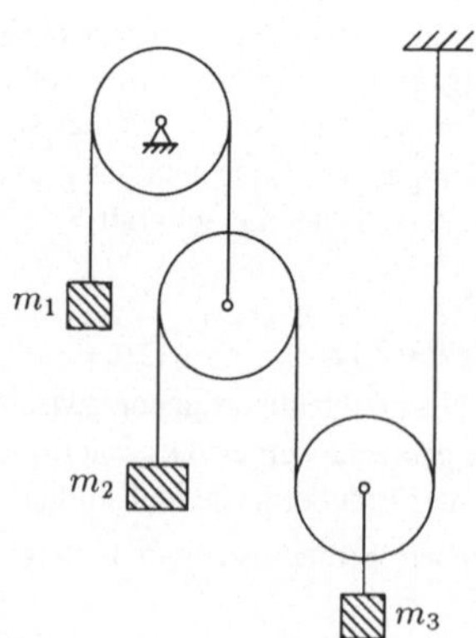

3 Bewegungwiderstände

3.1 Allgemeines

Bewegung durch ein Fluid

Bei der Bewegung eines starren Körpers mit der Geschwindigkeit v durch ein ihn umgebendes Fluid treten Reaktionskräfte auf, die wir zu einer resultierenden Kraft F und einem resultierenden Moment M zusammenfassen können. Die resultierende Kraft F zerlegen wir

a) in eine Komponente F_A senkrecht zu v, die wir Auftrieb nennen, und

b) in eine zweite Komponente F_W parallel zu v, die wir als Widerstand bezeichnen, da sie stets v entgegengesetzt gerichtet ist:

$$F_W = - F_W \frac{v}{|v|} . \tag{3.1}$$

Es ist zweckmäßig, Auftrieb und Widerstand in der Form

$$F_A = c_A A \frac{\rho}{2} v^2 \quad \text{sowie} \quad F_W = c_W A \frac{\rho}{2} v^2 \tag{3.2}$$

anzugebenen, wobei c_A und c_W Auftriebs- bzw. Widerstandsbeiwerte sind, A ist eine geeignet definierte Bezugsfläche und ρ die Dichte des (ungestörten) Fluids.

Auch das resultierende Moment läßt sich entsprechend darstellen

$$M = c_M A l \frac{\rho}{2} v^2, \tag{3.3}$$

wobei l eine geeignet definierte Bezugslänge bezeichnet.

Trockene (Coulombsche) Reibung

In der Berührungsfläche zweier sich gegeneinander bewegender fester Körper treten Bewegungswiderstände in Form von flächenhaft wirkenden, tangentialen Reibungskräften auf. Diese Reibungskräfte beschreiben wir näherungsweise durch die Beziehung (Reibungsgesetz von Coulomb)

$$F_R = - \mu F_N \frac{v}{|v|} , \qquad (F_N > 0) \tag{3.4}$$

mit μ als Gleitreibungs-Koeffizient.

Die als Bewegungswiderstand auftretenden Gleitreibungskräfte sind eingeprägte Kräfte, da sie von physikalischen Beziehungen mitbestimmt werden. Das unterscheidet sie von den Haftreibungskräften, die als Reaktionskräfte zu betrachten und in der Statik aus den Gleichgewichtsbedingungen bzw. in der Kinetik aus den Bewegungsgleichungen zu bestimmen sind. Die durch die Ungleichung

$$|F_R| \leqslant \mu_0 F_N , \qquad (F_N > 0) \tag{3.5}$$

gegebene Haftbedingung definiert lediglich die obere Grenze der übertragbaren Haftreibungskraft und stellt keine Bestimmungsgleichung für die Haftreibungskraft dar.

Die Verallgemeinerung des Coulombschen Reibungsgesetzes lautet:

$$\frac{dF_R}{dA} = - \mu \frac{dF_N}{dA} \frac{v}{|v|} , \qquad \left(\frac{dF_N}{dA} > 0 \right). \tag{3.6}$$

Eine Übersicht über Anhaltswerte der Gleitreibungs-Koeffizienten μ sowie der entsprechenden Haftreibungs-Koeffizienten μ_0 für verschiedene Werkstoffpaarungen ist z. B. den Elementen Band III, Kapitel 3, zu entnehmen. Wir merken hier lediglich an, daß $\mu_o \geqslant \mu$ sein muß.

Ob an einer Stelle, an der Reibungskräfte wirksam werden, Haften oder Gleiten eintritt, läßt sich im allgemeinen nicht von vornherein sagen. Es wird empfohlen, so vorzugehen, daß man zunächst einen der beiden möglichen Fälle annimmt und nachträglich prüft, ob sich ein Widerspruch ergibt bzw. unter welchen Bedingungen die Annahme richtig ist.

Seilreibung

Ein masseloses Seil sei mit dem Umschlingungswinkel α über eine feststehende zylindrische Scheibe geführt. Die an einem Seilelement angreifenden Kräfte lassen sich dann auf der Basis des *Coulomb*schen Reibungsgesetzes bestimmen

$$S_1 = S_0 \, e^{\mu\alpha} \, . \tag{3.7}$$

Diese Beziehung gilt unabhängig vom Scheibendurchmesser. Sie gilt auch für nicht-kreisrunde Scheiben, wobei α dann den Umlenkwinkel bezeichnet. Im Falle des Haftens gilt die Grenzbedingung

$$S_1 \leqslant S_0 \, e^{\mu_0\alpha} \, . \tag{3.8}$$

3.2 Beispiele

Aufgabe 3.1:

Um welche Strecke $\bar{f}$ darf die Feder mit der Federkonstanten c höchstens zusammengedrückt werden, wenn sich die davor liegende Masse m nicht in Bewegung setzen soll? Wie weit rutscht die Masse, wenn die Feder um $f > \bar{f}$ zusammengedrückt war?

Gegeben: μ_0, μ

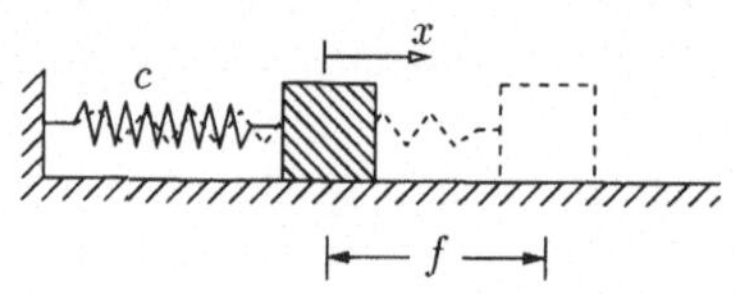

Lösung: Wir haben zwischen drei unterschiedlichen Bereichen des Verhaltens zu unterscheiden:

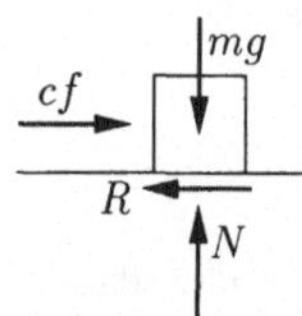

1. Haften: Der Körper befindet sich in Ruhe. Die Reibungskraft ist als unbekannte Reaktionskraft aus der Gleichgewichtsbedingung zu ermitteln

$$R = cf \quad \text{sowie} \quad N = mg.$$

Haften ist möglich, solange gilt

$$|R| \leqslant \mu_0 \, N \, ,$$

d.h. wir erhalten

$$cf \leqslant \mu_0 \, N = \mu_0 \, mg \quad \rightarrow \quad f \leqslant \bar{f} = \frac{\mu_0 \, mg}{c} \, .$$

2. Gleiten: Die Reibungskraft ist von vornherein bekannt

$$R = \mu \, N$$

und wirkt als Bewegungswiderstand. Wir erhalten also die Bewegungsgleichung

$$m\ddot{x} = F - \mu\,mg \quad \text{mit} \quad F = \begin{cases} c(f - x) & \text{für } x \leqslant f \\ 0 & \text{für } x \geqslant f \end{cases} .$$

Beim Ablösen von der Feder beträgt die Geschwindigkeit der Masse

$$\dot{x}(f) = v_f \quad \rightarrow \quad \int_0^{v_f} \dot{x}\,\mathrm{d}\dot{x} = \int_0^f \left[\frac{c}{m}\,(f - x) - \mu g \right] \mathrm{d}x$$

und daraus ermitteln wir

$$v_f^2 = \left[\frac{c}{m}\,(2fx - x^2) - 2\mu gx \right]_0^f = \frac{c}{m}\,f^2 - 2\mu g f .$$

Der dabei maximal zurückgelegte Weg ist

$$\int_{v_f}^0 \dot{x}\,\mathrm{d}\dot{x} = \int_f^{x_{\max}} -\mu g\,\mathrm{d}x \quad \rightarrow \quad \frac{1}{2}\,v_f^2 = \mu g(x_{\max} - f)$$

und damit

$$x_{\max} = \frac{v_f^2}{2\mu g} + f = \frac{cf^2}{2\mu\,mg} .$$

3. "Unvollständiges" Gleiten: In einem Übergangsbereich der Zusammendrückung $\bar{f} < f < f^*$ löst sich die Masse (noch) nicht von der Feder und diese ist in der Ruhelage dann auch nicht entspannt. Den Grenzfall f^* erhalten wir unter der Bedingung, daß beim Ablösen die Geschwindigkeit gerade Null wird

$$0 = \frac{c}{m}\,f^{*2} - 2\mu g f^* \quad \rightarrow \quad f^* = \frac{2\mu\,mg}{c} .$$

Alternative Lösung: Die beiden Bereiche des Gleitens lassen sich alternativ auch mit Hilfe des Energiesatzes (1.4) untersuchen:

Grenzfall:

$$E_2 - E_1 = A_{12}, \quad \text{mit} \quad E_1 = 0, \quad E_2 = 0.$$

Daraus erhalten wir

$$A_{12} = \frac{1}{2}\,cf^{*2} - \mu\,mgf^* = 0 \quad \rightarrow \quad f^* = \frac{2\mu\,mg}{c} .$$

Gleiten:

$$E_3 - E_1 = A_{13}, \quad \text{mit} \quad E_1 = 0, \quad E_3 = 0.$$

und damit

$$A_{13} = \frac{1}{2}\,cf^2 - \mu\,mgx_{\max} = 0 \quad \rightarrow \quad x_{\max} = \frac{cf^2}{2\mu\,mg} .$$

Aufgabe 3.2:

Welche Werte darf die Zugkraft annehmen, damit
Gleichgewicht möglich wird? Wie groß wird die Beschleunigung des Körpers vom Gewicht G, wenn F
außerhalb des oben ermittelten Bereiches liegt?

Gegeben: $\alpha = 30°$, $\mu = 0.4$, $\mu_0 = 0.5$,
$\qquad\mu_{s0} = 0.7$, $\mu_s = 0.6$, $G = 1$ kN

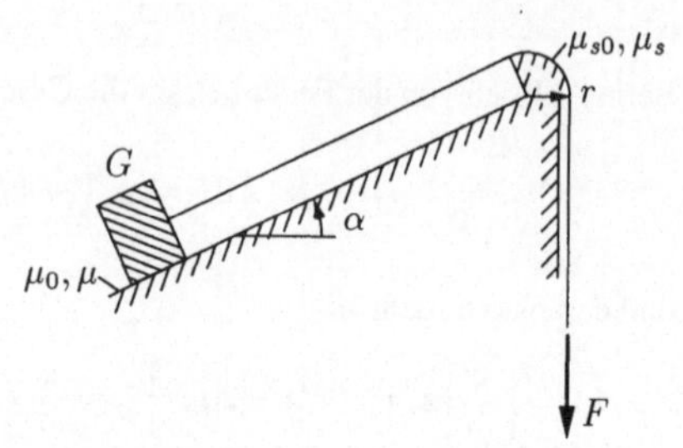

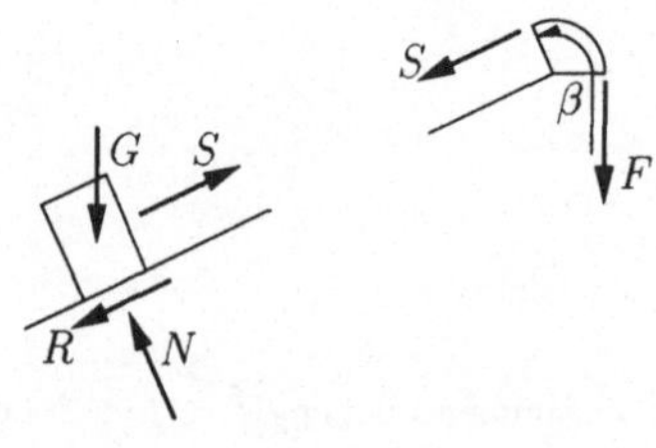

Lösung: 1. Für Gleichgewicht des Systems müssen wir
Haften des Körpers sowie des Seiles annehmen. Aus den
Gleichgewichtsbedingungen erhalten wir dann

$$N = G \cos \alpha ,$$
$$S = R + G \sin \alpha , \quad S \geqslant 0 .$$

Die Haftbedingungen lauten:

für den Körper

$$|R| \leqslant \mu_0 N ,$$

bzw. für das Seil

$$\left. \begin{array}{ll} S > F: & S \leqslant F e^{\mu_{s0}\beta} \\ S < F: & F \leqslant S e^{\mu_{s0}\beta} \end{array} \right\} \quad S e^{-\mu_{s0}\beta} \leqslant F \leqslant S e^{\mu_{s0}\beta} .$$

Aus der Haftbedingung für den Körper und den Gleichgewichtsbedingungen folgt

$$R_{\min} = -\mu_0 N = -\mu_0 G \cos \alpha$$

$$R_{\max} = \mu_0 G \cos \alpha$$

$$S_{\min} = \begin{cases} -\mu_0 G \cos \alpha + G \sin \alpha & \text{für} \quad \sin \alpha > \mu_0 \cos \alpha \;\; \text{d.h.} \;\; \tan \alpha > \mu_0 \\ 0 & \text{für} \quad \tan \alpha < \mu_0 \end{cases}$$

$$S_{\max} = \mu_0 G \cos \alpha + G \sin \alpha .$$

Damit liefert die Haftbedingung für das Seil

$$F_{\min} = \begin{cases} G \cos \alpha \, e^{-\mu_{s0}\beta}(\tan \alpha - \mu_0) & \text{für} \quad \tan \alpha > \mu_0 \\ 0 & \text{für} \quad \tan \alpha < \mu_0 \end{cases}$$

$$F_{\max} = G \cos \alpha \, e^{\mu_{s0}\beta}(\tan \alpha + \mu_0) .$$

sowie schließlich

$$F_{\min} \leqslant F \leqslant F_{\max} .$$

Zahlenwerte:

$$\beta = 90° + 30° = 120° \;\hat{=}\; \frac{2}{3}\pi , \quad e^{\mu_{s0}\beta} = 4,332 , \quad e^{-\mu_{s0}\beta} = 0,231 .$$

$$\mu_0 = 0,5 < 0,577 = \tan \alpha .$$

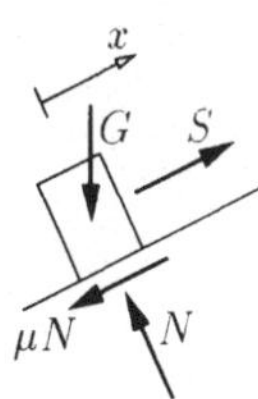

$$F_{\text{min}} = 15,5 \text{ N}, \quad F_{\text{max}} = 4.042 \text{ N} \quad \rightarrow \quad 15,5 \text{ N} \leqslant F \leqslant 4.042 \text{ N}.$$

2. Gleiten

Wir setzen zunächst Aufwärtsbewegung des Körpers voraus ($\dot{x} > 0$). Dann erhalten wir

$$N = G \cos \alpha \quad \rightarrow \quad m\ddot{x} = S - mg \sin \alpha - \mu mg \cos \alpha,$$

$$F = S e^{\mu_s \beta} \quad \rightarrow \quad \ddot{x} = \left(\frac{F}{G} e^{-\mu_s \beta} - \sin \alpha - \mu \cos \alpha \right) g \quad \text{für} \quad F > 2.974 \text{ N}.$$

Damit die Voraussetzung $\dot{x} > 0$ erfüllt werden kann, muß $\ddot{x} > 0$ gelten, d.h.

$$F > G \cos \alpha \, e^{\mu_s \beta} (\tan \alpha + \mu) = 2.974 \text{ N}.$$

Entsprechend erhalten wir für Abwärtsbewegung ($\dot{x} < 0$), wobei die Gleitreibung μN am Körper jetzt in entgegengesetzter Richtung wirkt und für die Seilreibung gilt

$$S = F e^{\mu_s \beta} \quad \rightarrow \quad \ddot{x} = \left(\frac{F}{G} e^{\mu_s \beta} - \sin \alpha + \mu \cos \alpha \right) g \quad \text{für} \quad F > 43,7 \text{ N}.$$

Als Bedingung dafür muß $\ddot{x} > 0$ sein:

$$F < G \cos \alpha \, e^{-\mu_s \beta} (\tan \alpha - \mu) = 43,7 \text{ N}.$$

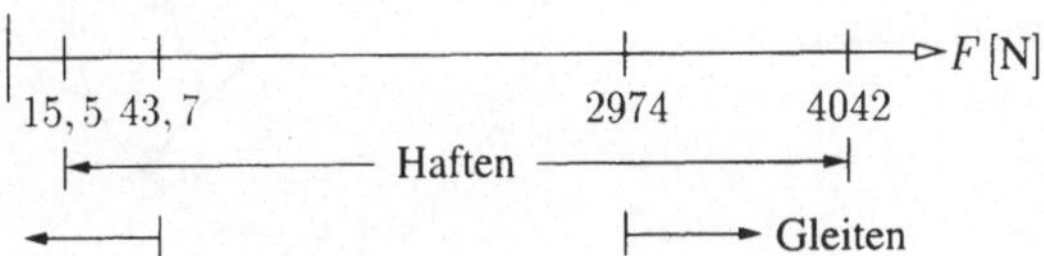

Aufgabe 3.3:

Ein Massenpunkt wird auf einer rauhen horizontalen Kreisbahn vom Radius r mit μ als Gleitreibungskoeffizient geführt. Die Anfangsgeschwindigkeit sei v_0. Es wirke keine Schwerkraft. Mit welcher Geschwindigkeit und nach welcher Zeit erreicht der Massenpunkt nach einem Umlauf die Ausgangslage?

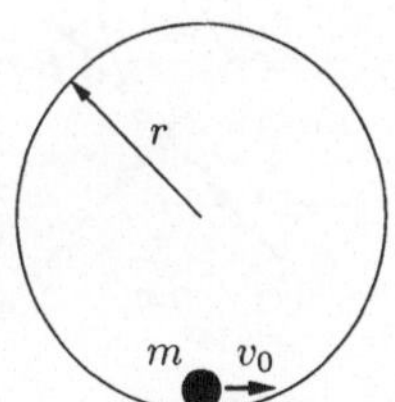

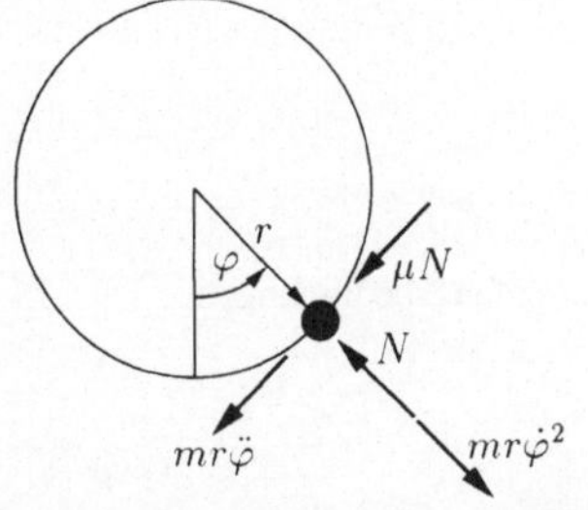

Lösung: Wir stellen die Bewegungsgleichung auf. Dazu können wir – wie bisher – den Impulssatz (in radialer und tangentialer Richtung) heranziehen. Alternativ können wir jedoch auch – entgegen den jeweils angenommenen Bewegungsrichtungen entsprechende Trägheitskräfte ansetzen (siehe auch Kapitel 4) und das Problem dann mit Hilfe der Gleichgewichtsbedingungen der Statik lösen. Welcher der beiden Vorgehensweisen der Vorzug zu geben ist, sollte jeder für sich entscheiden.

$$\sum F_n = 0 : \quad N = mr\dot\varphi^2$$

$$\sum F_t = 0 : \quad mr\ddot\varphi + \mu N = 0 \quad \rightarrow \quad \ddot\varphi = -\mu\dot\varphi^2 .$$

Durch Umformen wird daraus

$$\ddot\varphi = \frac{d\dot\varphi}{d\varphi}\,\dot\varphi = -\mu\dot\varphi^2 \quad \rightarrow \quad \int_{\dot\varphi_0}^{\dot\varphi_1} \frac{d\dot\varphi}{\dot\varphi} = -\int_0^{2\pi} \mu\,d\varphi$$

bzw.

$$\ln\frac{\dot\varphi_1}{\dot\varphi_0} = \ln\frac{v_1}{v_0} = -2\pi\mu \quad \rightarrow \quad v_1 = v_0\,e^{-2\pi\mu} \quad \text{mit} \quad v = r\dot\varphi .$$

Für die Zeit gilt entsprechend

$$\ddot\varphi = \frac{d\dot\varphi}{dt} = -\mu\dot\varphi^2 \quad \rightarrow \quad \int_{\dot\varphi_0}^{\dot\varphi_1} \frac{d\dot\varphi}{\dot\varphi^2} = -\int_0^{t_1} \mu\,dt$$

sowie

$$\mu t_1 = \frac{1}{\dot\varphi_1} - \frac{1}{\dot\varphi_0} = r\left(\frac{1}{v_1} - \frac{1}{v_0}\right) \quad \rightarrow \quad t_1 = \frac{r}{\mu v_0}\,(e^{2\pi\mu} - 1) .$$

Aufgabe 3.4:

Ein Punkt der Masse m bewegt sich unter dem Einfluß der Schwerkraft auf einer rauhen Kreisbahn (Gleitreibungskoeffizient μ). Die Bewegungsgleichung $\ddot\varphi = f(\dot\varphi, \varphi)$ ist aufzustellen.

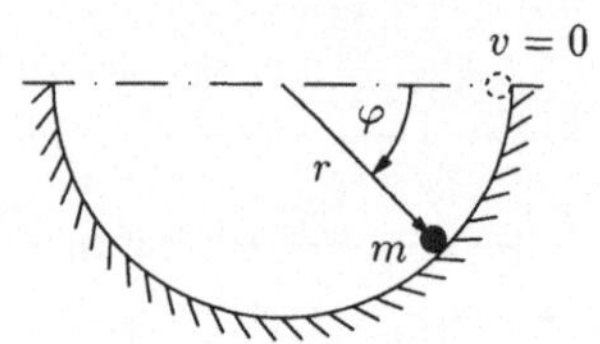

Lösung: Mit Hilfe der Komponenten des Impulssatzes – bzw. der Gleichgewichtsbedingungen – in tangentialer und radialer Richtung erhalten wir (bei $v = r\dot\varphi$ bzw. $\dot v = r\ddot\varphi$)

$$\sum F_r = 0 : \quad N = mg\sin\varphi + mr\dot\varphi^2$$

$$\sum F_t = 0 : \quad 0 = mr\ddot\varphi + R - mg\cos\varphi .$$

Berücksichtigen wir hierin das Gesetz für die Gleitreibung

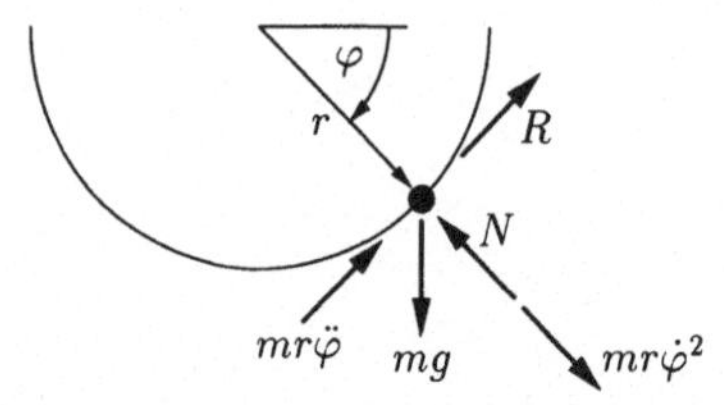

$$R = \mu N ,$$

so erhalten wir daraus die Bewegungsgleichung

$$\ddot\varphi + \mu\dot\varphi^2 - \frac{g}{r}(\cos\varphi - \mu\sin\varphi) = 0 .$$

Diese Differentialgleichung läßt sich integrieren und z.B. für die Anfangsbedingungen

$$\varphi = 0 : \quad \dot\varphi = 0$$

gilt dann

$$\dot{\varphi}^2 = \frac{g}{r}\,\frac{2}{1+4\mu^2}\left[3\mu\cos\varphi + (1-2\mu^2)\sin\varphi - 3\mu\,e^{-2\mu\varphi}\right].$$

Als Voraussetzung muß gelten $\dot{\varphi} > 0$. Damit erhalten wir für $\varphi_{\max}$ die Beziehung

$$3\mu\cos\varphi + (1-2\mu^2)\sin\varphi = 3\mu\,e^{-2\mu\varphi}.$$

Die Bewegung kommt möglicherweise zur Ruhe, wenn der Umkehrpunkt der Bewegung ($\varphi_{\max}$) in den durch

$$|\cos\varphi| \leqslant \mu_0\sin\varphi \quad \rightarrow \quad |\cot\varphi| \leqslant \mu_0$$

definierten Bereich fällt, in dem Haften möglich wird.

3.3 Aufgaben

Aufgabe 3.5:

Die dargestellte Anordnung gibt das Modell eines
Kraftwagens wieder. Welche maximale Anfahrbeschleunigung ist bei einem Haftreibungskoeffizienten
μ_0 zwischen Rad und Straße bei
a) Vorderradantrieb
b) Hinterradantrieb
möglich? Die gesamte Masse des Wagens sei im Punkt
S konzentriert.

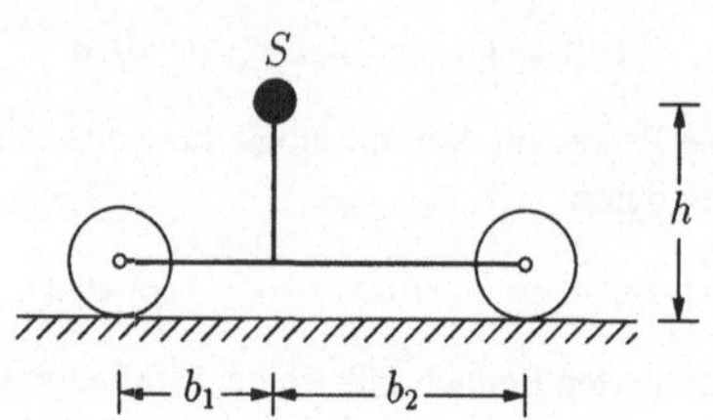

Aufgabe 3.6:

Über einen Keilriemen wird von einem Motor ein Moment auf eine Maschine übertragen. Der Keilriemen
wird vorgespannt, so daß an jedem Lager die Hori-
zontalkraft V entsteht. Für ein gegebenes Antriebsmoment M_A und gegebene Vorspannkraft V ermittle
man das auf die Maschine übertragene Moment M_B,
sowie die Seilkräfte S_o im Obertrum und S_u im Un-
tertrum. Wie groß darf M_A höchstens sein, damit der
Keilriemen nicht durchrutscht?

Gegeben: $\mu_0 = 0,5$, $V = 3$ kN, $r = 10$ cm, $M_A = 160$ Nm

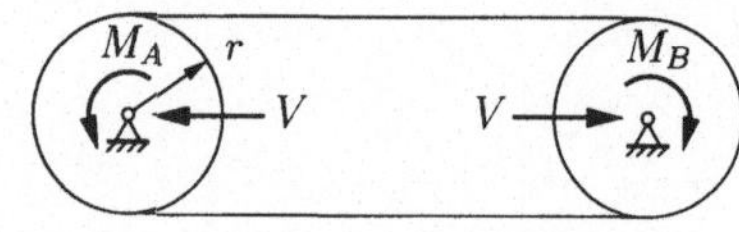

Aufgabe 3.7:

Geben Sie an, welchen Geschwindigkeitsbereich der
Fahrer des Rennwagens einhalten muß, wenn der Wa-
gen beim Durchfahren der nebenstehenden Bahn we-
der nach oben noch nach unten rutschen soll. Der
Wagen kann im Vergleich mit den Abmessungen der
Bahn als klein angesehen werden.

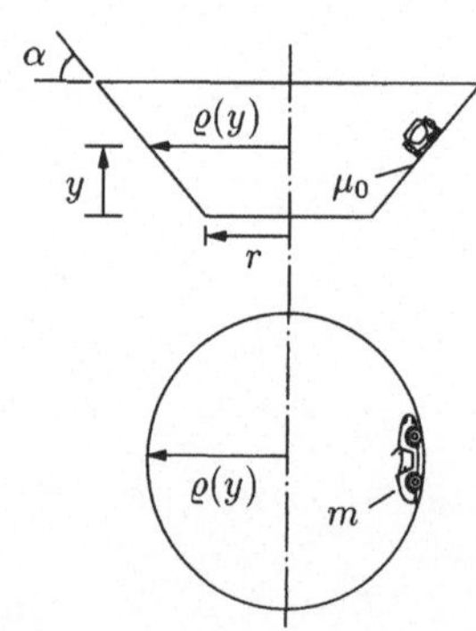

Aufgabe 3.8:

Dem dargestellten Brett wird durch Anstoßen eine Anfangsgeschwindigkeit v_0 erteilt. Wie weit rutscht es nach rechts? Es soll angenommen werden, daß sich der Anpreßdruck auf die Unterlage gleichmäßig über die Brettlänge verteilt. Wie weit würde das Brett rutschen, wenn die Bahn überall rauh wäre?

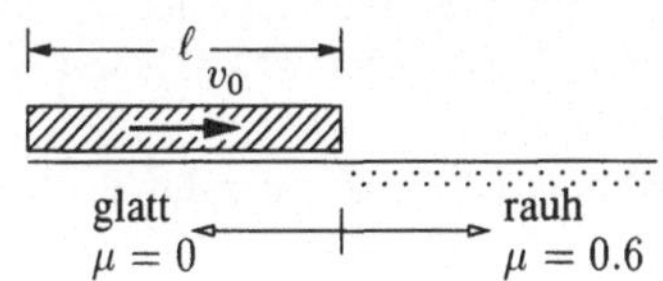

Gegeben: $l = 4$ m, $v_0 = 5$ m/s

Aufgabe 3.9:

Eine Radrennbahn ist in den Kurven (Radius r) überhöht ($\alpha = 30°$). Mit welcher Höchst- und welcher Mindestgeschwindigkeit kann man in der Kurve fahren? Unter welchem Winkel δ zur Bahnnormalen müssen diese Geschwindigkeiten gefahren werden?

Gegeben: $r = 30$ m, $\mu_0 = 0,5$

Aufgabe 3.10:

Ein Massenpunkt vom Gewicht G wird im Punkt A auf einer schiefen Ebene aus der Ruhe losgelassen. Zwischen der Unterlage und dem Körper sei die Haftreibung durch μ_0, die Gleitreibung durch μ gegeben.

a) Wie groß muß der Neigungswinkel α der schiefen Ebene sein, damit der Massenpunkt in Bewegung gerät?

b) Wie groß sind v_1 und v_2?

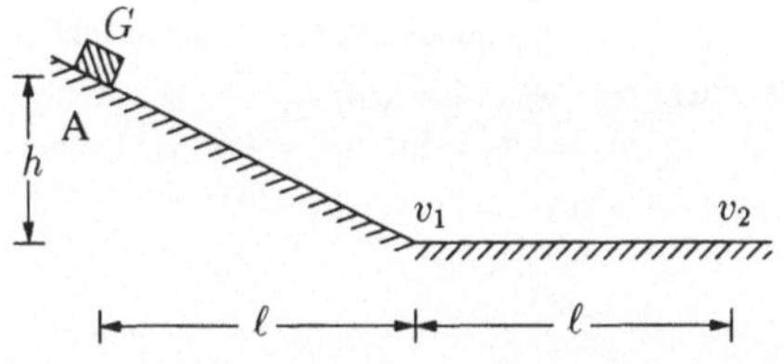

Aufgabe 3.11:

Die nebenstehende Anordnung setzt sich unter Einwirkung der Schwerkraft in Bewegung. Nach welcher Zeit und mit welcher Geschwindigkeit erreicht m_1 den Punkt A?

Gegeben: $\mu = 0,4$, $m_2 = 2 m_1$, $l = 2$ m

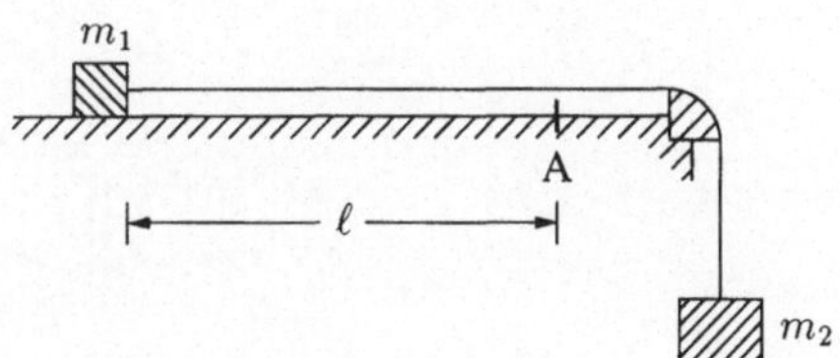

Aufgabe 3.12:

Welche Anfangsgeschwindigkeit v_0 muß dem Massenpunkt erteilt werden, damit er den Zielpunkt Z erreicht?

Gegeben: $\mu = 0,5$, $\alpha = 45°$, $h = 15$ m

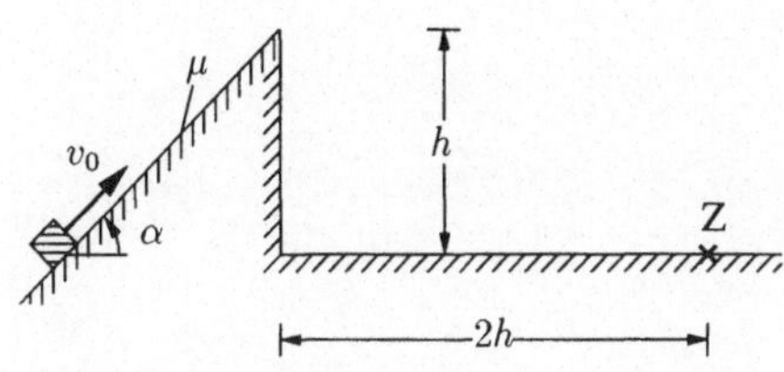

Aufgabe 3.13:

Nach welcher Zeit verläßt die auf dem Brett (Masse m, Länge l) abrollende Walze (Masse m, Radius r) das Brett?

Gegeben: g, l, $\alpha = 30°$, $\mu = 1/(10\sqrt{3})$

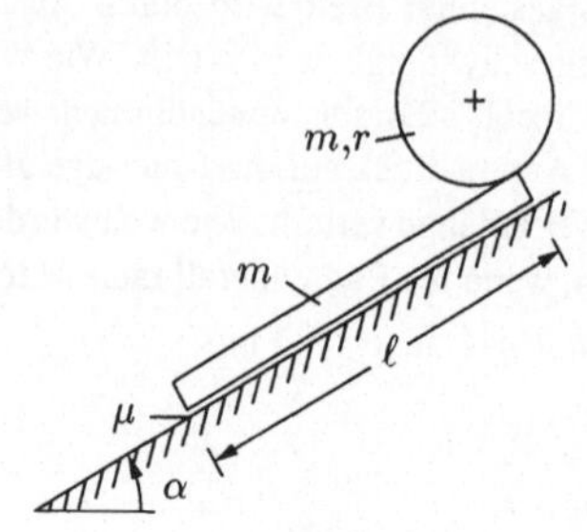

Aufgabe 3.14:

Mit welcher Beschleunigung setzen sich die Massen der nebenstehenden Anordnung unter dem Einfluß der Schwerkraft in Bewegung? Wo befindet sich die Masse m_2 nach $t = 3$ s? Wie groß ist dann ihre Geschwindigkeit?

Seile und Rollen sind als masselos zu betrachten.

Gegeben: $\alpha = 30°$, $\mu = \sqrt{3}/3$,

$\qquad m_1 = m_3 = m$, $m_2 = 4\,m$

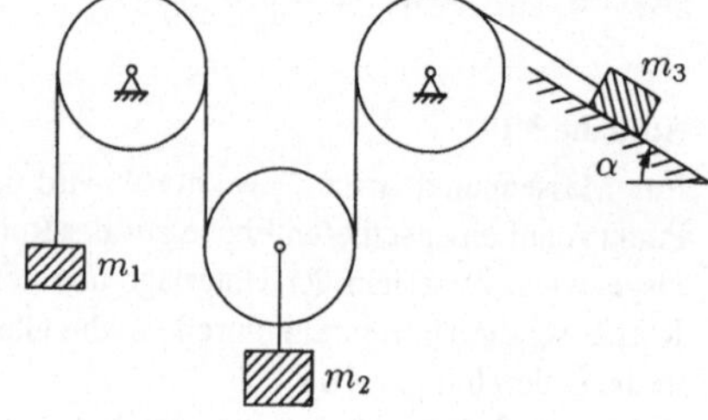

4 Relativbewegung

4.1 Allgemeines

Transformation der Zahlenwerte physikalischer Größen

Wir betrachten zwei verschiedene kartesische Bezugssysteme x, y, z bzw. $\bar{x}, \bar{y}, \bar{z}$. Den jeweils zugehörigen Bezugspunkt (Koordinatenursprung) bezeichnen wir mit 0 bzw. $\bar{0}$, die zugehörigen Basisvektoren mit e_x, e_y, e_z bzw. $e_{\bar{x}}, e_{\bar{y}}, e_{\bar{z}}$.

Für die Basis-Transformation gilt bei reinen Drehungen

$$e_{\bar{\imath}} = \sum_k A_{\bar{\imath}k} e_k \quad \text{bzw.} \quad e_k = \sum_{\bar{\imath}} A_{k\bar{\imath}} e_{\bar{\imath}} \tag{4.1}$$

mit der Transformationsmatrix

$$A_{\bar{\imath}k} = e_{\bar{\imath}} \cdot e_k = e_k \cdot e_{\bar{\imath}} = A_{k\bar{\imath}} \qquad (i, k = x, y, z). \tag{4.2}$$

Die Determinante der Transformationsmatrix ist

$$\det\left[A_{\bar{\imath}k}\right] = \det\left[A_{k\bar{\imath}}\right] = 1. \tag{4.3}$$

Ferner ist

$$\sum_{\bar{r}} A_{i\bar{r}} A_{\bar{r}k} = \delta_{ik} \quad \text{und} \quad \sum_r A_{\bar{\imath}r} A_{r\bar{k}} = \delta_{\bar{\imath}\bar{k}}, \tag{4.4}$$

mit δ_{ik} als Kronecker-Delta

$$\delta_{ik} = \begin{cases} 1 & \text{für } i = k \\ 0 & \text{für } i \neq k. \end{cases}$$

Bei Drehung einer orthonormalen Basis transformieren sich die Zahlenwerte a_k einer vektoriellen Größe in gleicher Weise wie die Basisvektoren

$$a_{\bar{\imath}} = \sum_k A_{\bar{\imath}k} a_k \quad \text{bzw.} \quad a_k = \sum_{\bar{\imath}} A_{k\bar{\imath}} a_{\bar{\imath}} \qquad (i, k = x, y, z). \tag{4.5}$$

Entsprechendes gilt auch für die Zahlenwerte σ_{ik} eines Tensors zweiter Stufe

$$\sigma_{\bar{\imath}\bar{k}} = \sum_r \sum_s A_{\bar{\imath}r} A_{\bar{k}s} \sigma_{rs} \quad \text{bzw.} \quad \sigma_{ik} = \sum_{\bar{r}} \sum_{\bar{s}} A_{i\bar{r}} A_{k\bar{s}} \sigma_{\bar{r}\bar{s}} \qquad (i, k, r, s = x, y, z). \tag{4.6}$$

Für den Sonderfall einer ebenen Drehung um den Winkel α des überstrichenen Bezugssystems gegenüber dem unüberstrichenen erhalten wir z.B. als Transformationsmatrix

$$A_{\bar{\imath}k} = \begin{pmatrix} \cos\alpha & \sin\alpha & 0 \\ -\sin\alpha & \cos\alpha & 0 \\ 0 & 0 & 1 \end{pmatrix}. \tag{4.7}$$

Die zeitliche Änderung physikalischer Größen

Zwischen den substantiellen Differentialquotienten $\frac{D}{dt}$ und $\frac{\bar{D}}{dt}$ einer vektoriellen Größe a besteht die Beziehung (siehe Elemente Band III, Abschnitt 4.3)

$$\frac{\mathrm{D}a}{\mathrm{d}t} = \frac{\bar{\mathrm{D}}a}{\mathrm{d}t} + \Omega_{\bar{0}} \times a \,, \tag{4.8}$$

wobei $\Omega_{\bar{0}}$ die Winkelgeschwindigkeit der relativen Drehung des überstrichenen Bezugssystems gegenüber dem unüberstrichenen ist. In entsprechender Weise läßt sich auch eine Beziehung zwischen den beiden substantiellen Differentialquotienten eines Tensors zweiter Stufe S angeben (Elemente Band III, Satz 4.7).

Übergang auf ein anderes Bezugssystem

Zwischen der Geschwindigkeit v eines Körperpunktes gegenüber dem unüberstrichenen System und der (Relativ-)Geschwindigkeit v_{rel} desselben Körperpunktes gegenüber dem überstrichenen System gilt die Beziehung (siehe Elemente Band III, Abschnitt 4.4)

$$v = \frac{\mathrm{D}}{\mathrm{d}t} r = v_F + v_{\mathrm{rel}} \tag{4.9}$$

mit

$$v_F = v_{\bar{0}} + \Omega_{\bar{0}} \times r_{\mathrm{rel}} \tag{4.10}$$

als Führungsgeschwindigkeit des überstrichenen Systems gegenüber dem unüberstrichenen.

Zwischen der Beschleunigung a eines Körperpunktes gegenüber dem unüberstrichenen System und der (Relativ-)Beschleunigung a_{rel} desselben Körperpunktes gegenüber dem überstrichenen System gilt die Beziehung

$$a = \frac{\mathrm{D}}{\mathrm{d}t} v = a_F + a_C + a_{\mathrm{rel}} \,, \tag{4.11}$$

wobei

$$a_F = a_{\bar{0}} + \dot{\Omega}_{\bar{0}} \times r_{\mathrm{rel}} + \Omega_{\bar{0}} \times [\Omega_{\bar{0}} \times r_{\mathrm{rel}}] \quad \text{bzw.} \quad a_C = 2\Omega_{\bar{0}} \times v_{\mathrm{rel}} \tag{4.12}$$

die Führungsbeschleunigung sowie die Coriolis-Beschleunigung des überstrichenen Systems gegenüber dem unüberstrichenen System sind. r_{rel} kennzeichnet die Lage des Körperpunktes gegenüber dem Ursprung des überstrichenen Systems und $v_{\bar{0}}$ und $a_{\bar{0}}$ sind die Geschwindigkeit bzw. die Beschleunigung des Ursprungs des überstrichenen Systems gegenüber dem unüberstrichenen.

Das Grundgesetz der Mechanik (Impulssatz und Drallsatz) bleibt beim Übergang zu einem anderen – gegenüber dem Ausgangssystem beliebig bewegten – (überstrichenen) Bezugssystem formal unverändert, es ändern sich jedoch die volumenhaft verteilt angreifenden Kräfte (und deren Momente). So lautet der Massen-Mittelpunktsatz (1.1) beim Übergang zu einem anderen Bezugssystem

$$\frac{\bar{\mathrm{D}}}{\mathrm{d}t} (m \, v_{\mathrm{rel}}) = F^{(a)} - m \, a_F - m \, a_C = F^{(a)} + F_F + F_C \tag{4.13}$$

mit den in (4.12) definierten Führungs- und Coriolis-Beschleunigungen a_F und a_C.

Das Prinzip von d'Alembert

Verwenden wir ein (überstrichenes) Bezugssystem, das sich mit dem Massen-Mittelpunkt mitbewegt, so nimmt der Massen-Mittelpunktsatz im überstrichenen System die Form

$$\bar{F} = F - m \, a_M = 0 \tag{4.14}$$

an. Die Kinetik des Massen-Mittelpunktes wird damit im überstrichenen System zu einem statischen Problem: die dem Massen-Mittelpunkt zugeordneten Kräfte des Ausgangssystems bilden mit der aus der Bewegung des Massen-Mittelpunktes resultierenden Trägheitskraft ein (zentrales) Gleichgewichtssystem. Die Betrachtungsweise können wir analog auch auf den Drallsatz übertragen (siehe Band III, Abschnitt 4.5).

4.2 Beispiele

Aufgabe 4.1:

Ein Fahrstuhl bewegt sich mit konstanter Beschleunigung b aufwärts. Aus der Höhe h über dem Fahrstuhlboden wird ein Massenpunkt fallengelassen. Nach welcher Zeit erreicht der Punkt den Fahrstuhlboden?

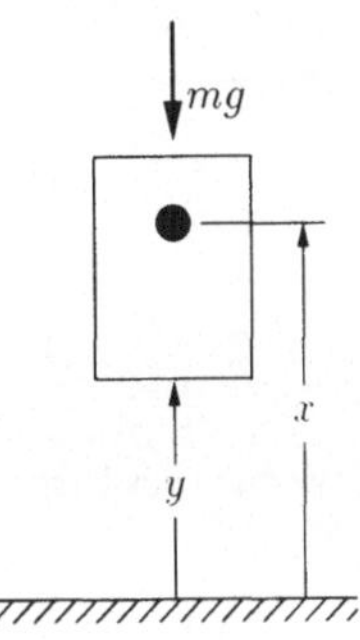

Lösung: Fahrstuhl und Massenpunkt vollführen eine geradlinige Bewegung

a) Beschreibung im raumfesten Koordinatensystem

Wir beschreiben die Lage des Massenpunktes mit x und die des Fahrstuhlbodens mit y. Die Masse m werde zum Zeitpunkt $t = 0$ losgelassen. Der Fahrstuhl befinde sich in diesem Augenblick an der Stelle y_0 und habe die Geschwindigkeit $\dot{y}_0$

$$y(t = 0) = y_0 \qquad \dot{y}(t = 0) = \dot{y}_0$$

$$x(t = 0) = y_0 + h \quad \dot{x}(t = 0) = \dot{y}_0$$

Die Bewegung des Fahrstuhls wird beschrieben durch

$$\ddot{y} = b \quad \rightarrow \quad \dot{y} = bt + \dot{y}_0 \quad \rightarrow \quad y = \frac{1}{2}bt^2 + \dot{y}_0 t + y_0 \,.$$

Für die Bewegung der Masse gilt

$$\ddot{x} = -g \quad \rightarrow \quad \dot{x} = -gt + \dot{y}_0 \quad \rightarrow \quad x = -\frac{1}{2}gt^2 + \dot{y}_0 t + y_0 + h \,.$$

Der Massenpunkt erreicht zum Zeitpunkt t_1 den Fahrstuhlboden

$$x(t_1) = y(t_1) : \quad t_1 = \sqrt{\frac{2h}{g+b}} \,.$$

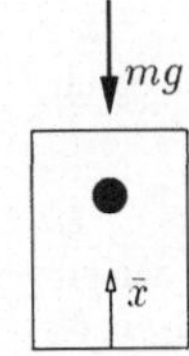

b) Beschreibung im mitbewegten Koordinatensystem

Zur Beschreibung der Lage des Massenpunktes führen wir nun eine mit dem Fahrstuhl mitbewegte Koordinate $\bar{x}$ ein. Der Impulssatz lautet dann (4.13)

$$F = ma_{\text{rel}} + ma_F + ma_C \,.$$

Mit

$$F = -mg \,, \quad a_{\text{rel}} = \ddot{\bar{x}} \,, \quad a_F = b \,, \quad a_C = 0$$

erhalten wir

$$-mg = m(b + \ddot{\bar{x}}) \quad \rightarrow \quad \ddot{\bar{x}} = -(g + b) \quad \rightarrow \quad \bar{x} = -\frac{1}{2}(g + b)t^2 + h \,.$$

Die Fallzeit t_1 bestimmen wir aus der Bedingung $\bar{x}(t_1) = 0$ wie oben.

Aufgabe 4.2:

Die nebenstehende Anordnung rotiert mit konstanter
Winkelgeschwindigkeit Ω um die Achse A-B. Auf
dem horizontalen Stab gleitet eine Hülse der Masse
m aus der Anfangslage 0. Mit welcher absoluten Geschwindigkeit verläßt die Hülse ihre glatte Führung?
Bestimmen Sie den Führungsdruck als Funktion des
Weges.

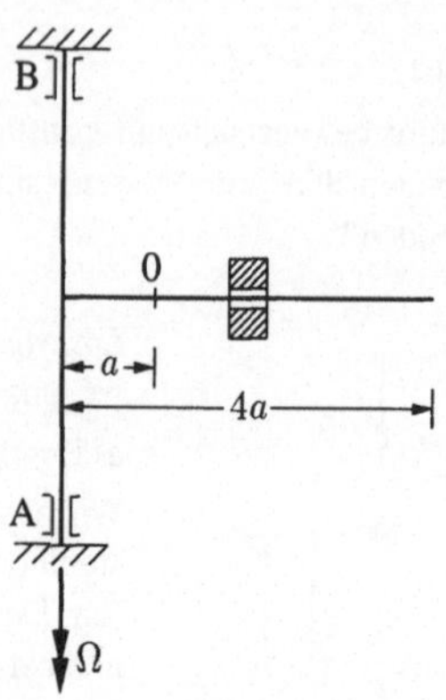

Lösung: Zur Lösung dieser Aufgabe wollen wir das
Prinzip von d'Alembert heranziehen. Dazu beschreiben wir die Bewegung des Massenpunktes in einem
mitbewegten Bezugssystem und führen der Einfachheit halber ein (unüberstrichenes) kartesisches System (x, y, z) ein.

Zur Bestimmung der einzelnen Anteile von (4.13) geben wir zunächst die Bewegung des Ursprungs
sowie die des Massenpunktes an

$$\boldsymbol{\Omega}_0 = \begin{pmatrix} 0 \\ 0 \\ -\Omega \end{pmatrix}, \quad \boldsymbol{v}_0 = \boldsymbol{a}_0 = 0, \quad \boldsymbol{r}_{\text{rel}} = \begin{pmatrix} x \\ 0 \\ 0 \end{pmatrix}, \quad \boldsymbol{v}_{\text{rel}} = \begin{pmatrix} \dot{x} \\ 0 \\ 0 \end{pmatrix}, \quad \boldsymbol{a}_{\text{rel}} = \begin{pmatrix} \ddot{x} \\ 0 \\ 0 \end{pmatrix}.$$

Damit erhalten wir aus (4.12)

$$\boldsymbol{a}_F = \boldsymbol{\Omega}_0 \times [\boldsymbol{\Omega}_0 \times \boldsymbol{r}_{\text{rel}}] = \begin{pmatrix} -\Omega^2 x \\ 0 \\ 0 \end{pmatrix}, \quad \boldsymbol{a}_C = 2\boldsymbol{\Omega}_0 \times \boldsymbol{v}_{\text{rel}} = \begin{pmatrix} 0 \\ -2\Omega\dot{x} \\ 0 \end{pmatrix}$$

bzw. aus (4.10)

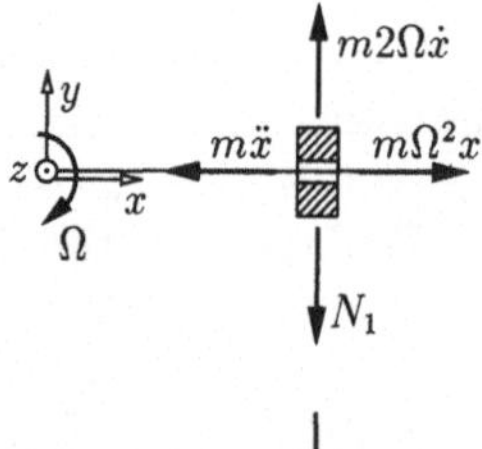

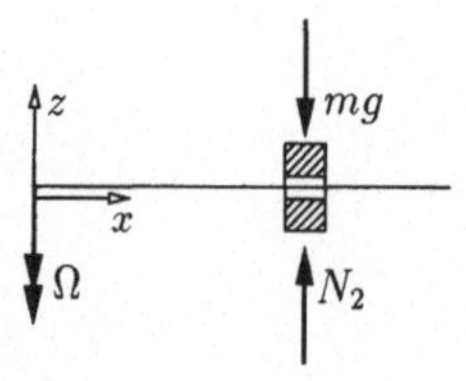

$$\boldsymbol{v}_F = \boldsymbol{\Omega}_0 \times \boldsymbol{r}_{\text{rel}} = \begin{pmatrix} 0 \\ -\Omega x \\ 0 \end{pmatrix}.$$

Führungskraft bzw. Corioliskraft werden damit

$$\boldsymbol{F}_F = -m\,\boldsymbol{a}_F, \quad \boldsymbol{F}_C = -m\,\boldsymbol{a}_C.$$

Diese Kräfte tragen wir nun – neben der eingeprägten
Kraft mg und den Reaktionskräften N_1 bzw. N_2 – zusam-
men mit der Trägheitskraft $-m\ddot{x}$ der Relativbewegung am
Massenpunkt an (siehe Skizze).

Das Gleichgewicht in x-Richtung liefert die Bewegungsgleichung

$$\ddot{x} = \frac{\mathrm{d}\dot{x}}{\mathrm{d}x}\,\dot{x} = \Omega^2 x \quad \rightarrow \quad \dot{x}^2 = \Omega^2 x^2 + c_1\,.$$

Mit Hilfe der Anfangsbedingung $x = a: \ \dot{x} = 0$ erhalten wir daraus

$$\dot{x}^2 = \Omega^2(x^2 - a^2) = v_{\text{rel}}^2\,.$$

Beim Verlassen der Führung sind

$$v_{\text{rel}}^2(4a) = 15a^2\Omega^2\,, \quad v_F^2(4a) = 16a^2\Omega^2 \quad \rightarrow \quad v_{\text{abs}} = \sqrt{31}\,a\Omega\,.$$

Die Reaktionskräfte ermitteln wir mit Hilfe der Gleichgewichtsbeziehungen in den beiden übrigen Richtungen

$$N_1 = 2m\,\Omega\dot{x} = 2m\,\Omega^2\sqrt{x^2 - a^2}\,, \quad N_2 = mg\,.$$

Aufgabe 4.3:

Ein gerades Rohr von der Länge $2a$ dreht sich um den Endpunkt 0 in waagerechter Ebene mit der Winkelgeschwindigkeit Ω, die zu Anfang mit Ω_0 gegeben ist. In der Mitte befindet sich eine kleine glatte Kugel. Welchem Gesetz muß die Winkelgeschwindigkeit $\Omega(t)$ gehorchen, damit der Führungsdruck stets Null bleibt?

Lösung: Wir beschreiben die Bewegung des Massenpunktes abermals in einem mitbewegten (unüberstrichenen) Bezugssystem (x, y, z) und geben zunächst die Bewegung des Ursprungs sowie die des Massenpunktes an ($v_0 = a_0 = 0$)

$$\Omega_0 = \begin{pmatrix} 0 \\ 0 \\ \Omega \end{pmatrix}, \quad \dot{\Omega}_0 = \begin{pmatrix} 0 \\ 0 \\ \dot{\Omega} \end{pmatrix}, \quad r_{\text{rel}} = \begin{pmatrix} x \\ 0 \\ 0 \end{pmatrix}, \quad v_{\text{rel}} = \begin{pmatrix} \dot{x} \\ 0 \\ 0 \end{pmatrix}, \quad a_{\text{rel}} = \begin{pmatrix} \ddot{x} \\ 0 \\ 0 \end{pmatrix}.$$

Damit erhalten wir aus (4.12)

$$a_F = \dot{\Omega}_0 \times r_{\text{rel}} + \Omega_0 \times [\Omega_0 \times r_{\text{rel}}] = \begin{pmatrix} -\Omega^2 x \\ \dot{\Omega}x \\ 0 \end{pmatrix}, \quad a_C = 2\Omega_0 \times v_{\text{rel}} = \begin{pmatrix} 0 \\ 2\Omega\dot{x} \\ 0 \end{pmatrix}.$$

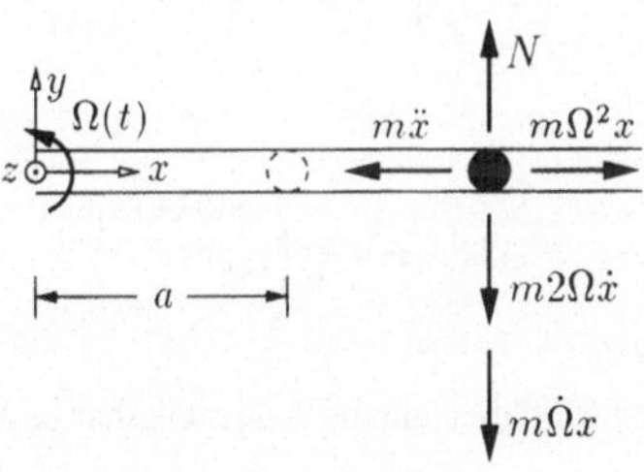

Entsprechend dem d'Alembertschen Prinzip tragen wir alle sich daraus ergebenden Kräfte – unter Beachtung der Vorzeichendefinition – am Massenpunkt an.

Da der Führungsdruck N stets verschwinden soll, gilt in y-Richtung die Bedingung

$$N = m(2\,\Omega\dot{x} + \dot{\Omega}x) = 0$$

$$\rightarrow \quad 2\,\Omega\dot{x} + \dot{\Omega}x = 0\,.$$

Diese Differentialgleichung können wir integrieren

$$2 \int_a^x \frac{\mathrm{d}x}{x} + \int_{\Omega_0}^\Omega \frac{\mathrm{d}\Omega}{\Omega} = 0 \quad \rightarrow \quad \Omega(x) = \frac{a^2}{x^2}\Omega_0\,,$$

wenn wir die Anfangsbedingungen $x = a$, $\Omega = \Omega_0$ berücksichtigen.

Aus dem Gleichgewicht in x-Richtung erhalten wir ferner

$$\ddot{x} = \frac{\mathrm{d}\dot{x}}{\mathrm{d}x}\dot{x} = \Omega^2 x = \frac{a^4}{x^3}\Omega_0^2\,,$$

eine Gleichung, die wir ebenfalls integrieren können

$$\int_0^{\dot{x}} \dot{x}\,\mathrm{d}\dot{x} = a^4\Omega_0^2 \int_a^x \frac{\mathrm{d}x}{x^3} \quad \rightarrow \quad \dot{x}^2 = a^2\Omega_0^2\,\frac{x^2 - a^2}{x^2}\,.$$

Erneute Integration führt schließlich auf

$$\int_0^t \Omega_0 a \, \mathrm{d}t = \int_a^x \frac{x}{\sqrt{x^2 - a^2}} \, \mathrm{d}x = \sqrt{x^2 - a^2} \quad \rightarrow \quad \Omega_0 a t = \sqrt{x^2 - a^2} \,.$$

Diese Beziehung lösen wir nach x^2 auf und setzen das Ergebnis in die Funktion $\Omega(x)$ ein. Auf diese Weise erhalten wir

$$\Omega(t) = \frac{\Omega_0}{1 + \Omega_0^2 \, t^2} \,.$$

Aufgabe 4.4:

Die nebenstehende Anordnung dreht sich in horizontaler Ebene um den Punkt 0 mit der konstanten Winkelgeschwindigkeit Ω. Bestimmen Sie die Winkelgeschwindigkeit $\dot\varphi$ der zweiten Stange relativ zu 0M als Funktion des Winkels φ, wenn sich der Massenpunkt von der Stelle $\varphi = 90°$ aus in Bewegung setzt. Wie groß ist die von m auf die zweite Stange ausgeübte Reaktionskraft für $\varphi = 0$?

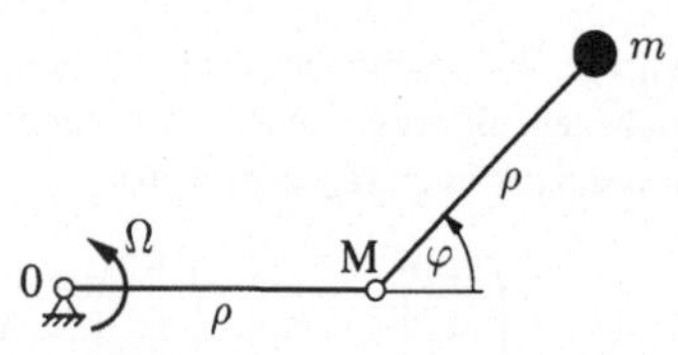

Lösung: Alternative 1: Wir beschreiben die Bewegung des Massenpunktes zunächst in einem mitbewegten (überstrichenen) Bezugssystem $(\bar{x}, \bar{y}, \bar{z})$ im Punkt 0 und geben dafür die Bewegung des Ursprungs sowie die des Massenpunktes an $(v_0 = a_0 = \dot\Omega_0 = 0)$

$$\Omega_0 = \begin{pmatrix} 0 \\ 0 \\ \Omega \end{pmatrix}, \quad r_{\mathrm{rel}} = \begin{pmatrix} r_{\bar{x}} \\ r_{\bar{y}} \\ 0 \end{pmatrix}, \quad v_{\mathrm{rel}} = \begin{pmatrix} \dot{r}_{\bar{x}} \\ \dot{r}_{\bar{y}} \\ 0 \end{pmatrix}, \quad a_{\mathrm{rel}} = \begin{pmatrix} \ddot{r}_{\bar{x}} \\ \ddot{r}_{\bar{y}} \\ 0 \end{pmatrix}.$$

Damit erhalten wir aus (4.12)

$$a_F = \Omega_0 \times [\Omega_0 \times r_{\mathrm{rel}}] = \begin{pmatrix} -\Omega^2 r_{\bar{x}} \\ -\Omega^2 r_{\bar{y}} \\ 0 \end{pmatrix} = -\Omega^2 r_{\mathrm{rel}}, \quad a_C = 2\Omega_0 \times v_{\mathrm{rel}} = \begin{pmatrix} -2\Omega \dot{r}_{\bar{y}} \\ 2\Omega \dot{r}_{\bar{x}} \\ 0 \end{pmatrix}.$$

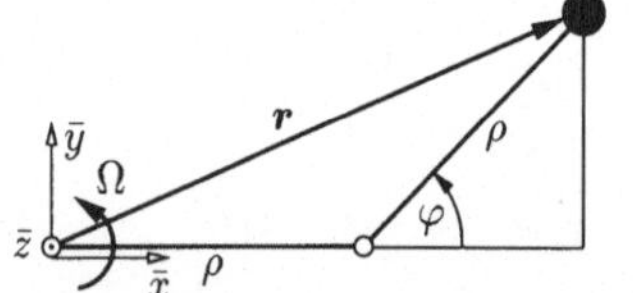

Verwenden wir dabei nun die Zusammenhänge (siehe Skizze)

$$r_{\bar{x}} = \rho\,(1 + \cos\varphi), \quad r_{\bar{y}} = \rho\sin\varphi,$$

bzw. deren Ableitungen

$$\dot{r}_{\bar{x}} = -\rho \sin\varphi \, \dot\varphi, \qquad\qquad \dot{r}_{\bar{y}} = \rho \cos\varphi \, \dot\varphi$$

$$\ddot{r}_{\bar{x}} = -\rho\,(\sin\varphi \, \ddot\varphi + \cos\varphi \, \dot\varphi^2), \quad \ddot{r}_{\bar{y}} = \rho\,(\cos\varphi \, \ddot\varphi - \sin\varphi \, \dot\varphi^2),$$

so lassen sich die einzelnen Anteile a_{rel}, a_F und a_C der Beschleunigung angeben.

Wir können uns die weitere Arbeit noch etwas erleichtern, wenn wir diese vektoriellen Größen in einem dem Bezugssystem $(\bar{x}, \bar{y}, \bar{z})$ gegenüber in der Ebene um den Winkel φ gedrehten neuen Bezugssystem $(\xi, \eta, \zeta = \bar{z})$ betrachten. Mit Hilfe der Transformationsmatrix (4.7) (für eine ebene Drehung um den Winkel φ)

$$A_{\alpha\bar{k}} = \begin{pmatrix} \cos\varphi & \sin\varphi & 0 \\ -\sin\varphi & \cos\varphi & 0 \\ 0 & 0 & 1 \end{pmatrix}, \quad (\alpha = \xi, \eta, \zeta; \quad k = x, y, z)$$

und der Transformationsbeziehung (4.5) erhalten wir dann – in diesem gedrehten Bezugssystem

$$a_{\mathrm{rel}} = \begin{pmatrix} -\rho\,\dot{\varphi}^2 \\ \rho\,\ddot{\varphi} \\ 0 \end{pmatrix}, \quad a_F = -\Omega^2 \begin{pmatrix} \rho\,(1+\cos\varphi) \\ -\rho\sin\varphi \\ 0 \end{pmatrix}, \quad a_C = -2\Omega \begin{pmatrix} \rho\,\dot{\varphi} \\ 0 \\ 0 \end{pmatrix}.$$

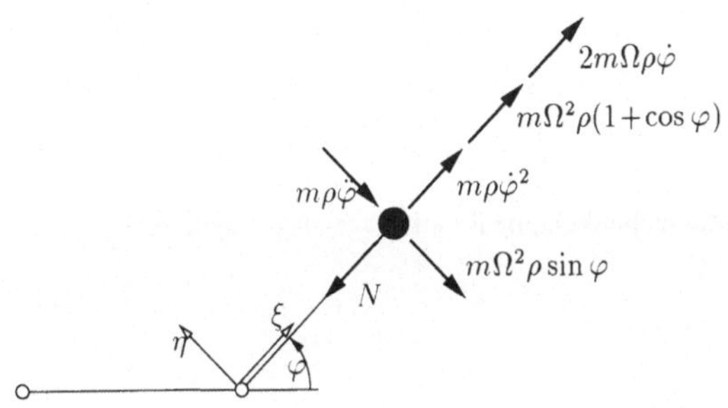

Tragen wir nun die zugehörigen Kräfte zusammen mit der Reaktionskraft N am Massenpunkt an und bilden anschließend das Gleichgewicht der Kräfte in ξ- bzw. η-Richtung, so erhalten wir

$$N = m\rho\,\dot{\varphi}^2 + 2m\rho\,\Omega\,\dot{\varphi} + m\rho\,\Omega^2(1+\cos\varphi),$$

$$m\rho\,\ddot{\varphi} + m\rho\,\Omega^2\sin\varphi = 0.$$

Die zweite Differentialgleichung läßt sich integrieren

$$\ddot{\varphi} = \frac{d\dot{\varphi}}{d\varphi}\,\dot{\varphi} = -\Omega^2\sin\varphi \quad \rightarrow \quad \frac{1}{2}\,\dot{\varphi}^2\Big|_0^{\dot{\varphi}} = \Omega^2\cos\varphi\Big|_{\frac{\pi}{2}}^{\varphi}$$

mit der Lösung

$$\dot{\varphi} = \pm\Omega\,\sqrt{2\cos\varphi}\,.$$

Damit läßt sich dann auch – aus der ersten Gleichung – die Größe der Reaktionskraft bestimmen

$$N = m\rho\,\Omega^2(1 + 3\cos\varphi \pm 2\sqrt{2\cos\varphi}\,).$$

Für $\varphi = 0$ erhalten wir die beiden Werte

$$N(0) = 2m\rho\,\Omega^2(2 \pm \sqrt{2}\,) = m\rho\,\Omega^2 \begin{Bmatrix} 6,828 \\ 1,172 \end{Bmatrix},$$

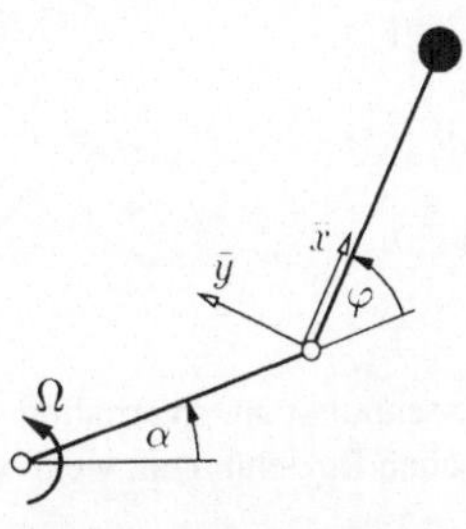

wobei das doppelte Vorzeichen den unterschiedlichen Einfluß der Corioliskraft bei Gleich- und Gegenlauf der beiden Stangen widerspiegelt. Die größere Beanspruchung tritt bei gleicher Drehrichtung der beiden Winkelgeschwindigkeiten Ω und $\dot{\varphi}$ auf.

Alternative 2: Wir haben gesehen, daß sich die Lösung der Aufgabe vereinfachen läßt, wenn wir die Beschleunigungen in einem sich mit φ mitdrehenden Bezugssystem darstellen. Diesen Vorteil wollen wir jetzt konsequent nutzen, indem wir das mitbewegte (überstrichene) Bezugssystem $(\bar{x}, \bar{y}, \bar{z})$ im Punkt M an der zweiten Stange befestigen. Dieses Bezugssystem dreht sich dann mit

$$\boldsymbol{\Omega}_0 = \begin{pmatrix} 0 \\ 0 \\ \Omega + \dot{\varphi} \end{pmatrix}, \quad \dot{\boldsymbol{\Omega}}_0 = \begin{pmatrix} 0 \\ 0 \\ \ddot{\varphi} \end{pmatrix},$$

und im Gegensatz zur ersten Lösung bewegt sich der Ursprung jetzt auch translatorisch. Wegen der Kreisbewegung um 0 gilt (2.11)

$$\boldsymbol{v}_0 = \rho\,\Omega e_t, \quad \boldsymbol{a}_0 = -\rho\,\Omega^2 e_n$$

in natürlichen Koordinaten. Diese Richtungen transformieren wir noch auf die Richtungen des mitbewegten Bezugssystems und erhalten so

$$\boldsymbol{v}_0 = \rho\,\Omega \begin{pmatrix} \sin\varphi \\ \cos\varphi \\ 0 \end{pmatrix}, \quad \boldsymbol{a}_0 = \dot{\boldsymbol{v}}_0 = \rho\,\Omega^2 \begin{pmatrix} -\cos\varphi \\ \sin\varphi \\ 0 \end{pmatrix}.$$

In diesem Bezugssystem vollführt der Massenpunkt keine Relativbewegung, sodaß wir bei

$$\boldsymbol{r}_{\text{rel}} = \begin{pmatrix} \rho \\ 0 \\ 0 \end{pmatrix}, \quad \boldsymbol{v}_{\text{rel}} = \boldsymbol{a}_{\text{rel}} = \boldsymbol{a}_C = 0$$

als verbleibenden Anteil der Beschleunigung erhalten

$$\boldsymbol{a}_F = \boldsymbol{a}_0 + \dot{\boldsymbol{\Omega}}_0 \times \boldsymbol{r}_{\text{rel}} + \boldsymbol{\Omega}_0 \times [\boldsymbol{\Omega}_0 \times \boldsymbol{r}_{\text{rel}}] = \rho \begin{pmatrix} -(\Omega + \dot{\varphi})^2 \\ \ddot{\varphi} \\ 0 \end{pmatrix} + \rho\,\Omega^2 \begin{pmatrix} -\cos\varphi \\ \sin\varphi \\ 0 \end{pmatrix}.$$

Dies liefert dann dieselbe Lösung, wie oben.

Alternative 3: Als dritten Weg wollen wir – in Umsetzung des d'Alembertschen Prinzips – eine "anschauliche" Lösung behandeln, bei der wir in mehreren Schritten die jeweils in dem System wirkenden Kräfte ermitteln. Dazu frieren wir der Reihe nach die einzelnen (relativen) Bewegungsmöglichkeiten ein und betrachten die Bewegung des auf diese Weise entstandenen starren Systems.

(i) Im ersten Schritt halten wir die erste Stange 0M fest und lassen lediglich eine Drehbewegung der zweiten Stange um M zu. Dann wirken auf den Massenpunkt m die Trägheitskräfte (aus einer Kreisbewegung): $m\rho\ddot{\varphi}$ (tangential), $m\rho\dot{\varphi}^2$ (radial). Die Relativgeschwindigkeit v_{rel} ist (in tangentialer Richtung): $\rho\dot{\varphi}$.

(ii) Im zweiten Schritt frieren wir die Bewegungsmöglichkeit des Gelenkes M – in einer beliebigen Lage – ein. Auf den Massenpunkt, der jetzt eine reine Kreisbewegung (Radius r) um den Punkt 0 vollführt, wirkt bei konstantem Ω die Trägheitskraft: $m\Omega^2 r$.

(iii) Mit Hilfe der Relativgeschwindigkeit v_{rel} bestimmen wir die Corioliskraft (in radialer Richtung): $2m\rho\Omega\dot{\varphi}$.

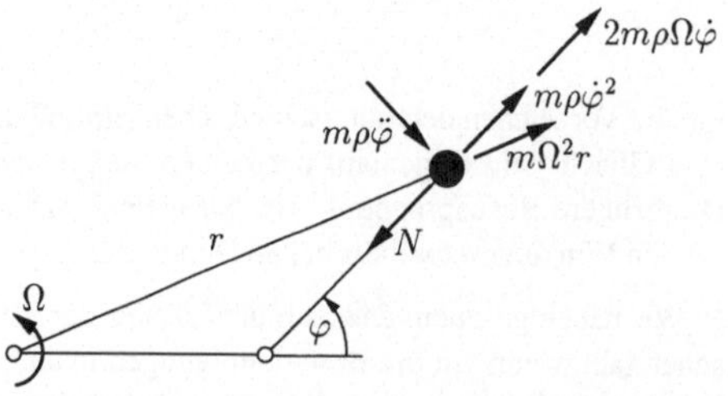

Tragen wir diese Kräfte – und zusätzlich die Reaktionskraft N – am Massenpunkt an, so erhalten wir mit Hilfe der Kräfte-Gleichgewichte abermals die oben bereits angegebenen Beziehungen, wenn wir zudem die geometrischen Zusammenhänge beachten

$$r = \rho\sqrt{2(1 + \cos\varphi)}\,, \quad r\sin\frac{\varphi}{2} = \rho\sin\varphi\,, \quad r\cos\frac{\varphi}{2} = \rho(1 + \cos\varphi)\,.$$

Wir können jetzt natürlich auch noch danach fragen, welches Antriebsmoment M im Punkt 0 erforderlich ist, um die als konstant angesetzte Drehbewegung zu gewährleisten. Dazu bilden wir das Momentengleichgewicht um 0

$$M = m\rho^2\ddot{\varphi}(1 + \cos\varphi) - m\rho^2(2\Omega\dot{\varphi} + \dot{\varphi}^2)\sin\varphi\,.$$

Setzen wir hier nun noch das oben bereits gefundene Ergebnis für $\ddot{\varphi}$ bzw. $\dot{\varphi}$ ein, wird daraus

$$M = -m\rho^2\,\Omega^2\sin\varphi(1 + 3\cos\varphi \pm 2\sqrt{2\cos\varphi}\,) = -\rho N(\varphi)\sin\varphi\,.$$

4.3 Aufgaben

Aufgabe 4.5:

Ein Güterzug fährt mit der Geschwindigkeit v_0. Er werde mit konstanter Verzögerung a_0 bis zum Halten gebremst. Wie weit rutscht eine Kiste, die sich in einem der Waggons befindet? Der Gleitreibungskoeffizient zwischen Kiste und Waggonboden sei μ.

Gegeben: $v_0 = 36$ km/h, $a_0 = 2$ m/s^2,
$\qquad\quad \mu = 0,102$

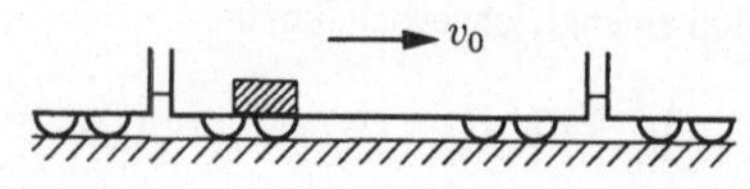

Aufgabe 4.6:

Auf einer schrägen Rampe (Masse m_2), die sich auf einer horizontalen Ebene reibungsfrei bewegen kann, steht ein Wagen (Masse m_1), der auf dieser aus einer relativen Ruhelage heraus reibungsfrei herabgleitet. Bestimmen Sie

a) die Beschleunigung der Rampe,
b) die Relativbewegung des Wagens,
c) die Stützkraft zwischen Rampe und Wagen sowie
d) die Zeit für den relativen Rollweg.

Gegeben: $m_1 = 50$ kg, $m_2 = 2\,m_1$, $l = 3$ m,
$\qquad\quad \alpha = 30°$

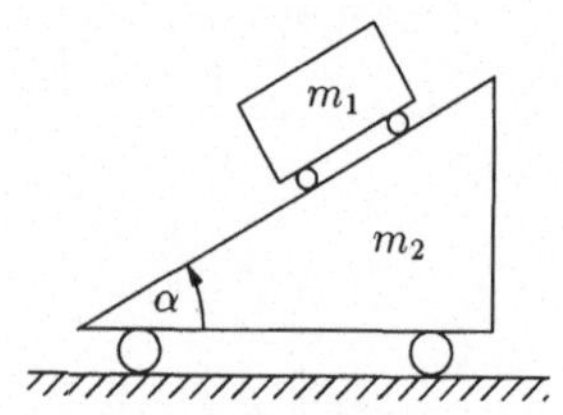

Aufgabe 4.7:

Eine Masse m ist in einem Fahrzeug mit einer Feder (Federsteifigkeit c) befestigt. Zwischen Masse und Fahrzeug herrsche der Reibungskoeffizient μ bzw. μ_0. Mit welcher Beschleunigung a_0 darf das Fahrzeug maximal beschleunigt werden, ohne daß die Masse rutscht?

Wie weit rutscht die Masse maximal relativ zum Fahrzeug, wenn das Fahrzeug sich mit konstanter Beschleunigung $a_1 > a_0$ in Bewegung setzt?

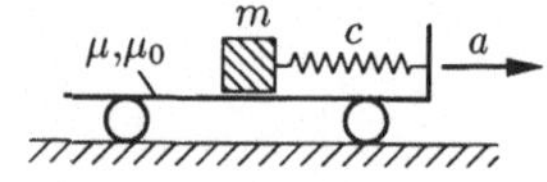

Aufgabe 4.8:

Eine horizontale Kreisscheibe dreht sich in ihrer Ebene gleichförmig mit ω um einen festen Punkt 0, der
nicht mit dem Mittelpunkt M der Scheibe zusammenfällt (0M $= e$). Die Scheibe enthält eine kon-
zentrische Rille vom Halbmesser a, in der sich ein
Massenpunkt m reibungsfrei bewegen kann. Welche
relative und absolute Geschwindigkeit hat der Punkt
m in der Lage m_1, wenn er sich zu Beginn in m_0
befunden hat? Wie groß ist dort der Führungsdruck?

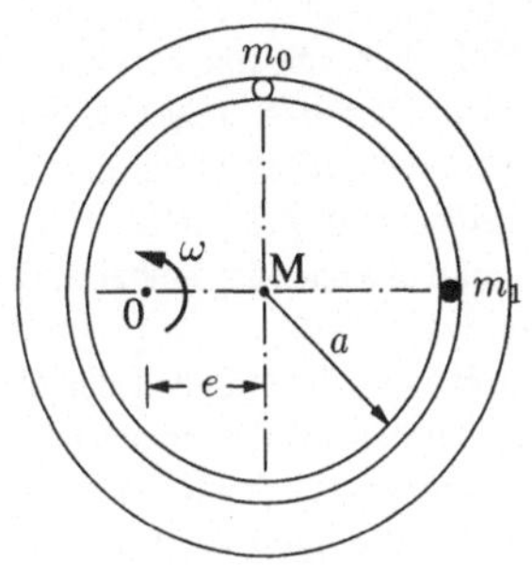

Aufgabe 4.9:

Eine kreisförmig gekrümmte enge Röhre vom Halbmesser r dreht sich um den lotrechten Durchmesser
mit konstanter Winkelgeschwindigkeit. Wie groß muß
Ω sein, damit eine in m_0 nahe der tiefsten Stelle der
Röhre anfänglich in Ruhe befindliche kleine glatte
Kugel bis nach m_1 gelangt. Bestimmen Sie Größe
und Richtung der Führungskraft in der Lage m_1

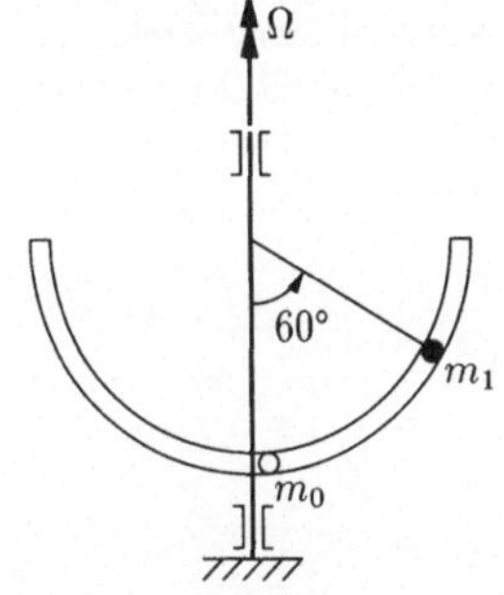

Aufgabe 4.10:

Man denke sich ein Rohr, das durch den Mittelpunkt
der Erde gehe und dessen Endpunkte sich auf dem
Äquator befinden. In dieses Rohr werde an einem der
Endpunkte ein Massenpunkt m mit der Anfangsgeschwindigkeit $v_0 = 0$ fallen gelassen.
a) In welcher Zeit durchläuft er das Rohr?
b) Wie groß ist seine Geschwindigkeit im Erdmittelpunkt?
c) Wie groß sind die auftretenden Seitenkräfte?
Die auf den Massenpunkt ausgeübte Massenkraft sei
proportional seinem Abstand vom Erdmittelpunkt.

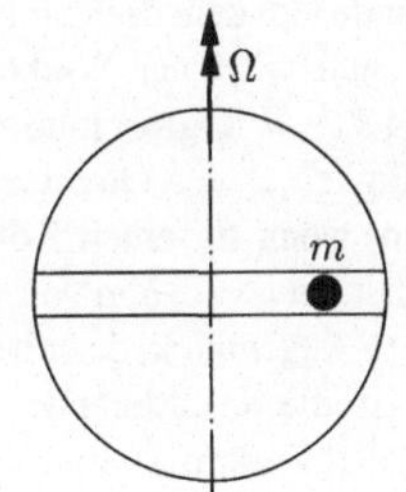

Aufgabe 4.11:

An einem Stab (Länge $2\,l$) ist ein Rohr (Länge $4\,l$) befestigt, in dem sich eine Masse m reibungsfrei bewegen kann. Der Stab dreht sich mit der konstanten Winkelgeschwindigkeit Ω um eine vertikale Achse. Die Masse befindet sich zur Zeit $t = 0$ an der angegebenen Stelle in Ruhe (gegenüber dem Rohr). Bestimmen Sie

a) die Relativgeschwindigkeit der Masse gegenüber dem Rohr beim Verlassen des Rohres sowie

b) die Führungskraft des Rohres auf die Masse, unmittelbar bevor diese das Rohr verläßt.

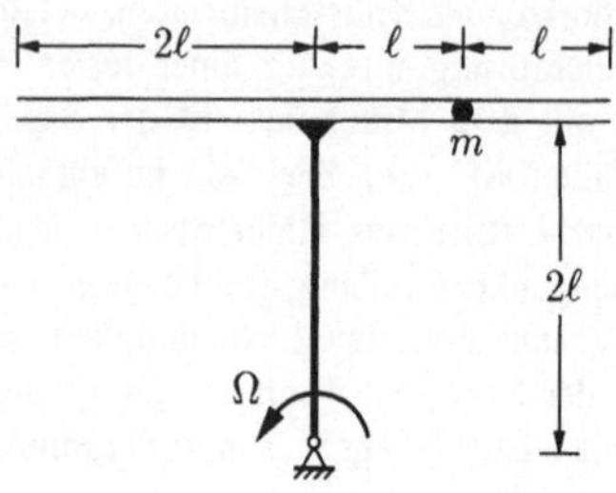

Aufgabe 4.12:

In einem kreisförmig gebogenen Rohr, das in angegebener Weise im Schwerefeld mit der konstanten Winkelgeschwindigkeit Ω rotiert (Ω parallel zur Erdoberfläche), gleitet reibungsfrei ein Massenpunkt m. Stellen Sie die Bewegungsgleichung auf.

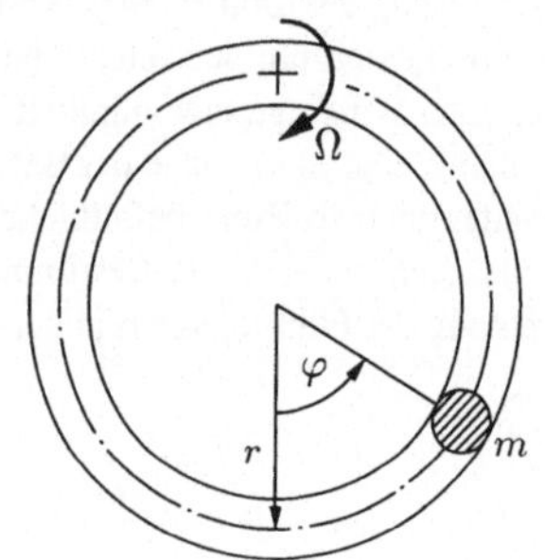

Aufgabe 4.13:

Auf einem Karussell sind im Abstand $R = 4$ m vom Drehpunkt runde Gondeln drehbar befestigt. Das Karussell dreht sich mit einer Winkelgeschwindigkeit von $\Omega = 0,4\ \mathrm{s}^{-1}$. Wie groß muß die relative Winkelgeschwindigkeit ω der Gondeln gegenüber dem Karussell sein, wenn für einen Körper, der in einer Gondel im Abstand $r = 0,5$ m von ihrer Achse befestigt ist, in dem Augenblick, da er der Karussellachse am nächsten ist, die Resultierende der Kräfte (abgesehen von der Schwerkraft) verschwindet?

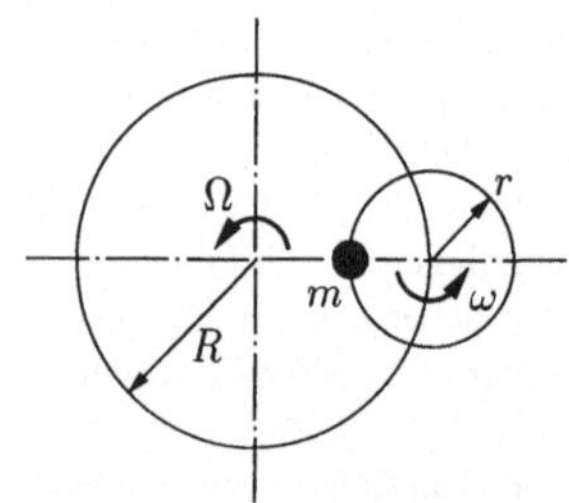

Aufgabe 4.14:

Bestimmen Sie, bei konstanten Ω und ω, die Radialbeschleunigung a_r und die Tangentialbeschleunigung a_φ der Masse m als Funktion des Winkels φ.

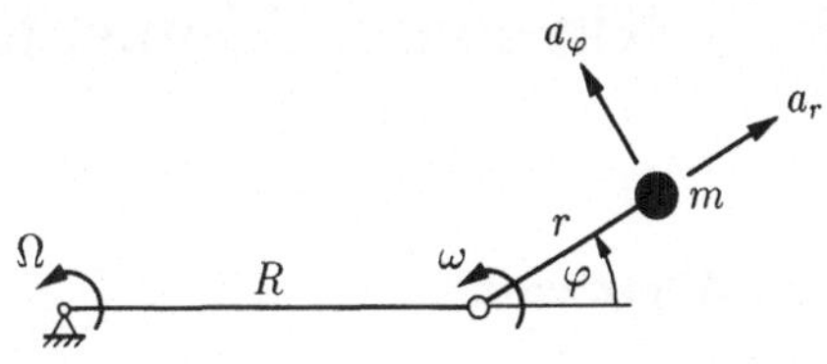

Aufgabe 4.15:

Ein Laufkran fährt mit konstanter Beschleunigung $\dot{u}$ nach recht und bewegt gleichzeitig die Last m mit der Geschwindigkeit v. In der dargestellten Lage beginnt er zusätzlich eine beschleunigte Drehung mit Ω um seine Hochachse. Bestimmen Sie das erforderliche Drehmoment um die Hochachse als Funktion der Zeit. Die Masse des Auslegers soll vernachlässigt werden.

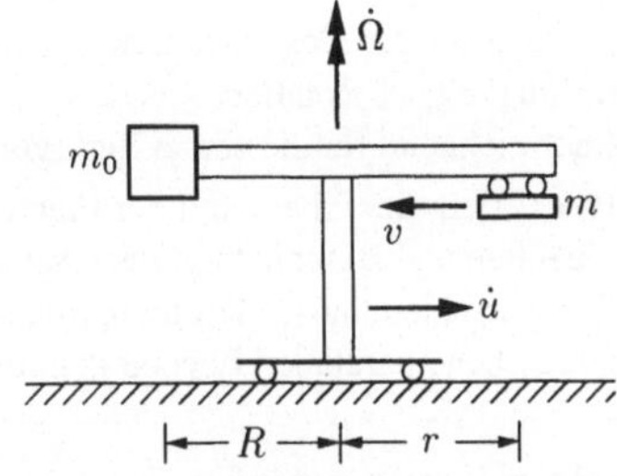

5 Kinematik, Momentanpol

5.1 Allgemeines

In Band I der "Elemente", Abschnitt 5.2, haben wir gezeigt, daß jede Lageänderung eines starren Körpers als Überlagerung einer Translation und einer Rotation dargestellt werden kann, d.h.

$$v = v_{\bar{0}} + \omega \times (r - r_{\bar{0}}). \tag{5.1}$$

Dabei sind $v_{\bar{0}}$ die Geschwindigkeit eines beliebigen Punktes $\bar{0}$ des Körpers und ω die Winkelgeschwindigkeit der Rotation.

Kennzeichnend für die ebene Bewegung eines starren Körpers ist:

1. Es existiert eine Ebene mit der Eigenschaft, daß senkrecht zu ihr alle Verschiebungen, Geschwindigkeiten und Beschleunigungen verschwinden.
2. Die Verschiebungs-, Geschwindigkeits- und Beschleunigungszustände sind in allen zur Bewegungsebene parallelen Ebenen kongruent.

Geschwindigkeitszustand

Wir gehen aus von der allgemeinen Darstellung (5.1), die sich für ebene Bewegungen dadurch vereinfacht, daß allgemein

$$v = v_x\, e_x + v_y\, e_y, \qquad \omega = \omega\, e_z \tag{5.2}$$

gesetzt werden kann. Das führt auf

$$\begin{aligned} v_x &= v_{\bar{0}x} - \omega(y - y_{\bar{0}}) \\ v_y &= v_{\bar{0}y} + \omega(x - x_{\bar{0}}). \end{aligned} \tag{5.3}$$

Jeder ebene Geschwindigkeitszustand eines starren Körpers ist bei $\omega \neq 0$ auch als reine Rotation in der Form

$$v = \omega \times (r - r_p) \tag{5.4}$$

darstellbar. Für den Momentanpol P der Geschwindigkeit, d.h. den Durchstoßpunkt der momentanen Drehachse durch die Bewegungsebene, gilt

$$\boxed{r_p = r_{\bar{0}} + \frac{1}{\omega^2}\,[\omega \times v_{\bar{0}}],} \tag{5.5}$$

d.h.

$$x_p = x_{\bar{0}} - \frac{v_{\bar{0}y}}{\omega}, \qquad y_p = y_{\bar{0}} + \frac{v_{\bar{0}x}}{\omega}. \tag{5.6}$$

Aus (5.5) lesen wir ab, daß der Geschwindigkeitspol P auf einer durch $\bar{0}$ gehenden Geraden senkrecht zu $v_{\bar{0}}$ liegt. Diesen Sachverhalt können wir nutzen, um die Lage des Geschwindigkeitspols zu bestimmen. Bei ebenen Systemen starrer Körper unterscheiden wir:

a) Geschwindigkeitspole der Absolut-Bewegung gegenüber dem Raum (Absolutpole): $P_{(i,0)}$,

b) Geschwindigkeitspole der Relativ-Bewegung zwischen den einzelnen Körpern des Systems (Relativpole): $P_{(i,k)} = P_{(k,i)}$.

Zur Konstruktion dieser Pole wollen wir hier die folgenden Merkregeln benutzen:

1. Ein Festlager markiert einen Absolutpol $P_{(i,0)}$ eines entsprechenden Körpers, ein Gelenk zwischen zwei Körpern einen Relativpol $P_{(i,k)}$.
2. Die Absolutpole $P_{(i,0)}$ und $P_{(k,0)}$ zweier gelenkig verbundener Körper und ihr Relativpol $P_{(i,k)}$ liegen auf einer Geraden.
3. Die drei einander zugeordneten Relativpole $P_{(i,k)}$, $P_{(k,l)}$ und $P_{(l,i)}$ liegen jeweils auf einer Geraden.
4. Die momentane Geschwindigkeit eines Körperpunktes steht stets senkrecht auf dem zugehörigen Polstrahl (Verbindung des Punktes mit dem zugehörigen Absolutpol).

Der Geschwindigkeitspol P wandert im allgemeinen während des Bewegungsablaufes. Seine Bahn in der raumfesten Bewegungsebene bezeichnen wir als Spurbahn. Seine relative Bahn gegenüber einem körperfesten Bezugssystem nennen wir Polbahn.

Bewegungszustände starrer Körper lassen sich additiv überlagern. Für die Überlagerung einer Translation mit der Geschwindigkeit v_p^* gilt ausgehend von (5.4)

$$v^* = v_p^* + v = v_p^* + \omega \times (r - r_p).\tag{5.7}$$

Diese Bewegung können wir wiederum als reine Rotation in der Form

$$v^* = \omega \times (r - r_p^*)\tag{5.8}$$

darstellen mit

$$\boxed{r_p^* = r_p + \frac{1}{\omega^2}\,(\omega \times v_p^*).}\tag{5.9}$$

Die Überlagerung einer Rotation mit der Winkelgeschwindigkeit Ω um 0 führt auf

$$v^* = (\omega + \Omega) \times (r - r_p^*)\tag{5.10}$$

mit

$$\boxed{r_p^* = \left(1 - \frac{\Omega}{\omega + \Omega}\right) r_p.}\tag{5.11}$$

Beschleunigungszustand

Ausgehend von (5.1) können wir den Beschleunigungszustand für ebene Bewegungen angeben (siehe Elemente Band III, Abschnitt 6.1)

$$\dot{v} = \dot{v}_{\bar{0}} + \dot{\omega} \times (r - r_{\bar{0}}) - \omega^2 (r - r_{\bar{0}}).\tag{5.12}$$

Bei der ebenen Bewegung starrer Körper existiert – abgesehen von reinen Translationen mit $\omega = 0$ und $\dot{\omega} = 0$ – auch ein Beschleunigungspol B, der momentan beschleunigungsfrei ist

$$\dot{v} = \dot{\omega} \times (r - r_B) - \omega^2 (r - r_B)\tag{5.13}$$

mit

$$\boxed{r_B = r_{\bar{0}} + \frac{1}{(\dot{\omega})^2 + \omega^4}\,[\dot{\omega} \times \dot{v}_{\bar{0}} + \omega^2 \dot{v}_{\bar{0}}].}\tag{5.14}$$

5.2 Beispiele

Aufgabe 5.1:

Die bewegliche Rolle 2 (Radius r_2) rollt auf der fest-stehenden Rolle 1 (Radius r_1) ab. Wie oft hat sie sich um sich selbst gedreht, wenn der Stab $M_1 M_2$ einen vollen Umlauf ausgeführt hat?

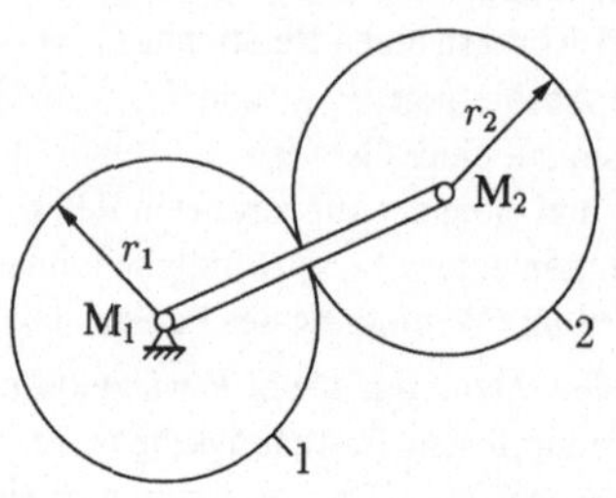

Lösung: Der Punkt M_1 ist ein Festlager und damit der Absolutpol des Stabes $M_1 M_2$. Demzufolge beträgt die Geschwindigkeit des Stabes im Punkt M_2

$$v_2 = \omega_1(r_1 + r_2).$$

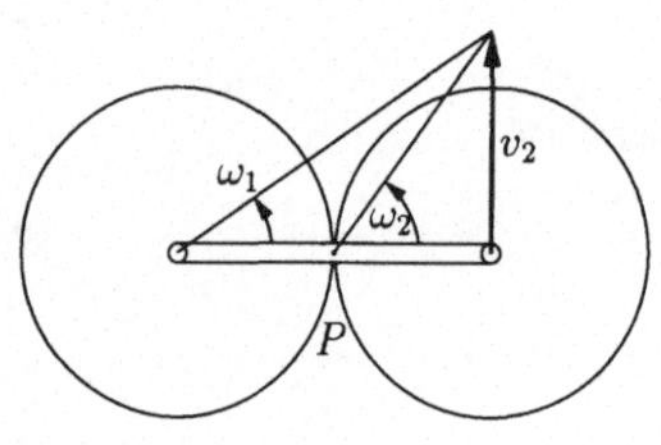

Andererseits rollt die Rolle 2 – ohne zu gleiten – auf der feststehenden Rolle 1 ab. Der Berührungspunkt der beiden Rollen ist also der Momentanpol der Rolle 2. Für die Geschwindigkeit von M_2 gilt also auch

$$v_2 = \omega_2 r_2 .$$

Daraus erhalten wir

$$\omega_2 r_2 = \omega_1(r_1 + r_2)$$

bzw.

$$\frac{\omega_2}{\omega_1} = 1 + \frac{r_1}{r_2} = \frac{\varphi_2}{\varphi_1}$$

bei konstanten Winkelgeschwindigkeiten. Hat der Stab $M_1 M_2$ eine Umdrehung gemacht, so hat sich die Rolle 2 wegen

$$\varphi_2 = \varphi_1 \left\{ 1 + \frac{r_1}{r_2} \right\}$$

$(1 + r_1/r_2)$-mal um sich selbst gedreht.

Aufgabe 5.2:

Der Stab AP des dargestellten Schubkurbel-getriebes dreht sich mit konstanter Winkelge-schwindigkeit ω. Bestimmen Sie die Geschwindigkeiten v_P und v_Q der Punkte P bzw. Q.

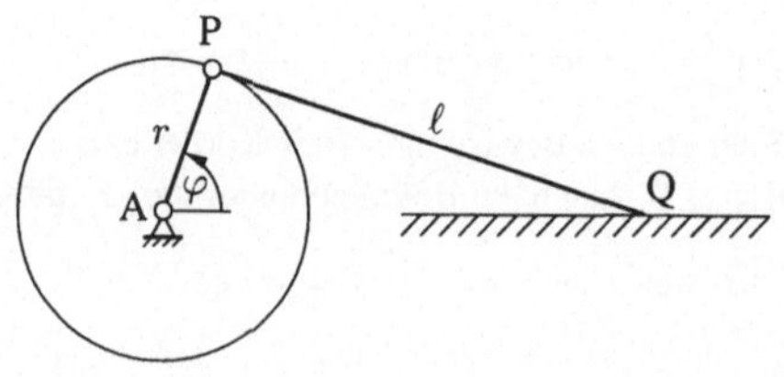

Lösung: Der Punkt A ist Absolutpol der Stange AP, P ist Relativpol der beiden Stangen und da Q horizontal geführt wird, liegt der Absolutpol der Stange PQ im Schnittpunkt der Verlängerung von AP mit der Senkrechten auf der Führung in Q.

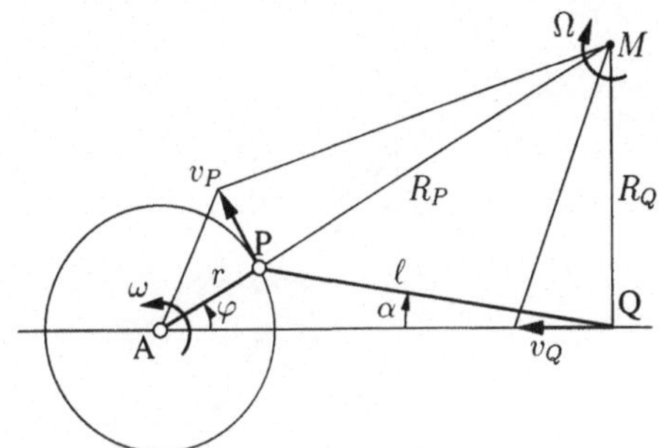

Damit erhalten wir zunächst

$$v_P = \omega\, r\,.$$

Andererseits gilt aber auch (siehe Skizze)

$$v_P = \Omega\, R_P \quad \rightarrow \quad \Omega = \frac{v_P}{R_P}$$

für die Drehung der Stange PQ um ihren Momentanpol M und damit

$$v_Q = \Omega\, R_Q = v_P\, \frac{R_Q}{R_P}\,.$$

Für den gesuchten geometrischen Zusammenhang finden wir aufgrund des Sinussatzes für die beiden angegebenen Teildreiecke

$$r \sin\varphi = l \sin\alpha$$

bzw.

$$R_P \sin(90° - \varphi) = l \sin(90° - \alpha) \quad \rightarrow \quad R_P \cos\varphi = l \cos\alpha\,.$$

Für das rechtwinklige Dreieck AMQ gilt

$$(r + R_P)\sin\varphi = R_Q\,.$$

Damit erhalten wir dann

$$\frac{R_Q}{R_P} = \sin\varphi + \frac{r}{R_P}\sin\varphi = \sin\varphi\left\{1 + \frac{r}{l}\frac{\cos\varphi}{\cos\alpha}\right\} = \sin\varphi\left\{1 + \frac{r}{l}\frac{\cos\varphi}{\sqrt{1 - \left(\frac{r}{l}\right)^2 \sin^2\varphi}}\right\}$$

bzw. für die Geschwindigkeit v_Q

$$v_Q = \omega\, r \sin\varphi\left\{1 + \frac{r}{l}\frac{\cos\varphi}{\sqrt{1 - \left(\frac{r}{l}\right)^2 \sin^2\varphi}}\right\}\,.$$

Aufgabe 5.3:

Bestimmen Sie für die dargestellte Kreuzschleife Geschwindigkeit und Beschleunigung des Punktes A als Funktion von Ω und y.

Gegeben: Ω, l

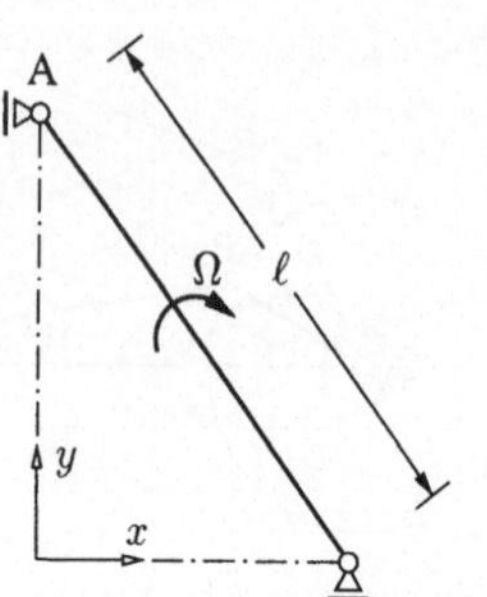

Lösung: Für die Drehbewegung um den Momentanpol M gilt (siehe Skizze)

$$\Omega = \frac{\dot{y}}{x} = -\frac{\dot{x}}{y}.$$

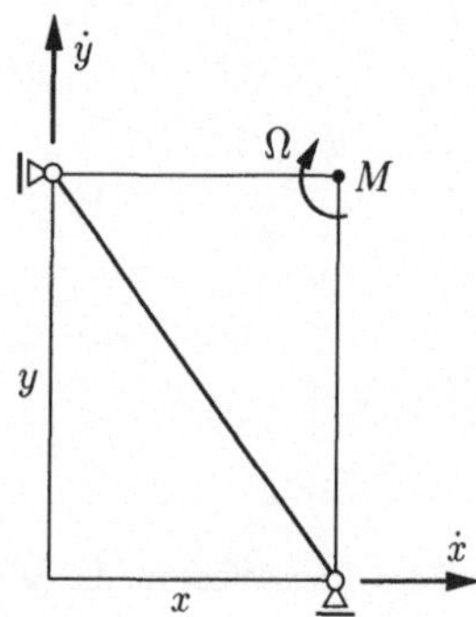

Wegen

$$x^2 + y^2 = l^2 \quad \rightarrow \quad x = \pm\sqrt{l^2 - y^2}$$

erhalten wir daraus

$$\dot{y} = \Omega x = \pm\Omega\sqrt{l^2 - y^2}.$$

Die Beschleunigung wird dann

$$\ddot{y} = \frac{\mathrm{d}(\Omega x)}{\mathrm{d}t} = \Omega\,\dot{x} = -\Omega^2 y.$$

Aufgabe 5.4:

Bestimmen Sie die Geschwindigkeit $v_Q(\varphi)$, mit der der Stab PQ die drehbar gelagerte Hülse bei Q durchläuft, wenn sich der Stab AP mit der konstanten Winkelgeschwindigkeit ω dreht.

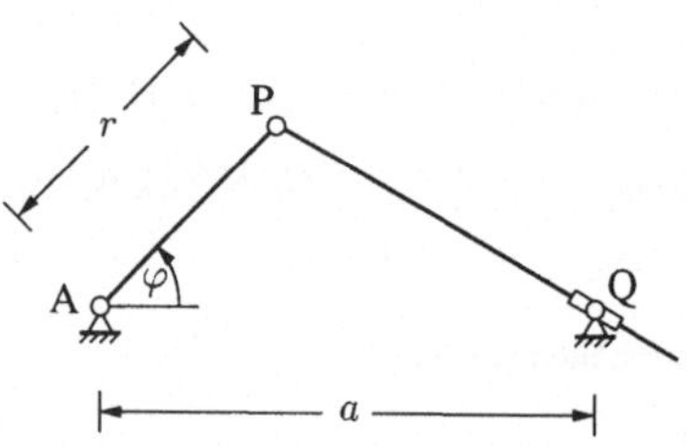

Lösung: Den Momentanpol M der Stange PQ finden wir im Schnittpunkt der Verlängerung von AP mit der Senkrechten auf PQ durch den Punkt Q (siehe Skizze)

$$v_P = \omega\,r = \Omega R_P, \quad v_Q = \Omega R_Q$$

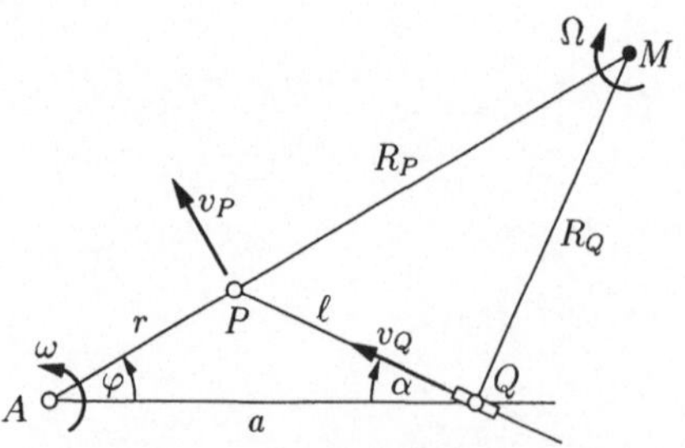

bzw.

$$v_Q = \frac{R_Q}{R_P} \,.$$

Für das rechtwinklige Dreieck PQM gilt nun

$$R_Q = R_P \sin(\alpha + \varphi) = R_P \left(\sin\alpha \cos\varphi + \cos\alpha \sin\varphi\right).$$

An geometrischen Zusammenhängen gelten:

Kosinussatz: $\quad l \qquad = \sqrt{a^2 + r^2 - 2ar\cos\varphi}$

Sinussatz: $\quad\ l\sin\alpha \ = r\sin\varphi$

Projektionssatz: $\ l\cos\alpha = a - r\cos\varphi$

Damit erhalten wir

$$P_Q = \frac{R_P}{l}\, a\sin\varphi \quad \rightarrow \quad v_Q = \omega\, r\, \frac{a\sin\varphi}{\sqrt{a^2 + r^2 - 2ar\cos\varphi}}\,.$$

Alternative Lösung: Wir können v_Q auch direkt bestimmen aus

$$v_Q = \frac{\mathrm{d}(\overline{QP})}{\mathrm{d}t} = \frac{\mathrm{d}l}{\mathrm{d}\varphi}\frac{\mathrm{d}\varphi}{\mathrm{d}t} = \omega\, r\, \frac{a\sin\varphi}{\sqrt{a^2 + r^2 - 2ar\cos\varphi}}\,.$$

5.3 Aufgaben

Aufgabe 5.5:

In dem dargestellten Kugellager dreht sich der Außenring gegen den festen Innenring, wobei sich die im
Zwischenraum befindlichen Rollen auf beiden Rin-
gen abrollen. Wie oft hat

a) der Mittelpunkt M einer solchen Rolle eine Kreisbahn um 0 durchlaufen und

b) eine solche Rolle sich um ihren Mittelpunkt gedreht,

wenn sich der Außenring n-mal um 0 gedreht hat?

Gegeben: $R = 6$ cm, $r = 4$ cm, $n = 100$

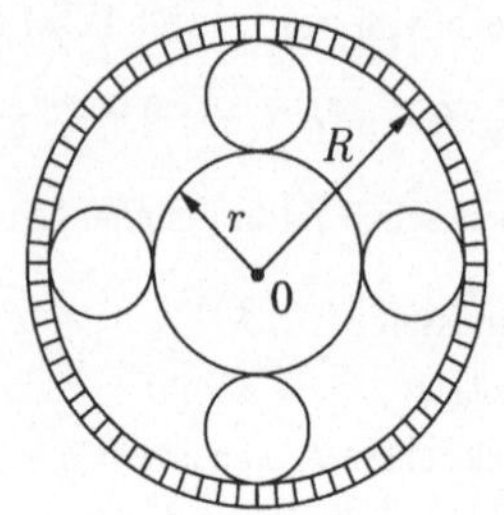

Aufgabe 5.6:

Das abgebildete System, bestehend aus 2 gelenkig
miteinander verbundenen starren Stäben (Masse m,
Länge l), wird durch das Seil S im Gleichgewicht ge-
halten. Nach dem Trennen des Seiles setzt sich das
System unter dem Einfluß der Schwerkraft in Bewegung. Bestimmen Sie die Winkelgeschwindigkeit
eines der beiden Stäbe, wenn diese die gestrichelte
Lage passieren.

Gegeben: l, m, $\alpha = 30°$

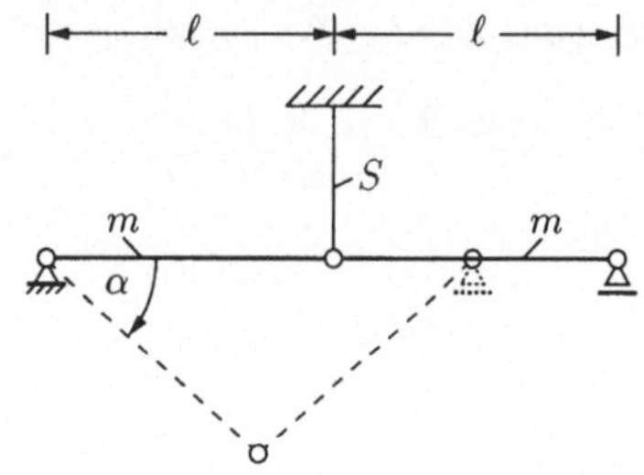

Aufgabe 5.7:

Bestimmen Sie für konstante Winkelgeschwindigkeit ω_0 der Kurbel 0A $= a$ einer schwingenden Kurbelschleife die Winkelgeschwindigkeit der
Schwinge BC in Abhängigkeit vom Drehwinkel φ
der Kurbel. Dabei ist 0B $= b > a$.
Für welche Lagen der Kurbel erreicht die Winkelgeschwindigkeit der Schwinge extreme Werte und
wie groß werden diese?

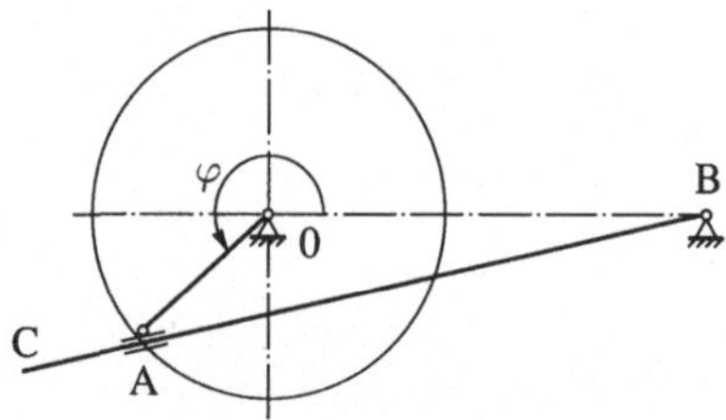

Aufgabe 5.8:

Beim Auto müssen sich in der Kurvenfahrt die angetriebenen Räder verschieden schnell drehen, wenn sie nicht gleiten sollen. Dies wird durch das Differentialgetriebe ermöglicht. Der Motor treibt das Triebrad (Ω) an, in welchem eine Achse A-A fest gelagert ist. Auf dieser ist ein Kegelrad (ω) drehbar befestigt. Es greift mit seinen Zähnen in das Kegelräderpaar (ω_1, ω_2) ein, auf denen es sich bei der Umdrehung von A-A abwälzt. Mit den Winkelgeschwindigkeiten ω_1 bzw. ω_2 drehen sich die Hinterräder. Bestimmen Sie die kinematischen Beziehungen zwischen Ω, ω, ω_1 und ω_2.

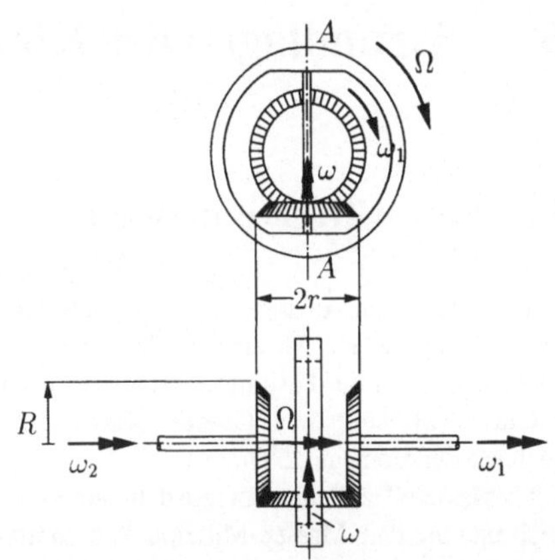

Aufgabe 5.9:

Ermitteln Sie $v(\varphi)$ bzw. $a(\varphi)$ für den Kolben des skizzierten exzentrischen Kurbeltriebs.

Gegeben: $\omega = \mathrm{d}\varphi/\mathrm{d}t = \mathrm{konst}, r$

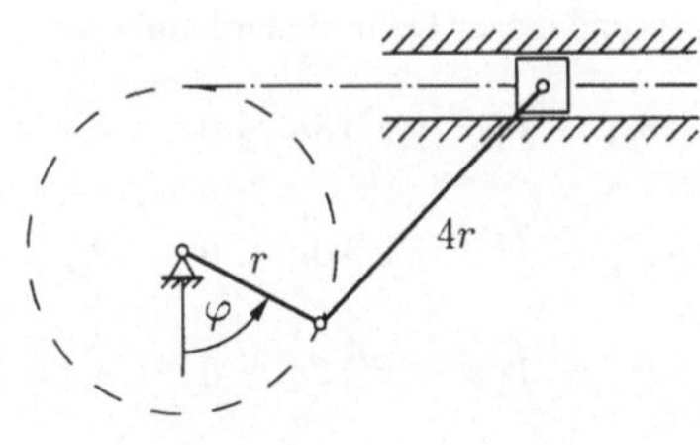

Aufgabe 5.10:

In dem dargestellten System rollt die Walze mit der Geschwindigkeit v_C nach links. Wie groß ist in der angegebenen Lage die Winkelgeschwindigkeit ω des Stabes AB?

Gegeben: $v_C = 36$ cm/s

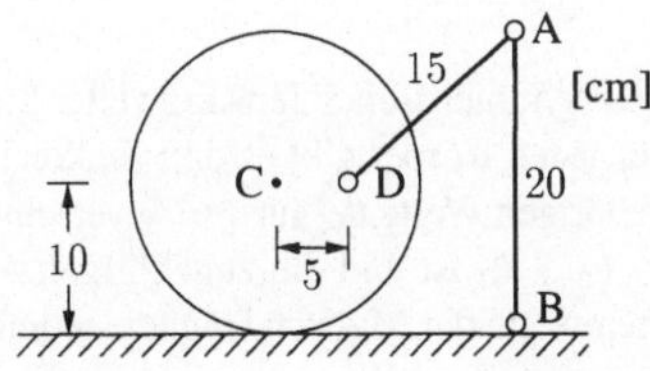

6 Grundlagen der Kinetik starrer Körper

6.1 Massen-Trägheitsmomente

In die kinetischen Aussagen über die Bewegung starrer Körper gehen nur Integrale über die Massenverteilung im Körper ein. Wir brauchen die Massenverteilung $\rho(r)$ also nicht im einzelnen zu kennen, sondern nur bestimmte Momente n-ten Grades. Neben den bereits behandelten Momenten 0. Grades (Masse) bzw. 1. Grades (Massen-Mittelpunkt) benötigen wir in der Kinetik starrer Körper noch Massenmomente 2. Grades.

Als Massen-Trägheitsmomente definieren wir – bezogen auf ein kartesisches Bezugssystem, dessen Ursprung mit dem Massen-Mittelpunkt zusammenfällt

$$\boxed{\theta_{ik} = \int_V \left\{ \sum_r x_r x_r \delta_{ik} - x_i x_k \right\} \rho \, \mathrm{d}V \, .} \tag{6.1}$$

Aufgrund dieser Definition erhalten wir

$$\theta_{xx} = \int_V (y^2 + z^2)\,\mathrm{d}m \geqslant 0 \qquad \theta_{xy} = \theta_{yx} = -\int_V xy\,\mathrm{d}m \lessgtr 0$$

$$\theta_{yy} = \int_V (z^2 + x^2)\,\mathrm{d}m \geqslant 0 \qquad \theta_{yz} = \theta_{zy} = -\int_V yz\,\mathrm{d}m \lessgtr 0 \tag{6.2}$$

$$\theta_{zz} = \int_V (x^2 + y^2)\,\mathrm{d}m \geqslant 0 \qquad \theta_{zx} = \theta_{xz} = -\int_V zx\,\mathrm{d}m \lessgtr 0$$

Die Massen-Trägheitsmomente θ_{ik} sind die Zahlenwerte des Massen-Trägheitstensors

$$\boldsymbol{\Theta} = \sum_i \sum_k \theta_{ik}\, e_i e_k, \tag{6.3}$$

der ein symmetrischer Tensor zweiter Stufe ist (siehe Elemente Band III, Abschnitt 5.2).

Für jeden Körper gibt es drei senkrecht aufeinanderstehende Hauptachsen (e_1, e_2, e_3), für die die zugehörigen Werte θ_{ik} für $i \neq k$ verschwinden. Die Haupt-Trägheitsmomente θ_r ordnen wir so, daß $\theta_1 \geqslant \theta_2 \geqslant \theta_3$ ist und die zugehörigen Achsen ein Rechtssystem bilden. θ_1 und θ_3 stellen dabei die Extremwerte der Massen-Trägheitsmomente dar. Die Haupt-Trägheitsmomente θ_r sind die drei (stets reellen positiven) Wurzeln der kubischen Gleichung

$$\det\left[\theta_{ik} - \theta \delta_{ik}\right] = 0. \tag{6.4}$$

Die zugehörigen Richtungen e_r ergeben sich aus den Gleichungen

$$\sum_i (e_r \cdot e_i)[\theta_{ik} - \theta_r \delta_{ik}] = 0. \tag{6.5}$$

Das Aufsuchen der Hauptachsen wird oft erleichtert, wenn die Massen-Verteilung im Körper gewisse Symmetrieeigenschaften aufweist. Existiert z.B. eine Symmetrie-Ebene im Körper, so ist die dazu senkrechte (durch den Massen-Mittelpunkt gehende) Achse eine Hauptachse. Existiert eine Symmetrie-Achse der Massen-Verteilung, so ist diese zugleich eine Hauptachse.

Aus der Definition der Massen-Trägheitsmomente folgt ferner, daß

$$\sum_i \theta_{ii} = 2 \int_V r^2 \, \mathrm{d}m \tag{6.6}$$

eine Invariante des Trägheitstensors ist, wobei r den Abstand vom Massen-Mittelpunkt angibt. Es gilt also

$$\sum_i \theta_{ii} = \sum_{\bar{\imath}} \theta_{\bar{\imath}\bar{\imath}} = \sum_r \theta_r. \tag{6.7}$$

Bei manchen Problemen kann es zweckmäßig sein, Massen-Trägheitsmomente auch für solche Achsen zu definieren, die nicht durch den Massen-Mittelpunkt gehen. Wir können uns solche exzentrischen Achslagen durch eine Parallelverschiebung des Bezugssystems

$$\bar{x} = x + a, \quad \bar{y} = y + b, \quad \bar{z} = z + c \tag{6.8}$$

aus der ursprünglichen Lage (Ursprung 0 gleich Massen-Mittelpunkt M) erzeugt denken. Dafür gilt der Steinersche Satz:

$$\begin{aligned}
\theta_{\bar{x}\bar{x}} &= \theta_{xx} + m(b^2 + c^2) & \theta_{\bar{x}\bar{y}} &= \theta_{xy} - mab \\
\theta_{\bar{y}\bar{y}} &= \theta_{yy} + m(c^2 + a^2) & \theta_{\bar{y}\bar{z}} &= \theta_{yz} - mbc \\
\theta_{\bar{z}\bar{z}} &= \theta_{zz} + m(a^2 + b^2) & \theta_{\bar{z}\bar{x}} &= \theta_{zx} - mca
\end{aligned} \tag{6.9}$$

6.2 Impuls- und Drallsatz

Die Anwendung des Impulssatzes auf starre Körper führt auf den Massen-Mittelpunktsatz (1.1). Der Drallsatz – bezogen auf den raumfesten Punkt 0 bzw. auf den mitbewegten Massen-Mittelpunkt M – ist in (1.2) bzw. (1.3) angegeben.

Der Drall eines starren Körpers in bezug auf seinen Massen-Mittelpunkt ist

$$\boldsymbol{H}_{(M)} = \boldsymbol{\Theta} \cdot \boldsymbol{\omega} = \left\{ \sum_i \sum_k \theta_{ik} e_i e_k \right\} \cdot \left(\sum_l \omega_l e_l \right). \tag{6.10}$$

Bezogen auf Hauptachsen gilt

$$\boldsymbol{H}_{(M)} = \theta_1 \omega_1 e_1 + \theta_2 \omega_2 e_2 + \theta_3 \omega_3 e_3. \tag{6.11}$$

In bezug auf einen raumfesten Punkt 0 ist

$$\boldsymbol{H}_{(0)} = \boldsymbol{H}_{(M)} + \boldsymbol{r}_M \times m\boldsymbol{v}_M. \tag{6.12}$$

Setzen wir dies in den Drallsatz ein, so erhalten wir bezogen auf den Massen-Mittelpunkt M:

$$\boxed{\boldsymbol{M}_{(M)} = \frac{\mathrm{D}}{\mathrm{d}t}\, \boldsymbol{H}_{(M)} = \frac{\mathrm{D}}{\mathrm{d}t}(\boldsymbol{\Theta} \cdot \boldsymbol{\omega}),} \tag{6.13}$$

bzw. auf einen raumfesten Punkt 0:

$$\boxed{\boldsymbol{M}_{(0)} = \frac{\mathrm{D}}{\mathrm{d}t}\, \boldsymbol{H}_{(0)} = \frac{\mathrm{D}}{\mathrm{d}t}(\boldsymbol{\Theta}_{(0)} \cdot \boldsymbol{\omega}) + \frac{\mathrm{D}}{\mathrm{d}t}(\boldsymbol{r}_M \times m\boldsymbol{v}_0).} \tag{6.14}$$

Diese Beziehung läßt sich schließlich noch auf die Form

$$\boxed{\boldsymbol{M}_{(0)} = \frac{\mathrm{D}}{\mathrm{d}t}(\boldsymbol{\Theta}_{(0)} \cdot \boldsymbol{\omega}),} \tag{6.15}$$

bringen, wenn

entweder $\boldsymbol{r}_M = 0$ (d.h. $\boldsymbol{H}_{(0)} = \boldsymbol{H}_{(M)}$)

$$\text{oder} \quad \boldsymbol{v}_0 = 0 \ \text{und} \ \frac{\mathrm{D}}{\mathrm{d}t}\boldsymbol{v}_0 = 0 \tag{6.16}$$

oder $\boldsymbol{v}_0 = 0$ und $\dfrac{\mathrm{D}}{\mathrm{d}t}\boldsymbol{v}_0$ parallel zu $\boldsymbol{r}_M$

ist.

6.3 Energiesatz

Aus dem Energiesatz der Mechanik für starre Körper erhalten wir ausgehend von (1.4)

$$\mathrm{D}A = \mathrm{D}E\,.$$

Die Arbeit der äußeren Kräfte A wie auch die kinetische Energie E lassen sich aufspalten in

$$\mathrm{D}A = \mathrm{D}A_{\mathrm{tr}} + \mathrm{D}A_{\mathrm{rot}} = \boldsymbol{F} \cdot \mathrm{D}\boldsymbol{r}_M + \boldsymbol{M}_{(M)} \cdot \mathrm{D}\boldsymbol{\varphi} \tag{6.17}$$

bzw. (in bezug auf den raumfesten Punkt 0)

$$\mathrm{D}A = \boldsymbol{F} \cdot \mathrm{D}\boldsymbol{r}_0 + \boldsymbol{M}_{(0)} \cdot \mathrm{D}\boldsymbol{\varphi} \tag{6.18}$$

und

$$E = E_{\mathrm{tr}} + E_{\mathrm{rot}}. \tag{6.19}$$

Dabei ist φ die dem Moment M zugeordnete Verdrehung des Körpers und

$$E_{\mathrm{tr}} = \frac{1}{2}\, m v_M^2\,, \quad E_{\mathrm{rot}} = \frac{1}{2} \sum_i \sum_k \omega_i \theta_{ik} \omega_k = \frac{1}{2}\, \boldsymbol{\omega} \cdot \boldsymbol{\Theta} \cdot \boldsymbol{\omega} \tag{6.20}$$

sind die aus der Translationsbewegung mit v_M bzw. der Rotation mit der Winkelgeschwindigkeit $\boldsymbol{\omega}$ um M herrührenden Energieanteile. Bezogen auf Hauptachsen des Massen-Trägheitstensors nimmt E_{rot} die Form

$$E_{\mathrm{rot}} = \frac{1}{2}\, \{\theta_1 \omega_1^2 + \theta_2 \omega_2^2 + \theta_3 \omega_3^2\} \tag{6.21}$$

an.

Bezogen auf den raumfesten Punkt 0 erhalten wir an Stelle von (6.19) bzw. (6.20)

$$E = \frac{1}{2}\, m v_0^2 + m \boldsymbol{v}_0 \cdot [\boldsymbol{\omega} \times (\boldsymbol{r}_M - \boldsymbol{r}_0)] + \frac{1}{2}\, \boldsymbol{\omega} \cdot \boldsymbol{\Theta}_{(0)} \cdot \boldsymbol{\omega}. \tag{6.22}$$

Dieser Ausdruck läßt sich unter den Voraussetzungen (6.16) schließlich noch auf

$$E = \frac{1}{2}\, \boldsymbol{\omega} \cdot \boldsymbol{\Theta}_{(0)} \cdot \boldsymbol{\omega} \tag{6.23}$$

reduzieren.

6.4 Beispiele

Aufgabe 6.1:

Bestimmen Sie die Massen-Trägheitsmomente θ_{xx}, θ_{yy} und θ_{zz} für den dargestellten Quader.

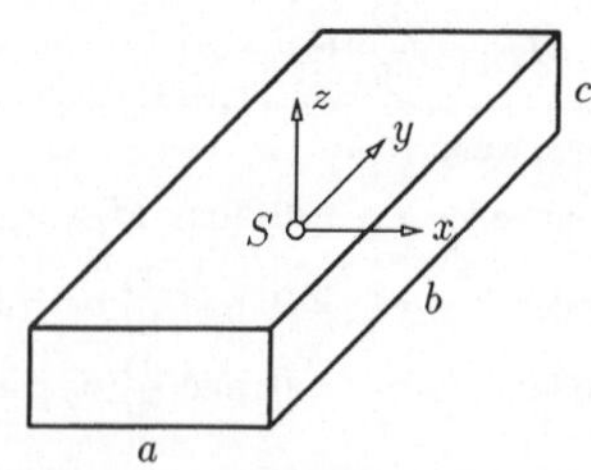

Lösung: Ausgehend von Gleichung (6.2) für die Massen-Trägheitsmomente erhalten wir durch Integration

$$\theta_{xx} = \int_V (y^2 + z^2)\, dm \quad \text{mit} \quad dm = \rho\, dV = \rho\, dx\, dy\, dz$$

$$= \int_{-\frac{c}{2}}^{+\frac{c}{2}} \int_{-\frac{b}{2}}^{+\frac{b}{2}} \int_{-\frac{a}{2}}^{+\frac{a}{2}} (z^2 + x^2)\, \rho\, dx\, dy\, dz = \int_{-\frac{c}{2}}^{+\frac{c}{2}} \int_{-\frac{b}{2}}^{+\frac{b}{2}} \rho\, (z^2 + x^2)\, a\, dy\, dz$$

$$= a\rho \int_{-\frac{c}{2}}^{+\frac{c}{2}} \left(\frac{1}{3} y^3 + z^2 y \right)_{-\frac{b}{2}}^{+\frac{b}{2}} dz = ab\rho \int_{-\frac{c}{2}}^{+\frac{c}{2}} \left(\frac{b^2}{12} + z^2 \right) dz$$

$$= ab\rho \left(\frac{b^2}{12} z + \frac{1}{3} z^3 \right)_{-\frac{c}{2}}^{+\frac{c}{2}} = abc\rho \left(\frac{b^2}{12} + \frac{c^2}{12} \right) = \frac{m}{12} (b^2 + c^2).$$

Auf entsprechende Weise finden wir

$$\theta_{yy} = \frac{m}{12} (c^2 + a^2), \quad \theta_{zz} = \frac{m}{12} (a^2 + b^2).$$

Aufgabe 6.2:

Eine Welle (Länge L, Masse m) mit exzentrischer Bohrung dreht sich mit $n = 1000$ U/min um die Längsachse. Bestimmen Sie die kinetische Energie, wenn die Drehachse durch den

a) Mittelpunkt der ungebohrten Welle O_1,

b) Mittelpunkt der Bohrung O_2,

c) Massenmittelpunkt M der Welle

geht.

Gegeben: $R = 100$ mm, $r = 25$ mm,

$\qquad a = 25$ mm, $m = 200$ kg

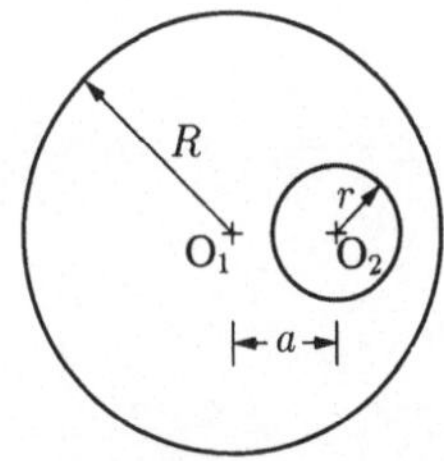

Lösung: Bezeichnen wir die Masse der ungebohrten Welle mit m_W und die Masse der Bohrung mit m_B, so gilt

$$m = m_W - m_B \quad \rightarrow \quad m_W = \frac{R^2}{R^2 - r^2}\, m, \quad m_B = \frac{r^2}{R^2 - r^2}\, m.$$

Für die Lage des Massenmittelpunktes M finden wir dann (siehe Aufgabensammlung TM 1, Kapitel 4) bei $e = \overline{MO}_1$ bzw. $b = \overline{MO}_2$:

$$em + am_B = 0 \quad \rightarrow \quad e = -a\, \frac{r^2}{R^2 - r^2}, \quad b = a\, \frac{R^2}{R^2 - r^2}.$$

Mit diesen geometrischen Werten können wir nun mit Hilfe des Steinerschen Satzes (6.9) die entsprechenden Massen-Trägheitsmomente berechnen

$$\theta_{(M)} = \frac{1}{2}\, m_W R^2 + m_W e^2 - \left(\frac{1}{2}\, m_B r^2 + m_B b^2 \right)$$

$$= \frac{m}{2} \left\{ R^2 + r^2 - 2a^2 \left(\frac{Rr}{R^2 - r^2} \right)^2 \right\} = 0{,}9203\ \text{kgm}^2$$

$$\theta_{(O_1)} = \theta_{(M)} + me^2 = \frac{m}{2} \left\{ R^2 + r^2 - 2a^2\, \frac{r^2}{R^2 - r^2} \right\} = 1{,}0542\ \text{kgm}^2$$

$$\theta_{(O_2)} = \theta_{(M)} + mb^2 = \frac{m}{2} \left\{ R^2 + r^2 - 2a^2\, \frac{R^2}{R^2 + r^2} \right\} = 1{,}0708\ \text{kgm}^2.$$

Bei $n = 1000$ U/min beträgt die Winkelgeschwindigkeit

$$\omega = 2\pi n = 104{,}72 \ \text{s}^{-1} \,.$$

Damit erhalten wir dann gemäß (6.19), (6.20) bzw. (6.23) die kinetische Energie E der Welle für Drehungen um die jeweils angegebenen festen Achsen

$$E = E_{\text{rot}} = \frac{1}{2}\,\theta_{(0)}\omega^2$$

bzw.

$$\begin{aligned}
E &= \frac{1}{2}\,\theta_{(O_1)}\omega^2 = 5{,}7803 \ \text{kJ} \\
&= \frac{1}{2}\,\theta_{(O_2)}\omega^2 = 5{,}8713 \ \text{kJ} \\
&= \frac{1}{2}\,\theta_{(M)}\omega^2 = 5{,}0461 \ \text{kJ} \,.
\end{aligned}$$

6.5 Aufgaben

Aufgabe 6.3:

Bestimmen Sie θ_{xx}, θ_{yy} und θ_{zz} für die dargestellte dünne Dreieckscheibe mit der Dicke t.

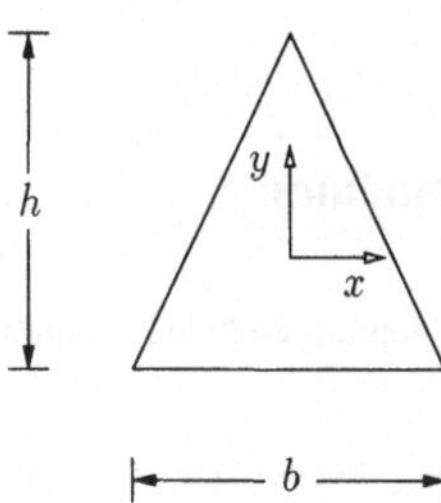

Aufgabe 6.4:

Bestimmen Sie θ_{zz} für die dargestellte Schwingungsscheibe.

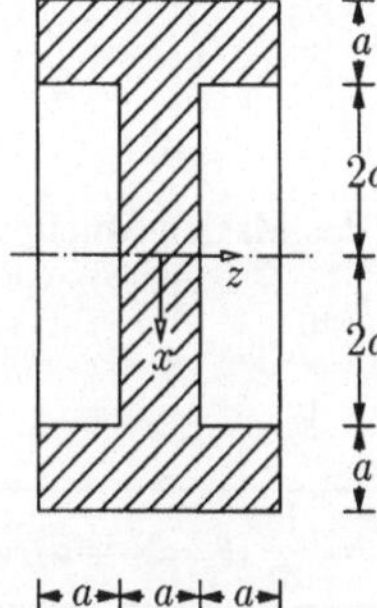

7 Ebene Bewegung starrer Körper

7.1 Allgemeines

Für ebene Bewegungen gelten gemäß (5.2) die folgenden Beziehungen

Impulssatz:

$$\boxed{\begin{aligned} F_x &= \frac{\mathrm{D}}{\mathrm{d}t}\,(m\,v_{Mx}) = m\,\dot{v}_{Mx} \\ F_y &= \frac{\mathrm{D}}{\mathrm{d}t}\,(m\,v_{My}) = m\,\dot{v}_{My} \end{aligned}}$$

(7.1)

$$F_z = 0$$

(7.2)

Drallsatz:

(in bezug auf den Massen-Mittelpunkt)

$$M_{(M)x} = 0$$

$$M_{(M)y} = 0$$

(7.3)

$$\boxed{M_{(M)z} = \frac{\mathrm{D}}{\mathrm{d}t}\,(\theta_{zz}\,\omega) = \theta_{zz}\,\dot{\omega}\,,}$$

(7.4)

wobei die jeweils zweiten Beziehungen von konstanten Massen bzw. Massen-Trägheitsmomenten ausgehen. (7.1) und (7.4) sind die Bestimmungsgleichungen; (7.2) und (7.3) die Bedingungsgleichungen für ebene Bewegungen. Wird die Bewegung durch entsprechende kinematische Bindungen erzwungen, so geben die Bedingungsgleichungen die Relationen an, aus denen die auftretenden Reaktionen zu ermitteln sind.

Beziehen wir den Drall auf einen festen Raumpunkt 0, so können wir die z-Komponente des Drallsatzes in der Form

$$M_{(0)z} = m\,\frac{\mathrm{D}}{\mathrm{d}t}\,[x_M\,v_{0y} - y_M\,v_{0x}] + \frac{\mathrm{D}}{\mathrm{d}t}\,(\theta_{(0)zz}\omega)$$

(7.5)

schreiben. Für Bewegungen um eine feste Achse 0 vereinfacht sich diese Bewegungsgleichung auf

$$M_{(0)z} = \theta_{(0)zz}\dot{\omega}\,.$$

(7.6)

Die kinetische Energie wird (6.19) - (6.21)

$$E = E_{\mathrm{tr}} + E_{\mathrm{rot}} = \frac{1}{2}\,mv_M^2 + \frac{1}{2}\,\theta_{zz}\,\omega^2\,.$$

(7.7)

Bei Rotationen um eine feste Achse 0 läßt sich dieser Ausdruck auf

$$E = \frac{1}{2}\,\theta_{(0)zz}\omega^2$$

(7.8)

reduzieren (6.23).

Bei allgemeinen Bewegungen erhalten wir je nach Freiheitsgrad λ des Körpers bzw. Systems λ Bewegungsgleichungen, die den Bewegungsablauf bestimmen. Die überzähligen $3 - \lambda$ Gleichungen können wir aus dem System der Bestimmungsgleichungen unter Heranziehung der kinematischen Bindungen eliminieren. Wir benötigen sie jedoch, wenn wir nachträglich die Reaktionen der kinematischen Bindungen ermitteln wollen. Methodisch gehen wir am einfachsten so vor, daß wir – entsprechend dem Prinzip von d'Alembert – zu den im Ausgangssystem gegebenen eingeprägten Kräften die entsprechenden Trägheitskräfte und ihre Momente hinzufügen und damit das kinetische Problem auf ein statisches zurückführen.

7.2 Beispiele

Aufgabe 7.1:

Auf zwei zylindrische Walzen (Gewicht G, Radius r) wird ein Brett vom Gewicht Q gelegt. Welche Beschleunigung erfährt das Brett, wenn kein Gleiten auftritt?

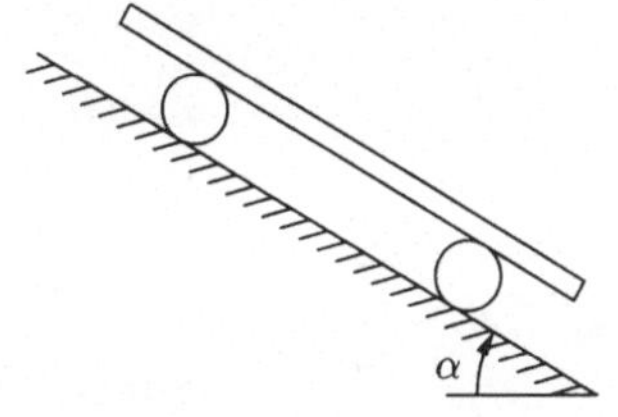

Lösung: Bei reinem Rollen handelt es sich um eine Bewegung mit einem Freiheitsgrad. Die Drehung der Rollen erfolgt momentan um den Kontaktpunkt A mit der schiefen Ebene. Das Brett wird tangential mitgeführt. Für die Kinematik des Systems bedeutet dies

$$\text{(i)} \quad \dot{x} = r\dot{\varphi}, \quad \text{(ii)} \quad \dot{y} = 2r\dot{\varphi}.$$

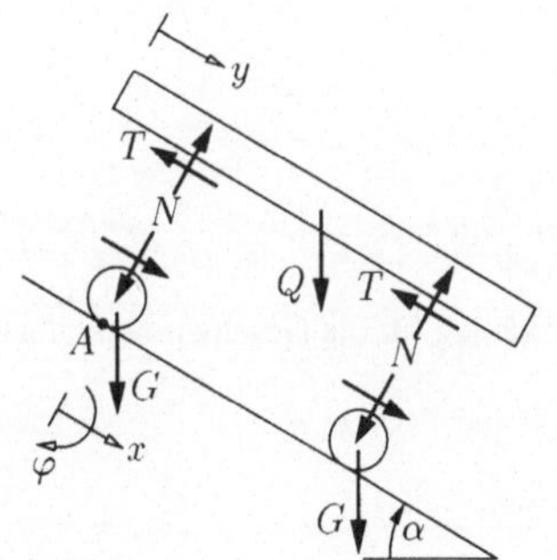

Trennen wir nun das System mit Hilfe des Befreiungsprinzips auf und schreiben für eine Walze (Masse m_R) gem. (7.6) den Drallsatz um den Momentanpol A an, so wird

$$M_{(0)z} = \theta_{(0)}\ddot{\varphi} \quad \rightarrow$$

$$2Tr + Gr\sin\alpha = (\theta + m_R r^2)\ddot{\varphi}.$$

Für das Brett (Masse m_B) gilt der Impulssatz in y-Richtung

$$F_y = m_B\ddot{y} \quad \rightarrow \quad Q\sin\alpha - 2T = m_B\ddot{y}.$$

Lösen wir nun den Drallsatz nach der unbekannten Tangentialkraft T auf

$$T = \frac{3}{4}m_R r\ddot{\varphi} - \frac{1}{2}G\sin\alpha$$

und setzen dies Ergebnis in den Impulsatz für das Brett ein, so erhalten wir für die Beschleunigung (wenn wir gleichzeitig die kinematische Bindung (ii) benutzen)

$$\ddot{y} = g \sin \alpha \; \frac{1 + \dfrac{G}{Q}}{1 + \dfrac{3}{4}\dfrac{G}{Q}} \; .$$

Aufgabe 7.2:

Eine Eisenbahntür steht senkrecht zur Bewegungsrichtung des Zuges offen. Mit welcher Geschwindigkeit und nach welcher Zeit schlägt die Tür zu, wenn
der Zug mit der Beschleunigung a anfährt? Die Tür
kann als homogene dünne Platte mit dem Gewicht G
und der Breite b betrachtet werden.

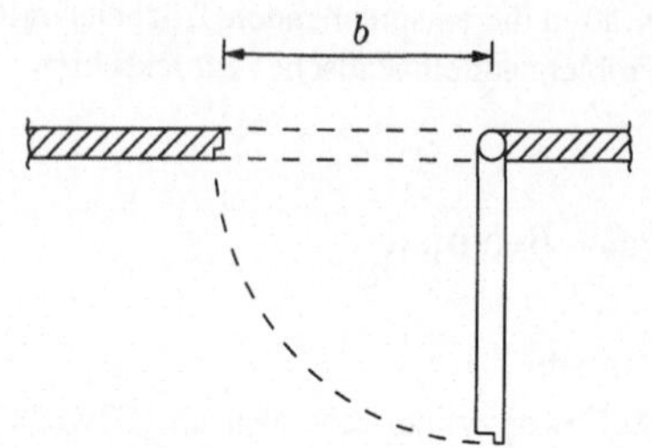

Lösung: Die Tür dreht sich momentan um ihre Aufhängung. Entsprechend
(7.6) können wir den Drallsatz um diesen Punkt anschreiben

$$M_{(0)z} = \theta_{(0)}\ddot{\varphi} \quad \rightarrow \quad ma\,\frac{b}{2}\cos\varphi = \theta_{(0)}\ddot{\varphi} \, .$$

Setzen wir hier $\theta_{(0)}$ ein, so wird

$$\theta_{(0)} = \frac{1}{12}\,mb^2 \quad \rightarrow \quad \ddot{\varphi} = \frac{3}{2}\,\frac{a}{b}\cos\varphi \, .$$

Dieses Ergebnis können wir integrieren und erhalten schließlich

$$\dot{\varphi} = \sqrt{\frac{3a}{b}} \, \sin\varphi \, .$$

Für die geschlossene Tür gilt dementsprechend

$$\dot{\varphi}(\frac{\pi}{2}) = \sqrt{\frac{3a}{b}} \quad \text{bzw. mit} \quad v = \frac{b}{2}\dot{\varphi} \quad \rightarrow \quad v(\frac{\pi}{2}) = \sqrt{\frac{3}{4}\,ab} \, .$$

Zur Bestimmung der erforderlichen Zeit lösen wir die Beziehung für die Geschwindigkeit nach $\mathrm{d}t$
auf und integrieren nochmals

$$\int\limits_0^T \mathrm{d}t = T = \sqrt{\frac{b}{3a}} \int\limits_0^{\frac{\pi}{2}} \frac{\mathrm{d}\varphi}{\sqrt{\sin\varphi}} \, .$$

Das hierin enthaltene bestimmte Integral führt auf

$$\int\limits_0^{\frac{\pi}{2}} \frac{\mathrm{d}\varphi}{\sqrt{\sin\varphi}} = \frac{\Gamma(0.25)\Gamma(0.5)}{2\Gamma(0.75)} = 2.622 \quad \rightarrow \quad T = 2.622\sqrt{\frac{b}{3a}}$$

mit $\Gamma(x)$ der Gammafunktion (siehe Bronstein/Semendjajew, Taschenbuch der Mathematik).

Aufgabe 7.3:

Das nebenstehende System wird aus der Ruhelage in Bewegung gesetzt. Bestimmen Sie die Beschleunigung des Körpers der Masse m_2 für ein Massenverhältnis $m_0 : m_1 : m_2 = 5 : 2 : 4$

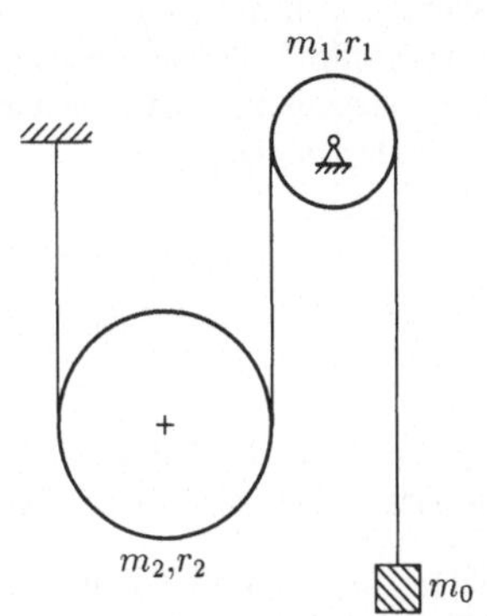

Lösung: Aufgrund der Bindungen durch das Seil (Gleiten sei ausgeschlossen) handelt es sich hier um ein System mit einem Freiheitsgrad. Die Rolle 1 dreht sich um das feste Lager und der Momentanpol der Rolle 2 liegt im Punkt P. Damit lassen sich die folgenden kinematischen Bindungen angeben:

$$\text{(i)} \quad \dot{x}_0 = r_1 \dot{\varphi}_1\,, \quad \text{(ii)} \quad \dot{x}_2 = r_2 \dot{\varphi}_2\,, \quad \text{(iii)} \quad r_1 \dot{\varphi}_1 = 2\, r_2 \dot{\varphi}_2\,.$$

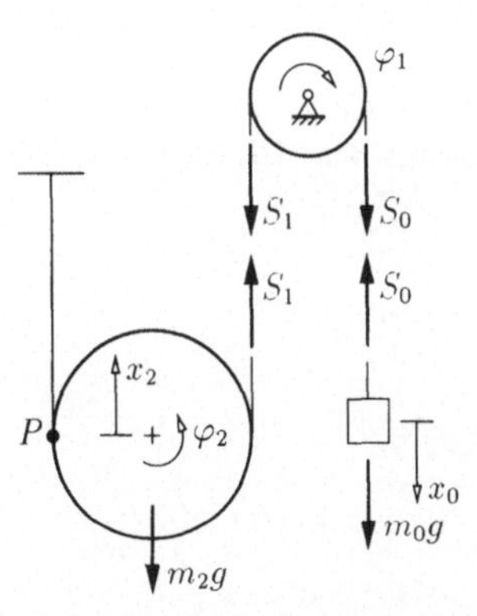

Wir schneiden nun die drei Teilsysteme (Rolle 1, Rolle 2 und Massenpunkt) frei und schreiben für jedes dieser Systeme die verbleibenden Bestimmungsgleichungen an. Der Impulssatz für die Masse m_0 liefert dann

$$F = m_0 g - S_0 = m_0\, \ddot{x}_0 = m_0 r_1\, \ddot{\varphi}_1\,.$$

Der Drallsatz für die Rolle 1 um den Massen-Mittelpunkt lautet

$$M = (S_0 - S_1) r_1 = \theta_1 \ddot{\varphi}_1 = \frac{1}{2}\, m_1 r_1^2\, \ddot{\varphi}_1$$

und der Drallsatz für die Rolle 2 um den Momentanpol P

$$M_{(P)} = (2 S_1 - m_2 g) r_2 = \theta_{(P)} \ddot{\varphi}_2 = \frac{3}{4}\, m_2 r_2 r_1\, \ddot{\varphi}_1\,.$$

Lösen wir nun die erste und die letzte Beziehung nach den unbekannten Schnittkräften S_0 bzw. S_1 auf und setzen diese in die zweite Beziehung ein, so erhalten wir

$$(m_0 - \frac{1}{2} m_2) g = r_1 \ddot{\varphi}_1 (m_0 + \frac{1}{2} m_1 + \frac{3}{8} m_2)$$

und damit dann

$$\ddot{x}_2 = \frac{m_0 - \dfrac{1}{2} m_2}{2 m_0 + m_1 + \dfrac{3}{4} m_2}\, g\,, \quad \rightarrow \quad \ddot{x}_2 = \frac{1}{5}\, g\,.$$

Wir können alternativ auch so vorgehen, daß wir sämtliche Trägheitskräfte – entgegen den angenommenen Bewegungsrichtungen x_0, φ_1, x_2 und φ_2 – als sog. d'Alembertsche Trägheitskräfte in die Skizzen eintragen und die auf diese Weise entstandenen Kräftesysteme mit den bekannten Gleichgewichtsmethoden der Statik behandeln. Welcher der beiden genannten Vorgehensweisen man den Vorzug gibt, sollte jeder für sich entscheiden.

Aufgabe 7.4:

Mit welcher Geschwindigkeit trifft der Schwerpunkt
der abrutschenden Leiter auf der horizontalen Ebene
auf? Die Stützpunkte A und B werden an der Wand
bzw. am Boden geführt.

Gegeben: m, l, $\mu = 0$

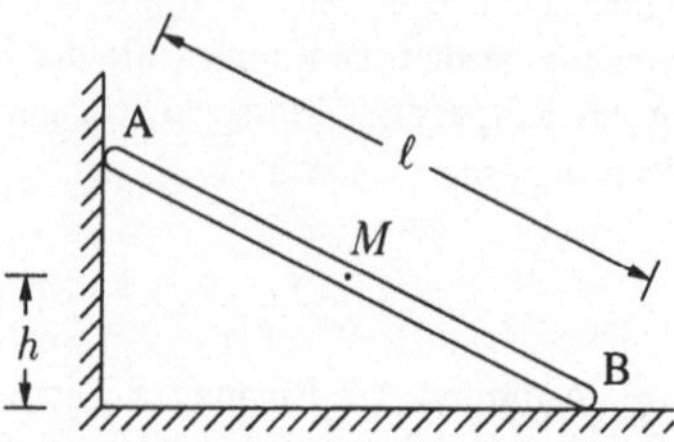

Lösung: Wir lösen die Aufgabe mit Hilfe des Energiesatzes und der Beziehung für die kinetische
Energie gem. (7.7) bzw. (7.8). Bei Reibungsfreiheit gilt entsprechend (1.6)

$$\Phi(1) + E(1) = \Phi(0) + E(0)$$

für zwei beliebige Lagen des Massen-Mittelpunktes im Schwerefeld.

Zu Beginn der Bewegung befinde sich die Leiter in Ruhe

$$E(0) = 0, \quad \Phi(0) = mgh\,.$$

Beim Auftreffen der Leiter auf die Ebene befindet sich der Momentanpol P der Bewegung im Fußpunkt
der Leiter im Abstand l von der vertikalen Wand (siehe Elemente Band III, Kapitel 6). Mit der
kinematischen Bindung erhalten wir

$$v = \frac{l}{2}\dot{\varphi} \quad \rightarrow \quad mgh = \frac{1}{2}mv_M^2 + \frac{1}{2}\theta_M\,\dot{\varphi}^2 = \frac{1}{2}\theta_{(P)}\dot{\varphi}^2\,.$$

Daraus erhalten wir mit

$$\theta_{(P)} = \frac{1}{3}ml^2 \quad \rightarrow \quad v = \sqrt{1{,}5\,gh}\,.$$

Aufgabe 7.5:

Auf die mit der Winkelgeschwindigkeit ω reibungsfrei rotierende homogene Kreisscheibe 1 (Gewicht
G, Radius R) wird eine ruhende Kreisscheibe 2 mit
gleichen Abmessungen und Gewicht aufgesetzt. Nach
welcher Zeit haben beide Scheiben die gleiche Winkelgeschwindigkeit und wie groß ist diese? Es darf
angenommen werden, daß der Anpreßdruck überall
gleich groß ist (Gleitreibungskoeffizient μ).

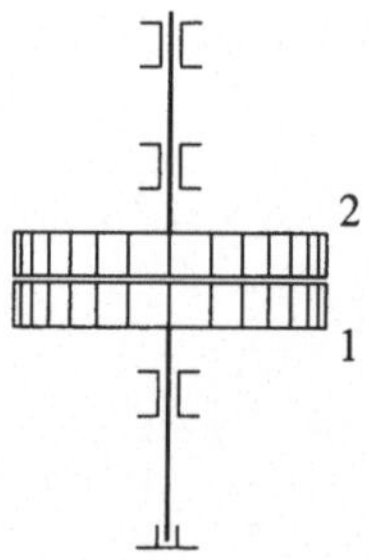

Lösung: Mit Hilfe des Befreiungsprinzips trennen wir die beiden Scheiben und tragen an jedem
Teilsystem die dort wirkenden Kräfte – einschließlich der d'Alembertschen Trägheitskräfte – an. Das
Schnittmoment M_R berechnen wir dazu bei konstantem Anpreßdruck zu

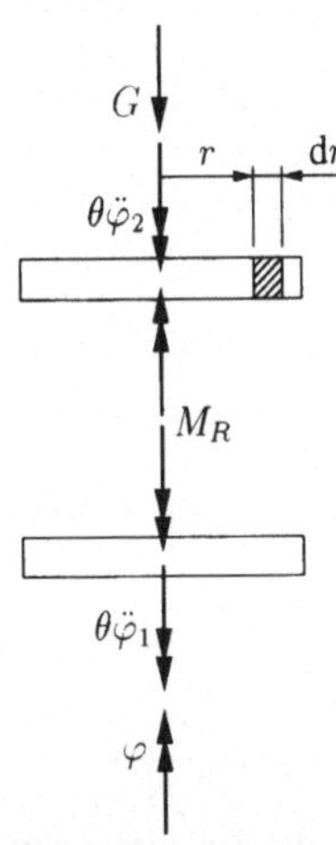

$$M_R = \int\limits_0^R \frac{G\mu}{\pi R^2}\, 2\pi r^2\, dr = \frac{2}{3}\,\mu G R\,.$$

Wir bilden nun für beide Teilsysteme das Gleichgewicht der Momente um die Drehachse und erhalten auf diese Weise

$$\theta\ddot{\varphi}_1 + \frac{2}{3}\,\mu G R = 0 \qquad \text{bzw.} \qquad \theta\ddot{\varphi}_2 - \frac{2}{3}\,\mu G R = 0\,.$$

Beide Bewegungsgleichungen werden integriert

$$\dot{\varphi}_1 = \omega - \frac{4}{3}\,\frac{g}{R}\,\mu t \qquad \text{bzw.} \qquad \dot{\varphi}_2 = \frac{4}{3}\,\frac{g}{R}\,\mu t$$

mit

$$\dot{\varphi}_1(0) = \omega\,, \quad \dot{\varphi}_2(0) = 0 \quad \text{und} \quad \theta = \frac{1}{2}\,m R^2\,.$$

Beide Scheiben erreichen die gleiche Winkelgeschwindigkeit Ω zum Zeitpunkt t_1

$$\Omega = \omega - \frac{4}{3}\,\frac{g}{R}\,\mu t_1 = \frac{4}{3}\,\frac{g}{R}\,\mu t_1 \quad \rightarrow \quad t_1 = \frac{3}{8}\,\frac{R\omega}{g\mu}\,, \quad \Omega = \frac{1}{2}\,\omega\,.$$

Aufgabe 7.6:

Ein Vollzylinder vom Gewicht G wird durch eine konstante Zugkraft Z in Bewegung versetzt. Unter welchen Bedingungen rollt er? Wie groß sind die zugehörigen Beschleunigungen?

Gegeben: $R = 4\,r$, $\mu = \mu_0 = 0,5$

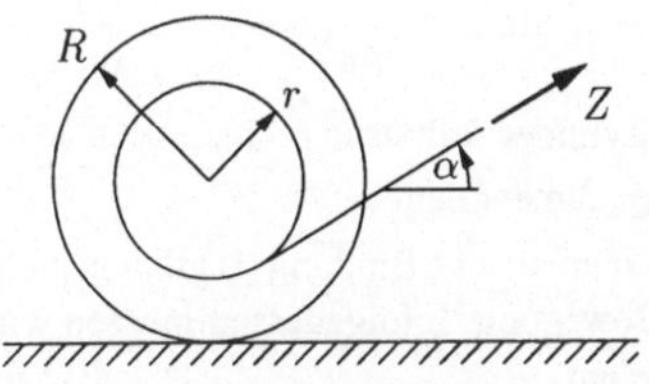

Lösung: Je nachdem, ob Rollen oder Gleiten des Zylinders vorherrscht, haben wir es mit einer Bewegung mit einem bzw. zwei Freiheitsgraden zu tun. Welcher der beiden Fälle vorliegt, ist a priori nicht bekannt und hängt von den jeweiligen Bedingungen des Systems ab. Zur Lösung treffen wir deshalb entsprechende Annahmen und überprüfen diese hinterher.

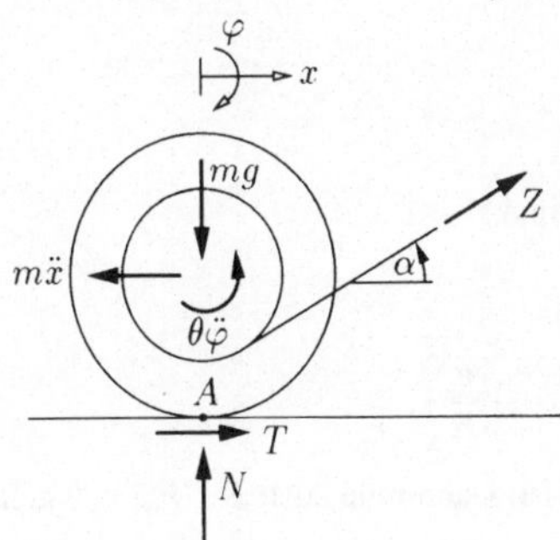

1. Annahme: Rollen

Bei Rollen liegt der Momentanpol der Bewegung im Kontaktpunkt A. Als kinematische Bedingungen gelten dann

$$\text{(i)} \quad \dot{x} = R\dot{\varphi}\,, \quad \ddot{x} = R\ddot{\varphi}\,, \quad \text{(ii)} \quad \dot{y} = 0\,.$$

Für eine Drehung um den Momentanpol liefern die Bestimmungsgleichungen des Impulssatzes ((7.1) bzw. (7.6))

$$M_{(A)z} = Z(R\cos\alpha - r) = (\theta + m R^2)\ddot{\varphi}\,,$$

$$F_x = T + Z\cos\alpha = m\ddot{x}\,,$$

$$F_y = mg - N - Z \sin \alpha = m\ddot{y}\,.$$

Die erste Gleichung (Drallsatz) führt auf

$$Z(R\cos \alpha - r) = (\tfrac{1}{2}\,mR^2 + mR^2)\ddot{\varphi} = \tfrac{3}{2}\,mR^2\ddot{\varphi}\,, \quad (\text{es sei } \theta = \tfrac{1}{2}\,mR^2)$$

und damit auf die Beschleunigungen

$$\ddot{\varphi} = \frac{2}{3}\,\frac{Z}{G}\left(\cos \alpha - \frac{r}{R}\right)\frac{g}{R} \quad \to \quad \ddot{x} = \frac{2}{3}\,\frac{Z}{G}\left(\cos \alpha - \frac{r}{R}\right)g\,.$$

Setzen wir die kinematischen Bindungen in die Gleichungen des Impulssatzes ein, erhalten wir außerdem

$$T = \frac{2}{3}\,Z(\cos \alpha - \frac{r}{R}) - Z\cos \alpha = -\frac{1}{3}\,Z(\cos \alpha + 2\,\frac{r}{R})\,,$$

$$N = G - Z\sin \alpha \geqslant 0\,.$$

Letztere Bedingung werden wir zur Kontrolle der Lösungen gegen Abheben des Zylinders einsetzen.

    Wir untersuchen nun, unter welchen Bedingungen die gefundene Lösung die Voraussetzung (Rollen) erfüllt. In diesem Fall muß gelten (3.5)

$$|T| \leqslant \mu_0 N \quad \to \quad \frac{1}{3}\,Z(\cos \alpha + 2\,\frac{r}{R}) \leqslant \mu_0(G - Z\sin \alpha)\,.$$

Daraus folgt die Bedingung

$$\frac{G}{Z} \geqslant \sin \alpha + \frac{1}{3\mu_0}(\cos \alpha + 2\,\frac{r}{R})\,.$$

Der Zylinder rollt nach rechts, wenn $\cos \alpha > r/R$ ($\ddot{\varphi} > 0$, $\dot{\varphi} > 0$); nach links, wenn $\cos \alpha < r/R$.

2. Annahme: Gleiten

Die kinematische Bindung (i) gilt nun nicht mehr und der Kontaktpunkt A ist nicht länger Momentanpol der Bewegung. Infolgedessen müssen wir nun auch vom Drallsatz (7.4) um den Massen-Mittelpunkt ausgehen

$$M_{(M)z} = -Zr - TR = \theta\ddot{\varphi}\,.$$

Dafür ist die Reibkraft T nach Richtung und Betrag bestimmt. Die Richtung von T hängt dabei von der Geschwindigkeit des Zylinders im Kontaktpunkt ab.

Fall a) $\dot{x} - R\dot{\varphi} < 0$:   Dann wirkt T wie eingezeichnet nach rechts

$$T = \mu N = \mu(G - Z\sin \alpha)\,.$$

Mit Hilfe des Impulssatzes bestimmen wir unmittelbar

$$m\ddot{x} = T + Z\cos \alpha \quad \to \quad \frac{\ddot{x}}{g} = \mu + \frac{Z}{G}(\cos \alpha - \mu \sin \alpha)$$

bzw. mit Hilfe des Drallsatzes um den Massen-Mittelpunkt

$$\theta\ddot{\varphi} = -Zr - TR \quad \to \quad R\frac{\ddot{\varphi}}{g} = -2\mu + 2\frac{Z}{G}(\mu \sin \alpha - \frac{r}{R})\,.$$

Wir prüfen nun, ob die Voraussetzung $\dot{x} - R\dot{\varphi} < 0$ erfüllt ist. Dann muß auch $\ddot{x} - R\ddot{\varphi} < 0$ gelten:

$$\ddot{x} - R\ddot{\varphi} = g\left\{3\mu + \frac{Z}{G}(\cos \alpha - 3\mu \sin \alpha + 2\frac{r}{R})\right\} < 0$$

bzw. als Bedingung

$$\frac{G}{Z} < \sin \alpha - \frac{1}{3\mu} \left(\cos \alpha + 2\,\frac{r}{R} \right).$$

Fall b) $\dot{x} - R\dot{\varphi} > 0$:   Jetzt ist $T = -\mu N$ und dementsprechend erhalten wir für die Beschleunigungen

$$\frac{\ddot{x}}{g} = -\mu + \frac{Z}{G}\left(\cos \alpha + \mu \sin \alpha \right), \quad R\frac{\ddot{\varphi}}{g} = 2\mu - 2\frac{Z}{G}\left(\mu \sin \alpha + \frac{r}{R} \right)$$

sowie als Bedingung

$$\frac{G}{Z} < \sin \alpha + \frac{1}{3\mu} \left(\cos \alpha + 2\,\frac{r}{R} \right).$$

Schließlich muß generell $N > 0$ gelten, damit der Zylinder nicht von der Unterlage abhebt

$$\frac{G}{Z} > \sin \alpha.$$

7.3 Aufgaben

Aufgabe 7.7:

Der massive Rotor B ist um die Achse C-C gelagert.
Der als masselos anzunehmende Rahmen A dreht sich
unter der Wirkung eines konstanten Momentes M um
die raumfeste Achse O-O.
Bestimmen Sie die Winkelbeschleunigung des Rahmens, wenn

a) der Stift P eine Drehung des Rotors verhindert und
b) der Rotor sich frei um C-C drehen kann.

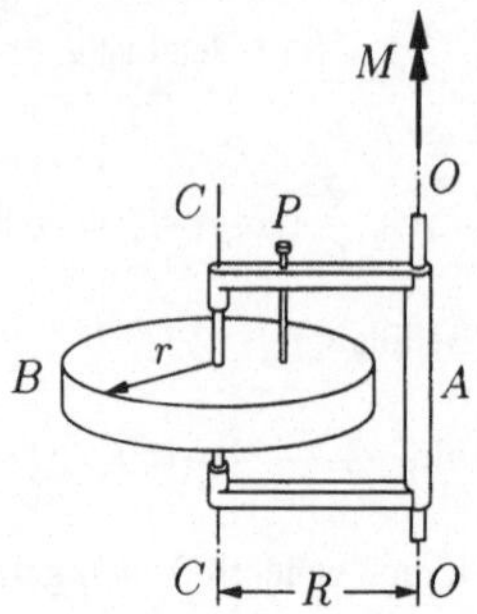

Aufgabe 7.8:

Ein Schwungrad vom Gewicht $G = 5$ kN und dem Trägheitsradius $i = 0,50$ m wird durch Lagerrei-
bung gebremst. Das Bremsmoment sei der Winkelgeschwindigkeit proportional $M_B = c\omega$. Bestimmen
Sie die Proportionalitätskonstante c, wenn sich die Drehzahl in $t_0 = 2$ min auf den zehnten Teil ihres
ursprünglichen Wertes verringert hat.

Aufgabe 7.9:

Die nebenstehende Anordnung besteht aus 4 homogenen Stäben der Länge l und der Masse m. Mit welcher
Geschwindigkeit trifft der Punkt B auf der horizontalen Ebene auf, wenn man den Faden AB durchtrennt?

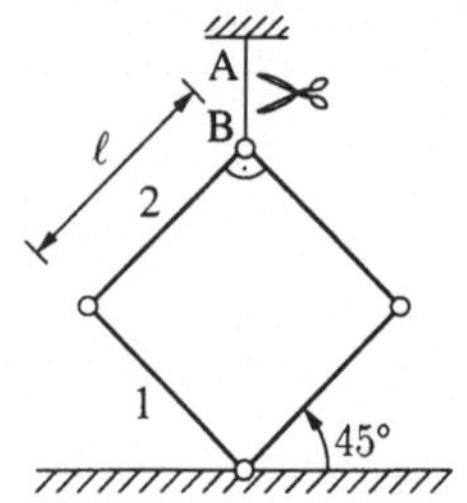

Aufgabe 7.10:

Beschreiben Sie die Rollbewegung des Vollzylinders.
Wie groß muß der Haftreibungskoeffizient μ_0 mindestens sein, damit Rollen möglich ist?

Gegeben: $M = \alpha m$, $\alpha = 2$

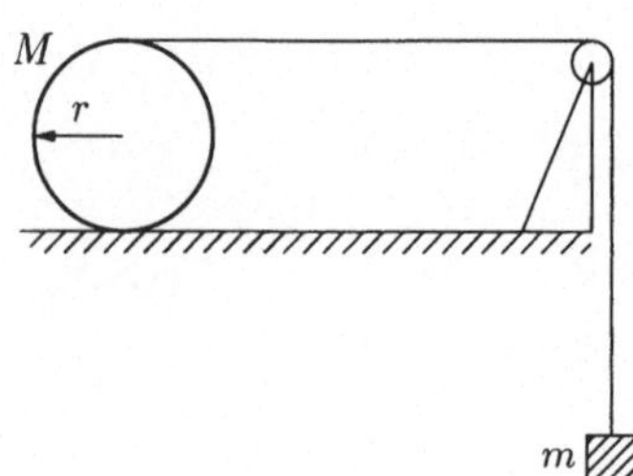

Aufgabe 7.11:

Stellen Sie die Bewegungsgleichung für das nebenstehende System auf.

Gegeben: m, r, α, μ

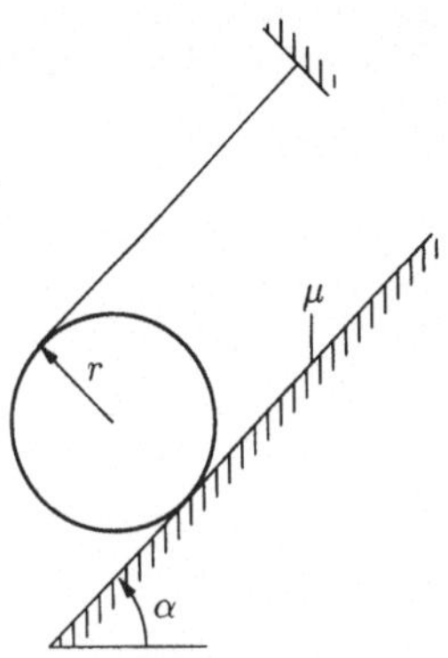

Aufgabe 7.12:

Bei welchem Winkel φ^* löst sich der homogene Stab der Masse m und der Länge l von der Unterlage?

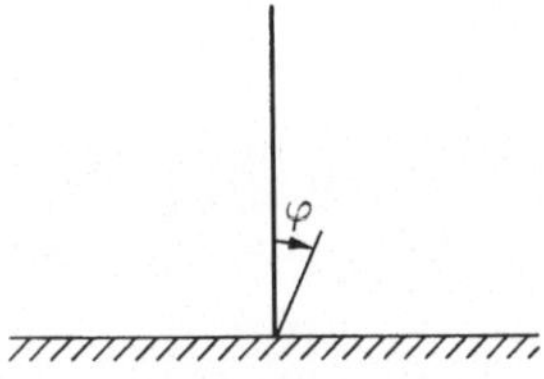

Aufgabe 7.13:

Ein Stab von der Länge l und dem Gewicht G wird in der Höhe h über dem Boden in der dargestellten Weise mit der Geschwindigkeit v_0 und der Winkelgeschwindigkeit ω_0 losgelassen. Welche Beziehung muß zwischen v_0 und ω_0 bestehen, damit der Stab lotrecht auf den Boden trifft?

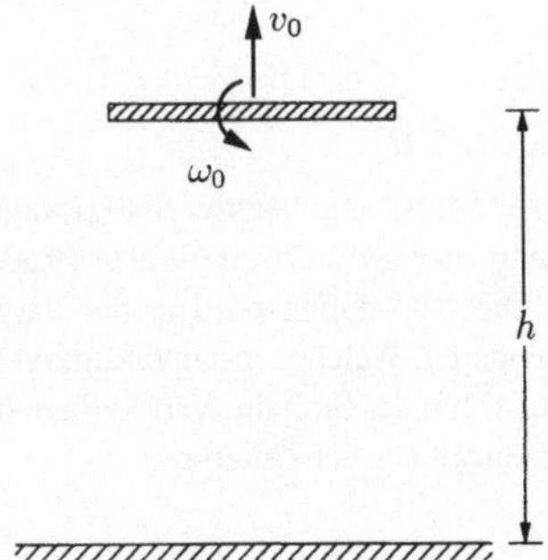

Aufgabe 7.14:

Auf zwei gleiche Kreiszylinder ist ein Seil gewickelt.
Bestimmen Sie die Beschleunigung des fallenden Zylinders.

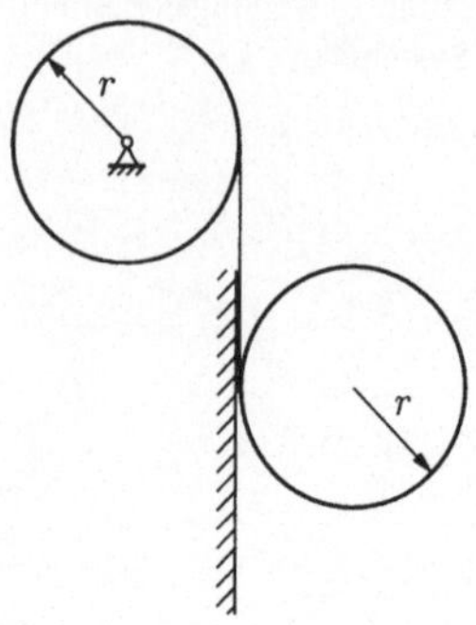

Aufgabe 7.15:

Bestimmen Sie für die nebenstehende Anordnung die
Beschleunigung des Körpers vom Gewicht Q

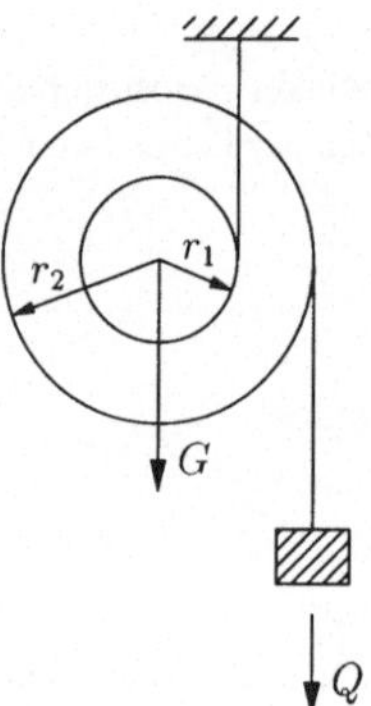

Aufgabe 7.16:

Ein in O drehbar gelagerter Stab (Länge l, Gewicht G)
berührt eine zylindrische Walze (Radius a, Gewicht
Q). Die Anordnung wird in der dargestellten Lage
losgelassen. Welche Geschwindigkeit hat das Staben-
de A, wenn der Stab die Vertikallage durchläuft? Die
Walze rollt auf der Unterlage.

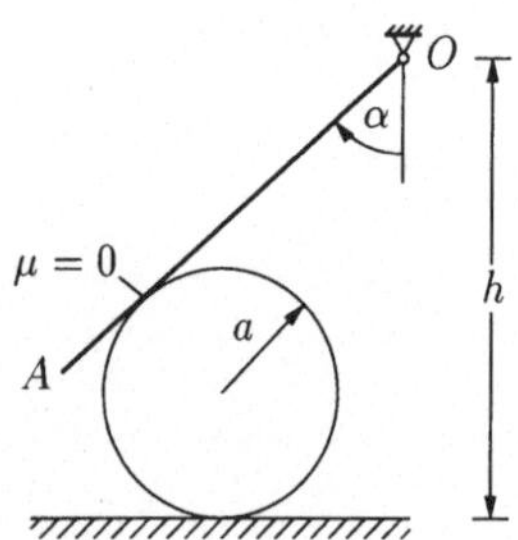

Aufgabe 7.17:

Zwei gleichartige Walzen rotieren in angegebener Weise mit den konstanten Winkelgeschwindigkeiten ω_1 und ω_2. Zum Zeitpunkt $t_0 = 0$ werden beide Walzen unter Einwirkung der Kräfte F gegeneinander gepreßt. Gesucht werden

a) die Winkelgeschwindigkeit ω_e, auf die sich beide Walzen einspielen,

b) die Zeit, die verstreicht, bis sich dieser Endzustand einstellt und

c) der Energieverlust des Systems.

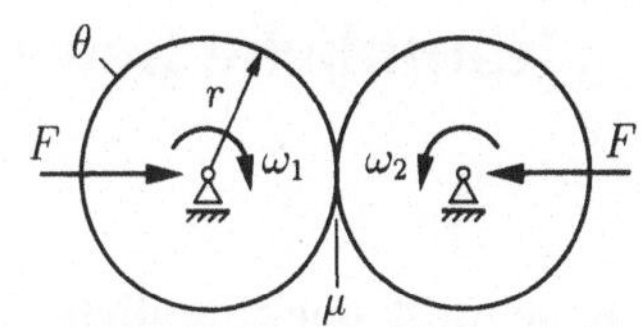

Aufgabe 7.18:

Das nebenstehende System rollt eine schiefe Ebene herab. Die große Walze rollt dabei auf den zwei kleinen, die miteinander durch eine Stange verbunden sind. Bestimmen Sie

a) die Translationsbeschleunigung des Systems,

b) die Lage des Geschwindigkeitspols der großen Walze, wenn die Stange gerade die Geschwindigkeit v_0 erreicht hat sowie

c) die Lage des zugehörigen Beschleunigungspols der großen Walze.

Gegeben: $M = 4\,m$, $m_{St} = m$, $\sin\beta = 0,25$

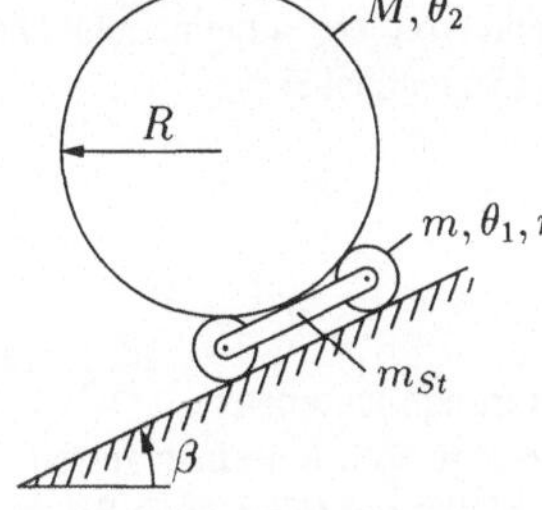

8 Räumliche Bewegung starrer Körper

8.1 Kinematik der räumlichen Bewegung

Jeder Geschwindigkeitszustand eines starren Körpers ist bei $\omega \neq 0$ als Schraubenbewegung, d.h. in der Form

$$v = v_\omega^* + \omega \times (r - r_\omega) \tag{8.1}$$

darstellbar, wobei r_ω einen beliebigen Punkt der momentanen Schraubenachse (Zentralachse des Geschwindigkeitszustandes) bezeichnet, deren Lage im allgemeinen zeitabhängig ist.

Ausgehend von der allgemeinen Darstellungsform des Geschwindigkeitszustandes eines starren Körpers (5.1) ist dabei

$$v_\omega^* = (v_{\bar 0} \cdot e_\omega)e_\omega \quad \text{mit} \quad e_\omega = \frac{\omega}{|\omega|} ,$$
$$r_\omega = r_{\bar 0} + \frac{\omega \times v_{\bar 0}}{\omega^2} + \lambda e_\omega \tag{8.2}$$

mit λ als freiem Parameter.

Bei Bewegungen um einen festen Punkt ist es häufig sinnvoll, die Orientierung des Körpers im Raum mit Hilfe der *Euler*schen Winkel ψ, ϑ, φ zu beschreiben, die die Verdrehung eines körperfesten Systems von Bezugsrichtungen $e_{\bar x}$, $e_{\bar y}$, $e_{\bar z}$ gegenüber einer raumfesten Basis e_x, e_y, e_z festlegen (vgl. Elemente Band III, Abschnitt 7.1).

Neben der Basis-Transformation (4.1) gelten für den Zusammenhang zwischen den Zahlenwerten $\omega_{\bar i}$ bzw. ω_k der Winkelgeschwindigkeit ω, mit der die überstrichene Basis gegenüber der unüberstrichenen rotiert, und den zeitlichen Ableitungen der *Euler*schen Winkel (im unüberstrichenen System) die Beziehungen (kinematische Euler-Gleichungen)

$$\begin{bmatrix} \omega_{\bar x} \\ \omega_{\bar y} \\ \omega_{\bar z} \end{bmatrix} = \begin{bmatrix} \sin\vartheta\sin\varphi & \cos\varphi & 0 \\ \sin\vartheta\cos\varphi & -\sin\varphi & 0 \\ \cos\vartheta & 0 & 1 \end{bmatrix} \cdot \begin{bmatrix} \dot\psi \\ \dot\vartheta \\ \dot\varphi \end{bmatrix} \tag{8.3}$$

bzw.

$$\begin{bmatrix} \omega_x \\ \omega_y \\ \omega_z \end{bmatrix} = \begin{bmatrix} 0 & \cos\psi & \sin\vartheta\sin\psi \\ 0 & \sin\psi & -\sin\vartheta\cos\psi \\ 1 & 0 & \cos\vartheta \end{bmatrix} \cdot \begin{bmatrix} \dot\psi \\ \dot\vartheta \\ \dot\varphi \end{bmatrix} . \tag{8.4}$$

8.2 Bewegung um einen festen Punkt

Der Zusammenhang zwischen Bewegungsablauf und eingeprägten Kräften wird durch den auf 0 bezogenen Drallsatz (6.14) bestimmt. Um die Veränderlichkeit der Massen-Trägheitsmomente gegenüber dem raumfesten Bezugssystem zu eliminieren, ist es notwendig, zu einem (überstrichenen) mitbewegten bzw. körperfesten Bezugssystem überzugehen (4.8)

$$\boxed{M_{(0)} = \frac{\mathrm{D}}{\mathrm{d}t}\, H_{(0)} = \frac{\bar{\mathrm{D}}}{\mathrm{d}t}\, H_{(0)} + \Omega_{\bar{0}} \times H_{(0)}.}$$

(8.5)

Dabei ist $H_{(0)}$ der Drall des Körpers gegenüber dem Raum. Seine zeitliche Änderung besteht aus der Änderung von $H_{(0)}$ gegenüber dem mitbewegten Bezugssystem sowie dem Term $\Omega_{\bar{0}} \times H_{(0)}$, der aus der relativen Drehung des (überstrichenen) Bezugssystems mit der Winkelgeschwindigkeit $\Omega_{\bar{0}}$ folgt.

In einem sich mit konstanter Winkelgeschwindigkeit $\Omega_{\bar{0}}$ drehenden mitbewegten Bezugssystem ändert sich der Drall $H_{(0)}$ nicht. In diesem Sonderfall wird aus (8.5)

$$\boxed{M_{(0)} = \Omega_{\bar{0}} \times H_{(0)}.}$$

(8.6)

Im überstrichenen, körperfesten System sind die Massen-Trägheitsmomente und damit auch die Lage ihrer Hauptachsen zeitlich unveränderlich. In der auf die körperfesten Hauptachsen $e_{\bar{i}}$ bezogenen Darstellung des Dralls

$$H_{(0)} = \theta_{(0)_1}\omega_{\bar{1}}\, e_{\bar{1}} + \theta_{(0)_2}\omega_{\bar{2}}\, e_{\bar{2}} + \theta_{(0)_3}\omega_{\bar{3}}\, e_{\bar{3}}$$

(8.7)

sind deshalb die $\theta_{(0)_i}$ konstant. Gehen wir damit in den Drallsatz, so erhalten wir die *Euler*schen Gleichungen für Bewegungen starrer Körper um einen festen Punkt 0

$$M_{(0)_1} = \theta_{(0)_1}\dot{\omega}_{\bar{1}} - [\theta_{(0)_2} - \theta_{(0)_3}]\,\omega_{\bar{2}}\,\omega_{\bar{3}}$$

$$M_{(0)_2} = \theta_{(0)_2}\dot{\omega}_{\bar{2}} - [\theta_{(0)_3} - \theta_{(0)_1}]\,\omega_{\bar{3}}\,\omega_{\bar{1}}$$

$$M_{(0)_3} = \theta_{(0)_3}\dot{\omega}_{\bar{3}} - [\theta_{(0)_1} - \theta_{(0)_2}]\,\omega_{\bar{1}}\,\omega_{\bar{2}}\,.$$

(8.8)

Dabei stellt ω die (absolute) Winkelgeschwindigkeit des Körpers gegenüber dem Raum dar.

Wesentlich ist, daß diese Form der Eulerschen Gleichungen an ein körperfestes Koordinatensystem gebunden ist. Gelegentlich - insbesondere bei schweren, symmetrischen Kreiseln - ist es jedoch sinnvoller, lediglich ein mitbewegtes $\{1, 2, 3\}$ Koordinatensystem einzuführen, dessen 3-Achse mit der Figurenachse des Kreisels zusammenfällt. Der Kreisel dreht sich dann relativ zu $\{1, 2, 3\}$ mit ω_e um die 3-Achse. Der Drallsatz ist auch dann in der Form (8.5) bzw. (8.6) gültig. Die Eulerschen Gleichungen (8.8) erfahren jedoch eine geringfügige Veränderung (wegen Symmetrie ist $\theta_{(0)_1} = \theta_{(0)_2} = \theta_{(0)}$)

$$M_{(0)_1} = \theta_{(0)}\dot{\omega}_1 - [\theta_{(0)} - \theta_{(0)_3}]\,\omega_2\,\omega_3 + \theta_{(0)}\omega_2\,\omega_e$$

$$M_{(0)_2} = \theta_{(0)}\dot{\omega}_2 - [\theta_{(0)_3} - \theta_{(0)}]\,\omega_3\,\omega_1 - \theta_{(0)}\omega_1\,\omega_e$$

$$M_{(0)_3} = \theta_{(0)_3}\dot{\omega}_3\,.$$

(8.9)

Die aus der kinematischen Bindung des Körpers an den festen Punkt 0 resultierenden Reaktionen sind aus dem auf 0 bezogenen Drallsatz bzw. den *Euler*schen Gleichungen nicht zu ermitteln. Dazu sind der auf den Massen-Mittelpunkt bezogene Drallsatz bzw. der Impulssatz heranzuziehen.

Bei Bewegungen um einen festen Punkt 0 läßt sich die kinetische Energie unter Verwendung einer Basis $e_{\bar{i}}$, die mit den Hauptachsen des Massenträgheitstensors zusammenfällt, durch

$$E = \frac{1}{2}\left\{\theta_{(0)_1}\omega_{\bar{1}}^2 + \theta_{(0)_2}\omega_{\bar{2}}^2 + \theta_{(0)_3}\omega_{\bar{3}}^2\right\}$$

(8.10)

angeben (6.23).

8.3 Allgemeine Bewegungen

Bei allgemeinen Bewegungen starrer Körper, die weder ebene Bewegungen noch Bewegungen um einen festen Punkt sind, teilen wir die Bewegung auf in eine Translation entsprechend der Bewegung des Massen-Mittelpunktes M und in eine Rotation um M. Die Bewegung des Massen-Mittelpunktes wird bestimmt durch den Massen-Mittelpunktsatz (vgl. Kapitel 1)

$$\boxed{F = \frac{\mathrm{D}}{\mathrm{d}t}\,(m\boldsymbol{v}_M) = m\dot{\boldsymbol{v}}_M\,.}$$

$$(8.11)$$

Zur Berechnung der Rotationsbewegung um M verwenden wir den auf den bewegten Massen-Mittelpunkt M bezogenen Drallsatz (6.13)

$$\boxed{\boldsymbol{M}_{(M)} = \frac{\mathrm{D}}{\mathrm{d}t}\,\boldsymbol{H}_{(M)} = \frac{\mathrm{D}}{\mathrm{d}t}\,(\boldsymbol{\Theta}\cdot\boldsymbol{\omega}).}$$

$$(8.12)$$

Durch Übergang zu einem körperfesten Bezugssystem mit M als Bezugspunkt und mit den Hauptachsen $e_{\bar{\imath}}$ des Massen-Trägheitsmomentes als Bezugsrichtungen erhalten wir analog zur Bewegung um einen festen Punkt die *Euler*schen Gleichungen:

$$
\begin{aligned}
M_{(M)\bar{1}} &= \theta_{\bar{1}}\,\dot{\omega}_{\bar{1}} - [\theta_{\bar{2}} - \theta_{\bar{3}}]\,\omega_{\bar{2}}\,\omega_{\bar{3}} \\
M_{(M)\bar{2}} &= \theta_{\bar{2}}\,\dot{\omega}_{\bar{2}} - [\theta_{\bar{3}} - \theta_{\bar{1}}]\,\omega_{\bar{3}}\,\omega_{\bar{1}} \\
M_{(M)\bar{3}} &= \theta_{\bar{3}}\,\dot{\omega}_{\bar{3}} - [\theta_{\bar{1}} - \theta_{\bar{2}}]\,\omega_{\bar{1}}\,\omega_{\bar{2}}\,.
\end{aligned}
$$

$$(8.13)$$

8.4 Beispiele

Aufgabe 8.1:

Die ältere Form des Ein-Kreisel-Kompasses besteht aus einem Rotor mit horizontaler Achse, die schwimmend gelagert ist. Unter Berücksichtigung der Erdrotation richtet sich die Drehachse des Kompasses sebständig in Nord-Süd-Richtung aus. Weisen Sie dies rechnerisch nach.

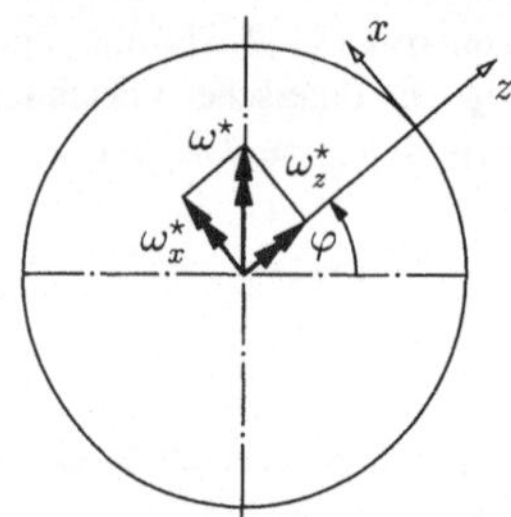

Lösung: Zur Beschreibung der Bewegung des Kompasses führen wir auf der Erdoberfläche ein kartesisches Koordinatensystem ein, dessen x-Richtung nach Norden weist und dessen z-Richtung normal zur Erdoberfläche steht. Wir bezeichen mit ω^* die Erdrotation und mit ω_e die Eigenrotations-Winkelgeschwindigkeit des Kreisels

$$\omega_x^* = \omega^*\cos\varphi\,,\quad \omega_y^* = 0\,,\quad \omega_z^* = \omega^*\sin\varphi\,.$$

Der Aufgabenstellung entsprechend unterstellen wir zudem eine Abweichung der Kreiselachse von der Nord-Süd-Richtung um den Winkel α. Wir beschreiben nun alle vektoriellen Größen in dem Hauptachsensystem $\{1,2,3\}$ des Kreisels, das sich mit Ω gegenüber dem Raum dreht

$$\Omega = \omega^*\cos\varphi\cos\alpha\,\boldsymbol{e}_1 - \omega^*\cos\varphi\sin\alpha\,\boldsymbol{e}_2 + \omega^*\sin\varphi\,\boldsymbol{e}_3\,.$$

Den (absoluten) Drehvektor ω des betrachteten Körpers erhalten wir aus der Addition mit der Eigenrotation

$$\omega = \Omega + \omega_e\quad \omega_e = \omega_e\,\boldsymbol{e}_1\,.$$

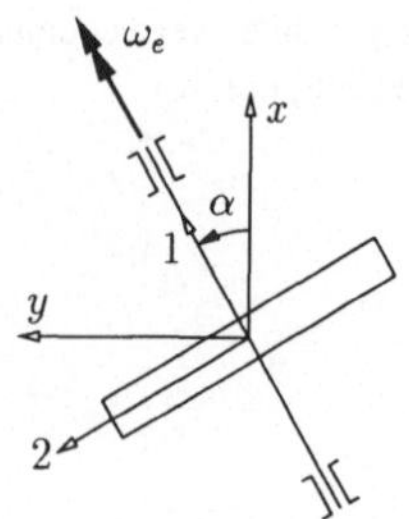

Der Drall H des Körpers wird entspreched (8.7)

$$\boldsymbol{H} = \theta_1\omega_1\,\boldsymbol{e}_1 + \theta_2\omega_2\,\boldsymbol{e}_2 + \theta_3\omega_3\,\boldsymbol{e}_3$$

und damit erhalten wir mit Hilfe des Drallsatzes (8.6)

$$M = \Omega \times H = \begin{vmatrix} e_1 & e_2 & e_3 \\ \omega^* \cos\varphi \cos\alpha & -\omega^* \cos\varphi \sin\alpha & \omega^* \sin\varphi \\ \theta_1(\omega^* \cos\varphi \cos\alpha + \omega_e) & -\theta_2 \omega^* \cos\varphi \sin\alpha & \theta_3 \omega^* \sin\varphi \end{vmatrix}.$$

ein Moment, dessen Komponente um die 3-Achse den Wert

$$M_3 = (\theta_1 - \theta_2)\omega^{*2} \cos^2\varphi \sin\alpha \cos\alpha + \theta_1 \omega^* \omega_e \cos\varphi \sin\alpha$$

hat. Gehen wir nun davon aus, daß $\omega^* \ll \omega_e$ ist, so läßt sich dieser Wert abschätzen zu

$$M_3 \approx \theta_1 \omega^* \omega_e \cos\varphi \sin\alpha \,.$$

Es ist also ein positives Moment M_3 notwendig, um den Kreisel in positiver Richtung aus der Nord-Süd-Richtung abzulenken. Da ein solches nicht angreift, strebt der Kreisel die Lage $\alpha = 0$ an.

Aufgabe 8.2:

Eine homogene rechteckige Scheibe vom Gewicht G rotiert mit $\Omega = $ konst. um die Achse A-A. Bestimmen Sie die Lagerreaktionen.

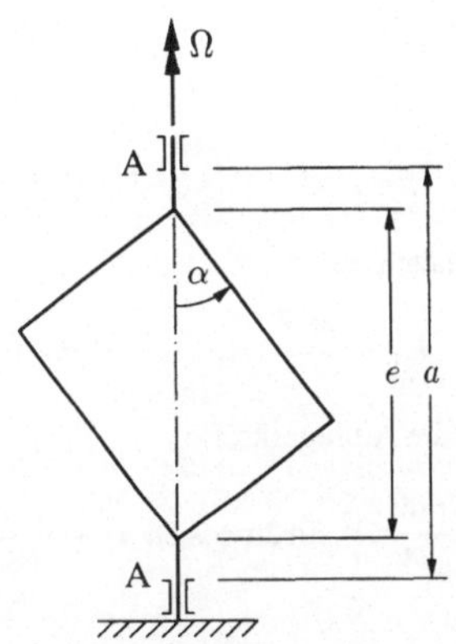

Lösung: Wir führen – der einfacheren Schreibweise halber – mit $\{x, y, z\}$ ein mitbewegtes Hauptachsensystem ein, welches mit Ω rotiert (siehe Skizze). Dann ist

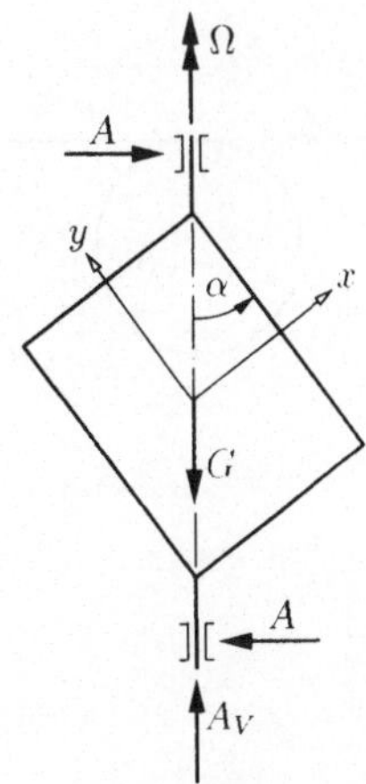

$$\Omega = \Omega \sin\alpha \, e_x + \Omega \cos\alpha \, e_y = \omega$$

gleich dem Drehvektor ω des betrachteten Körpers. Den Drallvektor H - dargestellt im mitbewegten Bezugssystem - können wir entsprechend (8.7) angeben zu

$$H = \theta_x \omega_x \, e_x + \theta_y \omega_y \, e_y + \theta_z \omega_z \, e_z$$

$$= \theta_x \Omega \sin\alpha \, e_x + \theta_y \Omega \cos\alpha \, e_y,$$

wobei wir bereits berücksichtigt haben, daß ω_z verschwindet. Gehen wir damit in den Drallsatz (8.6), so erhalten wir

$$M = \Omega \times H,$$

da die θ_i sowie Ω voraussetzungsgemäß konstant sind. Setzen wir hier nun Ω und H ein, so wird

$$M = \Omega \times H = \begin{vmatrix} e_x & e_y & e_z \\ \Omega \sin \alpha & \Omega \cos \alpha & 0 \\ \theta_x \Omega \sin \alpha & \theta_y \Omega \cos \alpha & 0 \end{vmatrix} = \Omega^2 \sin \alpha \cos \alpha \, (\theta_y - \theta_x) \, e_z \,.$$

Auf der anderen Seite ist

$$M = -Aa\,e_z$$

das Moment der äußeren Kräfte. Aus dem Vergleich der beiden Komponenten in z-Richtung erhalten wir schließlich

$$Aa = (\theta_x - \theta_y)\,\Omega^2 \sin \alpha \cos \alpha = (\theta_x - \theta_y)\,\Omega^2 \frac{1}{2} \sin 2\alpha \,.$$

Für Scheiben gilt der Zusammenhang zwischen den Hauptwerten der Massen- und der Flächenträgheitsmomente

$$\theta_i = \rho t J_i \quad (i = x, y)\,,$$

bzw.

$$J_x = \frac{bh^3}{12}\,, \quad \theta_x = \frac{\rho t\,bh}{12}\,h^2 = \frac{m}{12}\,e^2 \cos^2 \alpha$$

$$J_y = \frac{hb^3}{12}\,, \quad \theta_y = \frac{\rho t\,bh}{12}\,b^2 = \frac{m}{12}\,e^2 \sin^2 \alpha$$

Damit erhalten wir

$$(\theta_x - \theta_y) = \frac{me^2}{12}\,(\cos^2 \alpha - \sin^2 \alpha) = \frac{me^2}{12}\,\cos 2\alpha,$$

sowie für die Auflagerkräfte

$$A = \frac{me^2}{24}\,\Omega^2 \sin 2\alpha \cos 2\alpha = \frac{e^2 \Omega^2 \sin 4\alpha}{48ag}\,G\,, \quad A_V = G\,.$$

Aufgabe 8.3:

Durch Abziehen von 50 cm Faden mit der konstanten Kraft $F = 50\,\text{N}$ wird ein Kegel in Bewegung gesetzt. Welche Drehzahl erhält der Körper?

Gegeben: $R = 6\,\text{cm}$, $G = 5\,\text{N}$

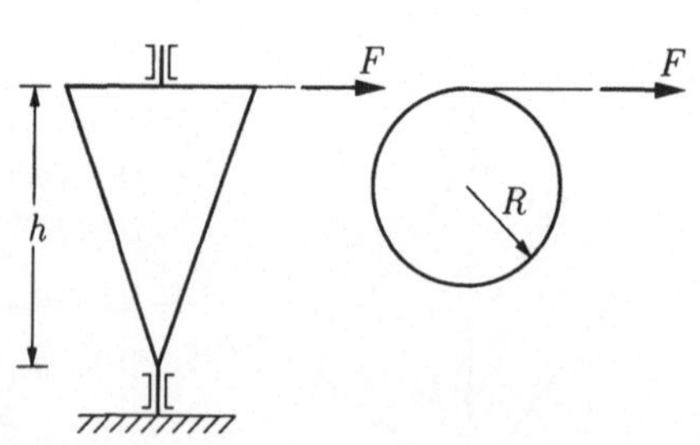

Lösung: Wir gehen aus vom Energiesatz, den wir hier in der Form

$$A = Fs = \frac{1}{2}\,\theta \omega^2 = E_\text{rot}$$

angeben können. Daraus folgt

$$\omega^2 = \frac{2Fs}{\theta}\,,$$

mit θ dem Massenträgheitsmoment um die Drehachse des Kegels.

Führen wir nun Zylinderkoordinaten $\{z, r, \varphi\}$ ein, so läßt sich die Erzeugende des Kegels darstellen durch

$$\bar{r}(z) = \frac{R}{h}\, z\,.$$

Entsprechend erhalten wir das Massenträgheitsmoment $\theta = \theta_{zz}$ des Kegels mit Hilfe von (6.2) zu

$$\theta = \int\limits_{V} (x^2 + y^2)\, dm = \int\limits_{V} r^2\, dm = \rho \int\limits_{0}^{h} \int\limits_{0}^{\bar{r}(z)} 2\pi r^3\, dr\, dz$$

$$\theta = 2\pi\rho \int\limits_{0}^{h} \left\{ \frac{1}{4}\, r^4 \right\}_{0}^{\bar{r}} dz = \frac{1}{2}\, \pi\rho\, \frac{R^4}{h^4} \int\limits_{0}^{h} z^4\, dz = \frac{1}{10}\, \pi\rho\, R^4 h\,.$$

Setzen wir hier noch für

$$m = \frac{1}{3}\, \pi\rho\, R^2 h$$

ein, so erhalten wir schließlich

$$\theta = \frac{3}{10}\, m R^2$$

und damit

$$\omega^2 = \frac{20}{3}\, \frac{Fsg}{GR^2} = 90\,833\ \text{1/s}^2 \quad \rightarrow \quad \omega = 301,3\ \text{1/s} \quad f = \frac{\omega}{2\pi} = 47,97\ \text{1/s}\,.$$

Aufgabe 8.4:

Der dargestellte Kreisel dreht sich mit der Winkelgeschwindigkeit ω um seine Figurenachse. Bestimmen Sie die Winkelgeschwindigkeit Ω, mit der sich der Kreisel unter dem Einfluß seines Eigengewichtes G um die y-Achse dreht.

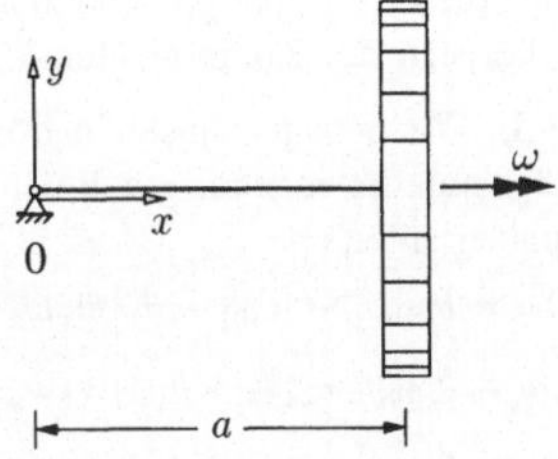

Lösung 1: Das mitbewegte Bezugssystem $\{x, y, z\}$ soll sich in diesem Fall mit der Winkelgeschwindigkeit Ω der Präzessionsbewegung um die y-Achse drehen

$$\Omega = \Omega\, e_y\,.$$

Den (absoluten) Drehvektor ω des betrachteten Körpers erhalten wir aus der Addition mit der Eigenrotation $\omega_e = \omega\, e_x$

$$\omega = \omega\, e_x + \Omega\, e_y\,.$$

Dann wird der auf den festen Punkt bezogene Drall des Körpers gegenüber dem Raum

$$\boldsymbol{H}_{(0)} = \boldsymbol{\Theta}_{(0)} \cdot \boldsymbol{\omega} = \theta_{(0)_x}\omega_x\, e_x + \theta_{(0)_y}\omega_y\, e_y, \quad \theta_{(0)_x} = \theta_x\,.$$

in dem eingeführten Hauptachsensystem. Mit Hilfe des Drallsatzes (8.6) erhalten wir dann für konstante Winkelgeschwindigkeit Ω

$$M_{(0)} = \Omega \times H_{(0)} = \begin{vmatrix} e_x & e_y & e_z \\ 0 & \Omega & 0 \\ \theta_x \omega & \theta_{(0)_y}\Omega & 0 \end{vmatrix} = -\theta_x \omega \, \Omega \, e_z \, .$$

Auf der anderen Seite wirkt die Gewichtskraft auf den Kreisel

$$M_{(0)} = -Ga\,e_z\,.$$

Damit können wir die Präzessions-Winkelgeschwindigkeit bestimmen

$$\Omega = \frac{Ga}{\theta_x \omega}\,.$$

Anmerkung: Der Kreisel vollführt eine reguläre Präzessionsbewegung mit $\Omega = $ konst. und konstantem Nutationswinkel $\vartheta = 90°$. Wir können diese Lösung auch als Sonderfall der allgemeinen Bewegung des schweren symmetrischen Kreisels ansehen (siehe Elemente Band III, Abschnitt 7.2.2.2).

Lösung 2: Wir können das Problem alternativ stets auch mit Hilfe der Euler-Gleichungen (8.8) lösen. Dazu müssen wir allerdings beachten, daß diese Gleichungen grundsätzlich von einem körperfesten Bezugssystem ausgehen, also einem Koordinatensystem, das anders als oben vorgegeben, zusätzlich auch mit ω_e um die x-Achse rotiert.

Um diese Schwierigkeit zu überwinden, wird empfohlen, die körperfesten Komponenten $\omega_{\bar{\imath}}$ in (8.8) mit Hilfe der Transformationsbeziehungen (8.3) durch die zeitliche Änderung der Euler-Winkel zu ersetzen. Da voraussetzungsgemäß

$$\dot{\psi} = \Omega, \quad \dot{\vartheta} = 0, \quad \vartheta = 90°, \quad \dot{\varphi} = \omega_e$$

ist, erhalten wir so

$$\begin{bmatrix} \omega_{\bar{x}} \\ \omega_{\bar{y}} \\ \omega_{\bar{z}} \end{bmatrix} = \begin{bmatrix} \sin\varphi & \cos\varphi & 0 \\ \cos\varphi & -\sin\varphi & 0 \\ 0 & 0 & 1 \end{bmatrix} \cdot \begin{bmatrix} \Omega \\ 0 \\ \omega_e \end{bmatrix} = \begin{bmatrix} \sin\varphi\,\Omega \\ \cos\varphi\,\Omega \\ \omega_e \end{bmatrix}\,.$$

Setzen wir diese Beziehungen nun in die Gleichungen (8.8) ein und berücksichtigen dabei ferner, daß sich die körperfesten Komponenten $M_{(0)_{\bar{\imath}}}$ wie die $\omega_{\bar{\imath}}$ transformieren, erhalten wir dasselbe Ergebnis.

Lösung 3: Wir behalten unser in Lösung 1 eingeführtes mitbewegtes Koordinatensystem bei und verwenden nun die zugehörigen Euler-Gleichungen (8.9). Dazu ersetzen wir in (8.9) $3 \to x, 1 \to y$, $2 \to z$ und erhalten

$$0 = \theta_{(0)}\dot{\omega}_y - [\theta_{(0)} - \theta_x]\,\omega_z\,\omega_x + \theta_{(0)}\omega_z\,\omega_e$$

$$-Ga = \theta_{(0)}\dot{\omega}_z - [\theta_x - \theta_{(0)}]\,\omega_x\,\omega_y - \theta_{(0)}\omega_y\,\omega_e$$

$$0 = \theta_x\dot{\omega}_x\,.$$

Setzen wir hier schließlich noch die Komponenten von ω ein, so folgt unmittelbar aus der zweiten Gleichung das oben angegebene Ergebnis.

Aufgabe 8.5:

In einem Schiff ist ein Kreisel so montiert, daß die Drehachse senkrecht zur Längsrichtung des Schiffes liegt. Die Winkelgeschwindigkeit des Kreisels beträgt ω_e. Bestimmen Sie die Auflagerreaktionen des Kreisels aus der Rollbewegung des Schiffes, die durch $\varphi(t) = \varphi_0 \sin\alpha t$ gegeben ist.

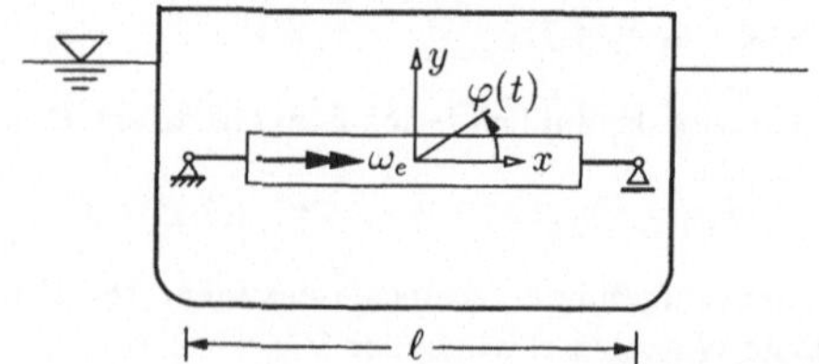

Lösung: Bei einer Rollbewegung dreht sich das Schiff um seine Längsachse, die z-Achse. Das mitbewegte Koordinatensystem dreht sich dabei mit

$$\Omega = \dot{\varphi}\, e_z = \varphi_0 \alpha \cos \alpha t\,.$$

Der Drehvektor des Körpers ist

$$\omega = \omega_e\, e_x + \varphi_0 \alpha \cos \alpha t\, e_z$$

und damit der Drall

$$H = \theta_x \omega_e\, e_x + \theta_z \varphi_0 \alpha \cos \alpha t\, e_z\,.$$

Da Ω hier nicht konstant ist, erhalten wir aus dem Drallsatz (8.5)

$$M = \frac{\bar{D}}{dt} H + \Omega \times H = -\theta_z\, \varphi_0 \alpha^2 \sin \alpha t\, e_z + \begin{vmatrix} e_x & e_y & e_z \\ 0 & 0 & \varphi_0 \alpha \cos \alpha t \\ \theta_x \omega_e & 0 & \theta_z\, \varphi_0 \alpha \cos \alpha t \end{vmatrix}$$

$$= \theta_x \omega_e \varphi_0 \alpha \cos \alpha t\, e_y - \theta_z\, \varphi_0 \alpha^2 \sin \alpha t\, e_z\,.$$

Bezeichnen wir mit H und V die horizontal bzw. vertikal wirkenden Lagerkräfte des Kreisels, so gilt für das Moment der äußeren Kräfte

$$M = H l\, e_y - V l\, e_z$$

und wir erhalten schließlich als Lagerreaktionen

$$H = \theta_x \omega_e\, \frac{\varphi_0}{l}\, \alpha \cos \alpha t\,, \quad V = \theta_z\, \frac{\varphi_0}{l}\, \alpha^2 \sin \alpha t\,.$$

Aufgabe 8.6:
Der dargestellte Kreisel aus einer homogenen dünnen Kreisscheibe (Masse m, Radius r) rotiert mit der Winkelgeschwindigkeit ω_e um seine Figurenachse. Das ganze System rotiert ferner mit Ω um die Achse AB. Die Wellen sind als starr zu betrachten. Gesucht sind die Lagerreaktionen A und B.

Gegeben: $\omega_e = 8\sqrt{2}\,\Omega,\ l = \sqrt{2}r$

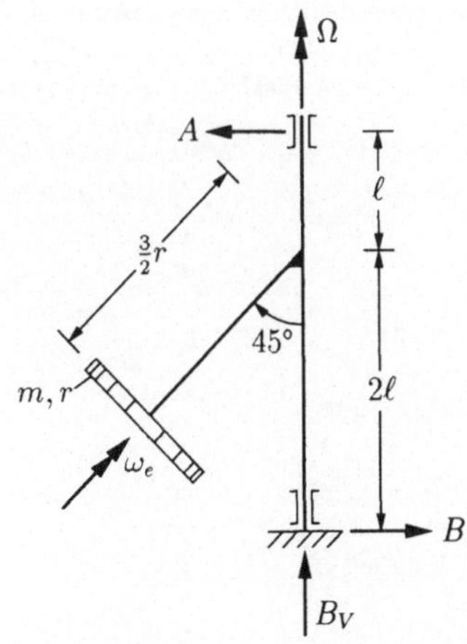

Lösung: In den Verbindungspunkt der beiden Achsen legen wir ein mitbewegtes Koordinatensystem $\{x, y, z\}$, dessen x-Achse mit der Figurenachse zusammenfällt und das sich mit Ω um die Achse AB dreht. Dann ist

$$\boldsymbol{\Omega} = -\Omega \cos \alpha \, \boldsymbol{e}_x + \Omega \sin \alpha \, \boldsymbol{e}_y$$

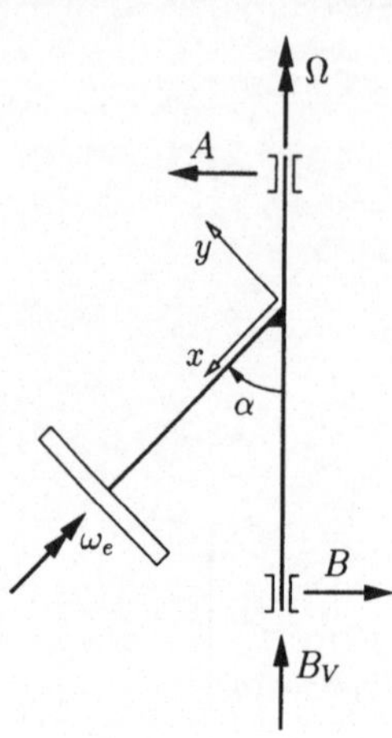

die relative Drehung des mitbewegten Koordinatensystems gegenüber dem Raum und

$$\boldsymbol{\omega} = -(\Omega \cos \alpha + \omega_e)\, \boldsymbol{e}_x + \Omega \sin \alpha \, \boldsymbol{e}_y$$

der gesamte Drehvektor des Körpers gegenüber dem Raum. Damit werden dann

$$\boldsymbol{H}_{(0)} = \boldsymbol{\Theta}_{(0)} \cdot \boldsymbol{\omega}$$

$$= -\theta_{(0)_x}(\Omega \cos \alpha + \omega_e)\, \boldsymbol{e}_x + \theta_{(0)_y}\Omega \sin \alpha \, \boldsymbol{e}_y$$

bzw. mit $\alpha = 45°$

$$\boldsymbol{M}_{(0)} = \boldsymbol{\Omega} \times \boldsymbol{H}_{(0)} = \frac{1}{2}\, \Omega \left[\Omega(\theta_x - \theta_{(0)_y}) + \theta_x \sqrt{2}\, \omega_e\right] \boldsymbol{e}_z .$$

Setzen wir hier noch die Werte für die Massenträgheitsmomente ein,

$$\theta_x = \frac{1}{2}\, mr^2, \quad \theta_{(0)_y} = \frac{5}{2}\, mr^2,$$

so wird daraus

$$M_{(0)_z} = 3\Omega^2 mr^2 = -Al - 2Bl - mg\, \frac{3}{2}\frac{r}{\sqrt{2}} .$$

Zusätzlich liefert der Impulssatz in horizontaler Richtung

$$ma_H = A - B \quad \text{mit} \quad a_H = -\Omega^2\, \frac{3}{2}\frac{r}{\sqrt{2}} .$$

Aus den beiden Gleichungen bestimmen wir

$$A = -\frac{m}{4}\left(g + 4\Omega^2 l\right), \quad B = -\frac{m}{4}\left(g + \Omega^2 l\right) .$$

8.5 Aufgaben

Aufgabe 8.7:

Auf einer Achse y sitzen zwei zylindrische Massen mit dem Gesamtträgheitsmoment θ_{yy}. Die Achse y ist senkrecht zu einer Achse x drehbar gelagert, die Achsen drehen mit ω_x bzw. ω_y. Gesucht sind die dynamischen Auflagerkräfte.

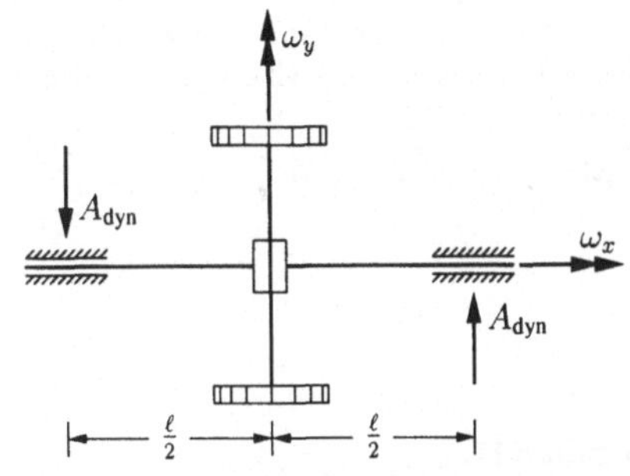

Aufgabe 8.8:

Auf einer biegsamen Welle (Biegesteifigkeit EJ) ist eine runde Scheibe (Gewicht G, Radius R) wie dargestellt befestigt. Die Welle dreht sich mit der Winkelgeschwindigkeit ω. Der Winkel der Schiefstellung α_0 gelte für $\omega_0 = 0$. Bestimmen Sie die endgültige Schiefstellung α der Scheibe (als Folge der elastischen Verformung der Welle) und das zugehörige Biegemoment.

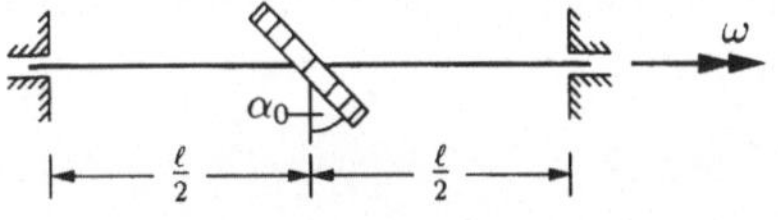

Gegeben: $G = 100$ N, $E = 2,1 \cdot 10^5$ N/cm^2,

$\qquad\quad J = 100$ cm^4, $\alpha_0 = 0,2$ rad,

$\qquad\quad l = 2,10$ m, $R = 20$ cm, $\omega = 10^3$ s^{-1}

Aufgabe 8.9:

Ein Kreisel dreht sich mit $\omega = 600$ s^{-1} um seine Figurenachse. Der Schwerpunkt des Kreisels liegt im Abstand $a = 30$ cm vom Punkt 0 auf der Achse 0A. Der Trägheitsradius beträgt $i = 10$ cm. Bestimmen Sie die Präzessionsgeschwindigkeit Ω um die Achse 0B unter der Annahme $\Omega \ll \omega$.

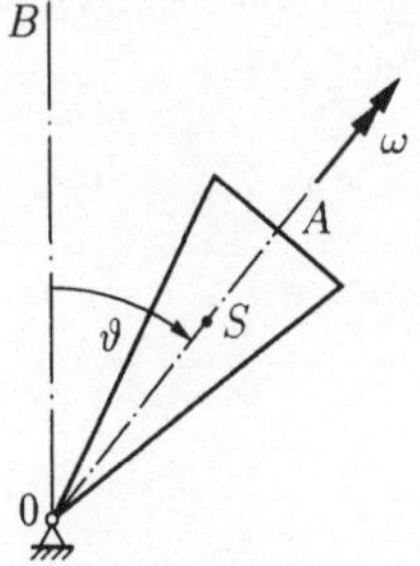

Aufgabe 8.10:

Der nebenstehende Kreisel besteht aus einer Stange und einer Kreisscheibe. Bestimmen Sie die Winkelgeschwindigkeit um die Figurenachse und die dynamische Auflagerkraft A_{dyn}, wenn der Kreisel mit der Präzessionsgeschwindigkeit Ω auf einem Kreiskegel abrollt.

Gegeben: $\alpha = 75°$, $\delta = 30°$

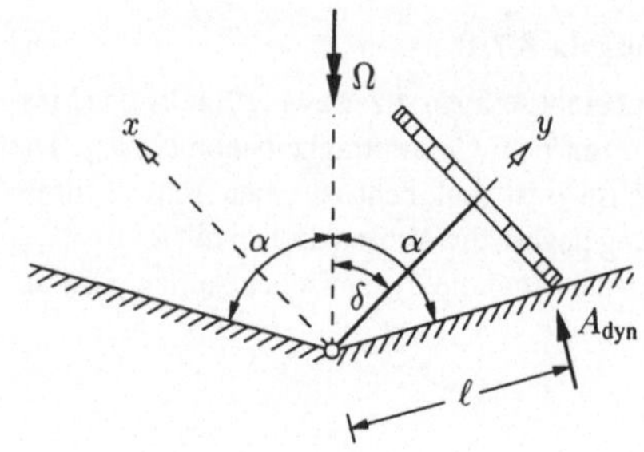

Aufgabe 8.11:

Zwei dünne Scheiben sind mit einer Achse starr verbunden und rotieren mit ω_e um diese Achse. Gleichzeitig kann das System mit Ω um die Hochachse rotieren. Wie groß muß Ω sein, wenn ω_e gegeben ist?

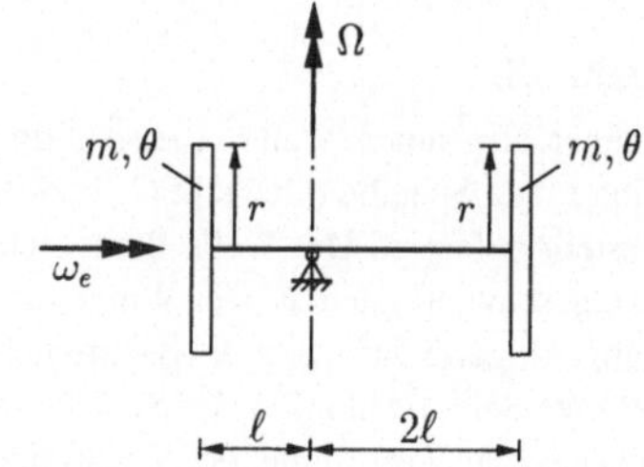

Aufgabe 8.12:

Das dargestellte System rotiert mit $\Omega(t) = \Omega_0 \sin \frac{\pi}{T} t$ um die vertikale Achse, während die dünne Vollscheibe mit ω rotiert. Bestimmen Sie
a) die drei Lagerkräfte
b) die Lagermomente und das Antriebsmoment im mitbewegten Koordinatensystem.

Gegeben: $m_1 = 3\,m$

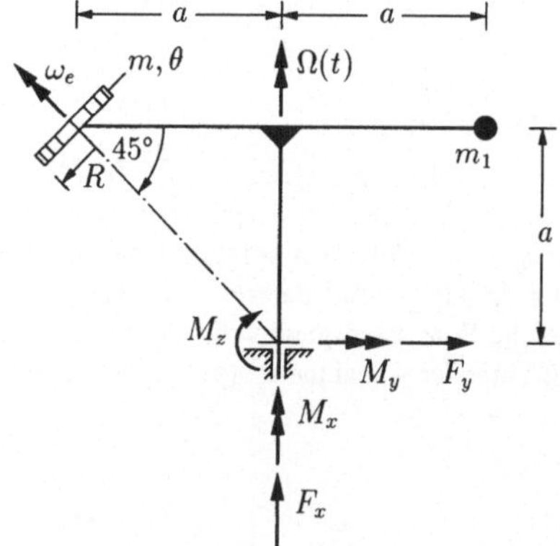

Aufgabe 8.13:

Das dargestellte System besteht aus zwei kreisrunden, dünnen homogenen Vollscheiben, welche um ihre jeweilige Eigenachse mit konstantem ω_e rotieren. Zusätzlich dreht sich die gesamte Anordnung mit konstantem Ω um die Vertikalachse. Bestimmen Sie ω_e für gegebene Werte von Ω, m, R und g, wenn das System in der angegebenen Weise rotieren soll.

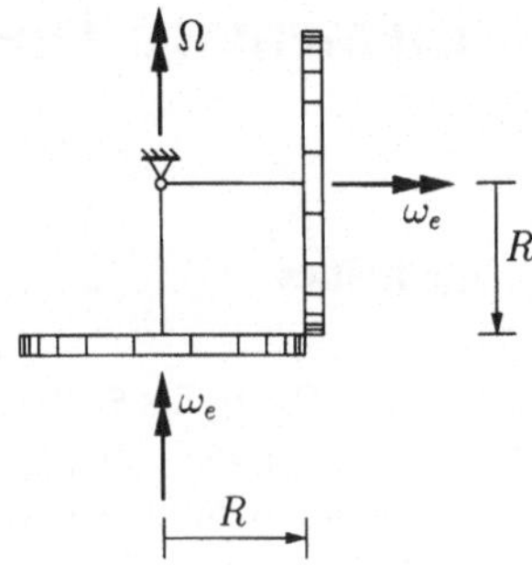

9 Elementare Theorie des Stoßes

9.1 Allgemeines

In der elementaren Theorie des Stoßes treffen wir eine Reihe von Annahmen:

a) Die Körper sind während des Stoßes als quasi-starr zu betrachten,

b) die Stoßdauer ist verschwindend klein.

Aus diesen Annahmen folgt, daß wir die zwischen den Körpern wirkenden Kräfte am unverformten Körper ansetzen und Lageänderungen der Körper während der Stoßdauer vernachlässigen können. Ferner, daß wir die Berührung zwischen den Körpern im allgemeinen als punktförmig annehmen und die flächenhaft verteilt wirkenden Kräfte zwischen den Körpern zu resultierenden Einzelkräften zusammenfassen dürfen, die dem Berührungspunkt zuzuordnen sind.

Die gemeinsame Flächennormale im Berührungspunkt nennen wir Stoß-Normale. Sie ist eindeutig definiert, wenn wenigstens eine Körperoberfläche im Berührungspunkt regulär ist, sie dort also weder eine Ecke noch eine Kante besitzt. Als positive Richtung der Stoß-Normalen e_n nehmen wir die Richtung der äußeren Flächen-Normalen des Körpers 1 (bzw. die Richtung der inneren Flächen-Normalen des Körpers 2) an.

Der Beschreibung des Impulsaustausches legen wir dementsprechend stets den vom Körper 1 auf den Körper 2 übertragenen Impuls zugrunde und bezeichnen diesen Stoßimpuls mit J, so daß

$$J = \int_{t_0}^{t_1} F_{21}\, \mathrm{d}t = -\int_{t_0}^{t_1} F_{12}\, \mathrm{d}t \tag{9.1}$$

gilt. Wir können diesen Impuls zerlegen in

einen Normalstoß $\quad J_n = (J \cdot e_n)e_n$

und

einen Tangentialstoß $\quad J_t = J - J_n$.

Bei Reibungsfreiheit ist $J_t = 0$. Die Richtung des Stoßimpulses fällt in diesem Fall mit der Stoß-Normalen zusammen, und es wird

$$J = J\, e_n \, . \tag{9.2}$$

Bei einem zentralen Stoß geht die Wirkungslinie des Stoßimpulses durch den Massen-Mittelpunkt des betreffenden Körpers. Andernfalls sprechen wir von einem exzentrischen Stoß.

9.2 Zentraler Stoß

Zentraler Anstoß eines Körpers

Ein zentraler Anstoß eines Körpers, d.h. ein Anstoß, bei dem der resultierende Stoßimpuls auf den Massen-Mittelpunkt des Körpers gerichtet ist, ist nur möglich, wenn

1. der Reibungskegel um die Stoß-Normale den Massen-Mittelpunkt des Körpers einschließt,
2. die Wirkungslinie der auf den angestoßenen Körper einwirkenden Kraft ständig innerhalb des Reibungskegels liegt.

Bei Reibungsfreiheit muß die Stoß-Normale durch den Massen-Mittelpunkt gehen.

Bei einem zentralen Anstoß ändert sich die Rotation des Körpers nicht. Für den Massen-Mittelpunkt erhalten wir aufgrund des Impulssatzes

$$\boxed{J = m v_1 - m v_0 .} \tag{9.3}$$

Zentraler Stoß zwischen zwei Körpern

Ein zentraler Stoß zwischen zwei Körpern ist nur möglich, wenn

1. der Berührungspunkt zwischen den beiden Körpern auf der Geraden liegen, die durch die beiden Massen-Mittelpunkte geht.

Bei Reibungsfreiheit kommt noch hinzu, daß

2. die Stoß-Normale mit dieser Geraden durch die beiden Massen-Mittelpunkte zusammenfällt.

Bei einem zentralen (reibungsfreien) Stoß bleiben die Geschwindigkeiten der Massen-Mittelpunkte senkrecht zur Stoß-Normalen sowie auch die Winkelgeschwindigkeiten der Körper unverändert

$$v_{10} = v_{10} e_n , \quad v_{20} = v_{20} e_n , \quad \omega_{10} = \omega_{20} = 0 .$$

Die Geschwindigkeiten der beiden Körper nach dem Stoß betragen

$$\boxed{\begin{aligned} v_{11} &= v_{10} - (1 + \epsilon) \frac{m_2}{m_1 + m_2} \Delta v_0 \\ v_{21} &= v_{20} + (1 + \epsilon) \frac{m_1}{m_1 + m_2} \Delta v_0 . \end{aligned}} \tag{9.4}$$

mit

$$v_{10} - v_{20} = \Delta v_0 > 0 .$$

sowie der Stoßzahl ϵ und $0 \leqslant \epsilon \leqslant 1$. Die (ideellen) Grenzfälle bedeuten:

$\epsilon = 1$: vollkommen elastischer (verlustfreier) Stoß,

$\epsilon = 0$: vollkommen inelastischer Stoß.

Ferner gilt

$$\Delta v_1 = v_{21} - v_{11} = \epsilon \Delta v_0 \quad \text{bzw.} \quad \epsilon = \frac{\Delta v_1}{\Delta v_0} . \tag{9.5}$$

Der Energieverlust ΔE während des Stoßes ist

$$\Delta E = \frac{1}{2} (1 - \epsilon^2) \frac{m_1 m_2}{m_1 + m_2} (\Delta v_0)^2 . \tag{9.6}$$

Einige wichtige Sonderfälle sind:

Fall 1: $m_1 = m_2 = m$:

$$\left. \begin{matrix} v_{11} \\ v_{21} \end{matrix} \right\} = \frac{1}{2} (v_{10} + v_{20}) \mp \epsilon \frac{1}{2} \Delta v_0 , \tag{9.7}$$

mit

$$\epsilon \to 0: \quad v_{11} = v_{21} = \frac{1}{2} (v_{10} + v_{20}) \tag{9.8}$$

$$\epsilon \to 1: \quad v_{11} = v_{20} , \quad v_{21} = v_{10} .$$

$$\Delta E = \frac{1}{4}\,(1 - \epsilon^2)m(\Delta v_0)^2\,.$$

Fall 2: $m_2 \to \infty$, $v_2 \to 0$ (Stoß gegen feste Wand)

$$m_1 = m\,,\ v_{10} = v:$$

$$v_{11} = -\epsilon\,v$$

$$\Delta E = \frac{1}{2}\,(1 - \epsilon^2)m\,v^2\,. \tag{9.9}$$

Fall 3: $\epsilon \to 1$ (vollkommen elastischer Stoß):

$$v_{11} = v_{10} - 2\,\frac{m_2}{m_1 + m_2}\,\Delta v_0$$

$$v_{21} = v_{20} + 2\,\frac{m_1}{m_1 + m_2}\,\Delta v_0 \tag{9.10}$$

$$\Delta E = 0\,.$$

Fall 4: $\epsilon \to 0$ (vollkommen inelastischer Stoß):

$$v_{11} = v_{21} = \frac{m_1 v_{10} + m_2 v_{20}}{m_1 + m_2} \tag{9.11}$$

$$\Delta E = \frac{1}{2}\,\frac{m_1 m_2}{m_1 + m_2}\,(\Delta v_0)^2\,.$$

9.3 Allgemeinere Stoßvorgänge

Exzentrischer Anstoß eines Körpers

Beim exzentrischen Anstoß haben wir neben dem Impulssatz (9.3) auch noch den Drallsatz entweder bezogen auf den Massen-Mittelpunkt

$$\boxed{(\boldsymbol{r}_J - \boldsymbol{r}_M) \times \boldsymbol{J} = \boldsymbol{H}_1 - \boldsymbol{H}_0} \tag{9.12}$$

oder bezogen auf einen raumfesten Punkt 0 zu berücksichtigen.

$$\boxed{\boldsymbol{r}_J \times \boldsymbol{J} = \boldsymbol{H}_{(0)1} - \boldsymbol{H}_{(0)0}}\, . \tag{9.13}$$

Wir können diese Beziehungen auch auf solche Fälle anwenden, bei denen neben der Stoßkraft noch andere eingeprägte Kräfte oder Reaktionen auf den Körper einwirken, deren Impuls aber wegen der sehr kleinen Stoßdauer neben dem Stoßimpuls vernachlässigt werden darf.

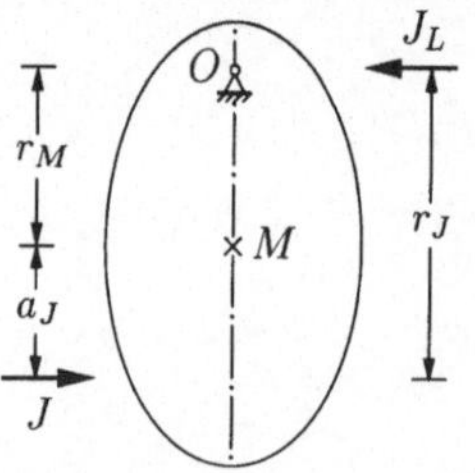

Ein Körper ist in einem Punkt 0, der in einer der Hauptachsen-Ebenen des Körpers liegt, drehbar gelagert und wird in dieser Ebene mit einem Impuls J senkrecht zur Geraden $0M$ angestoßen. Den parallel zur Wirkungslinie von J liegenden Reaktions-Impuls J_L bestimmen wir mit Hilfe des Impulssatzes

$$J_L = J\left\{1 - \frac{m\,r_J\,r_M}{\theta_{(0)}}\right\}\, . \tag{9.14}$$

Er kann je nach Größe von r_J positiv (d.h. in der angenommenen Richtung) oder negativ (d.h. entgegengesetzt) sein. Er verschwindet für das Verhältnis

$$\boxed{\frac{r_J}{r_M} = 1 + \frac{\theta}{m\,r_M^2} = 1 + \left(\frac{i}{r_M}\right)^2.} \tag{9.15}$$

mit

$$\theta_{(0)} = \theta + m\,r_M^2 = m\{i^2 + r_m^2\}\,,$$

wobei θ_0 und θ die Massen-Trägheitsmomente bezüglich der betreffenden Achsen durch den Punkt 0 bzw. den Massen-Mittelpunkt M angeben und i der Trägheits-Radius ist.

Man nennt den Punkt, der auf der Geraden $0M$ diesen Abstand r_J von 0 hat, das Stoßzentrum des so gelagerten Körpers. Ein auf das Stoßzentrum gerichteter Anstoß ruft also keinen Reaktions-Impuls hervor.

Wir können das Problem auch umkehren und danach fragen, in welchem Punkt 0 ein Körper gelagert werden muß, damit bei einer gegebenen Anstoß-Richtung das Lager stoßfrei bleibt.

$$r_M = \frac{i^2}{a_J} \quad \text{mit} \quad r_J = r_M + a_J\,. \tag{9.16}$$

Exzentrischer, reibungsfreier Stoß zwischen zwei Körpern

Bei Reibungsfreiheit fällt die Wirkungslinie des zwischen den Körpern stattfindenden Impulsaustausches mit der Stoß-Normalen zusammen.

Für den Geschwindigkeitszustand der Körper vor dem Stoß gilt:

Körper 1: $\quad v_{10} = v_{1n0} + v_{1t0}\,; \quad \omega_{10}\,,$

Körper 2: $\quad v_{20} = v_{2n0} + v_{2t0}\,; \quad \omega_{20}\,.$

Damit überhaupt ein Stoß zustandekommt, muß die Differenz der in die Richtung der Stoß-Normalen fallenden Komponenten der Geschwindigkeiten am Berührungspunkt positiv sein, d.h.

$$\{v_{10} + \omega_{10} \times (r_J - r_1) - [v_{20} + \omega_{20} \times (r_J - r_2)]\} \cdot e_n = \Delta v_{n0} > 0\,. \tag{9.17}$$

Da der Impulsaustausch bei Reibungsfreiheit keine tangentiale Komponente enthält, erfahren die tangentialen Komponenten der Geschwindigkeiten der Massen-Mittelpunkte durch den Stoß keine Änderung

$$v_{1t1} = v_{1t0}\,, \quad \text{mit} \quad v_{2t1} = v_{2t0}\,.$$

Für ein ebenes Stoßproblem erhalten wir für den Geschwindigkeitszustand nach dem Stoß

$$\boxed{\begin{aligned}
v_{1n1} &= v_{1n0} - (1 + \epsilon)\,\frac{m_2}{M}\,\Delta v_{n0} \\[2ex]
\omega_{11} &= \omega_{10} - (1 + \epsilon)\,\frac{m_2}{M}\,\frac{m_1 a_1^2}{\theta_1}\,\frac{\Delta v_{n0}}{a_1} \\[2ex]
v_{2n1} &= v_{2n0} + (1 + \epsilon)\,\frac{m_1}{M}\,\Delta v_{n0} \\[2ex]
\omega_{21} &= \omega_{20} + (1 + \epsilon)\,\frac{m_1}{M}\,\frac{m_2 a_2^2}{\theta_2}\,\frac{\Delta v_{n0}}{a_2}
\end{aligned}} \tag{9.18}$$

mit

$$M = m_1\left\{1 + \frac{m_2 a_2^2}{\theta_2}\right\} + m_2\left\{1 + \frac{m_1 a_1^2}{\theta_1}\right\}\,, \tag{9.19}$$

$$\Delta v_{n0} = v_{1n0} + \omega_{10} a_1 - (v_{2n0} + \omega_{20} a_2) \quad \text{sowie} \quad \frac{\Delta v_{n1}}{\Delta v_{n0}} = \epsilon\,. \tag{9.20}$$

9.4   Beispiele

Aufgabe 9.1:

Zwei Kugeln gleicher Masse ($m_1 = m_2 = m$) stoßen
zusammen. Bestimmen Sie die Geschwindigkeiten
nach dem Stoß, wenn der Stoßvorgang
a) elastisch,
b) plastisch bzw.
c) teilplastisch ($\varepsilon = 0,5$)
verläuft.

Gegeben: $v_1 = $ 3 m/s, $v_2 = 1$ m/s

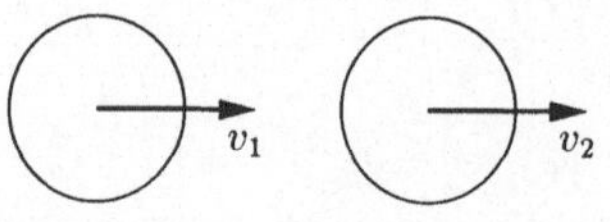

Lösung: Es seien:

  v_i Geschwindigkeit vor dem Stoß

  w_i Geschwindigkeit nach dem Stoß

Dann erhalten wir aus (9.4)

$$w_1 = v_1 - (1 + \epsilon)\, \frac{m_2}{m_1 + m_2}\, \Delta v\,,$$

$$w_2 = v_2 + (1 + \epsilon)\, \frac{m_1}{m_1 + m_2}\, \Delta v\,.$$

mit $\Delta v = v_1 - v_2$ und der Stoßzahl ϵ ($0 \leqslant \epsilon \leqslant 1$). Also ist mit $m_1 = m_2 = m$

$$w_1 = v_1 - \frac{1}{2}\,(1 + \epsilon)\Delta v = (2 - \epsilon)\ \text{m/s}\,,$$

$$w_2 = v_2 + \frac{1}{2}\,(1 + \epsilon)\Delta v = (2 + \epsilon)\ \text{m/s}\,.$$

Zahlenwerte:

    a) $\epsilon = 0:$ $w_1 = 2$ m/s, $w_2 = 2$ m/s

    b) $\epsilon = 0.5:$ $w_1 = 1.5$ m/s, $w_2 = 2.5$ m/s

    c) $\epsilon = 1:$ $w_1 = 1$ m/s, $w_2 = 3$ m/s

Aufgabe 9.2:

Zwei glatte Kugeln ($m_1 = m_2 = m$) treffen unter
45° zusammen (schiefer zentraler Stoß). Bestimmen
Sie Betrag und Richtung der Geschwindigkeiten nach
dem Stoß.

Gegeben: $v_1 = $ 3 m/s, $v_2 = 1$ m/s

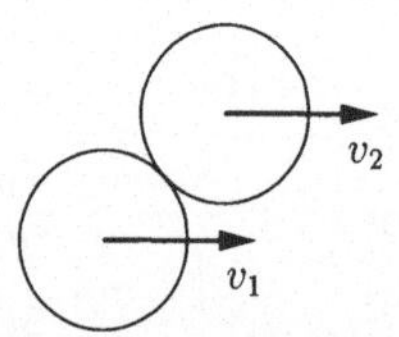

Lösung: Bei glatten Kugeln handelt es sich um einen reibungsfreien Stoß. Wir zerlegen die Geschwindigkeiten in Komponenten in Richtung der Stoßnormalen (Normalkomponenten) und senkrecht dazu
(Tangentialkomponenten). Die Tangentialkomponenten bleiben bei reibungsfreiem Stoß unbeeinflußt.
Damit werden

$$v_{1t} = \frac{1}{2}\,\sqrt{2}\,v_1\,,\quad v_{2t} = \frac{1}{2}\,\sqrt{2}\,v_2\,,$$

$$v_{1n} = \frac{1}{2}\,\sqrt{2}\,v_1\,,\quad v_{2n} = \frac{1}{2}\,\sqrt{2}\,v_2\,.$$

Für die Tangentialkomponenten gilt

$$w_{1t} = v_{1t} = \frac{1}{2}\sqrt{2}\,v_1 = 2.12 \text{ m/s}$$

$$w_{2t} = v_{2t} = \frac{1}{2}\sqrt{2}\,v_2 = 0.71 \text{ m/s}$$

Für die Normalkomponenten erhalten wir aus (9.4)

$$w_{1n} = v_{1n} - (1+\epsilon)\frac{m_2}{m_1+m_2}\Delta v_n = \frac{1}{2}\sqrt{2}\,(2-\epsilon)\text{ m/s}$$

$$w_{2n} = v_{2n} + (1+\epsilon)\frac{m_1}{m_1+m_2}\Delta v_n = \frac{1}{2}\sqrt{2}\,(2+\epsilon)\text{ m/s}$$

Aufgabe 9.3:

Ein Stab trifft mit der Geschwindigkeit v auf eine starre Kante. Bestimmen Sie den Geschwindigkeitszustand des Stabes nach dem Stoß (Stoßzahl ϵ).

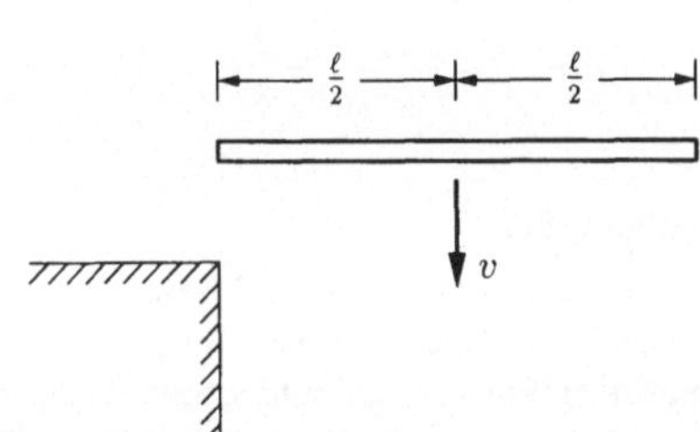

Lösung: Wir bezeichnen mit:

v Geschwindigkeit vor dem Stoß

w Geschwindigkeit nach dem Stoß

Ω Winkelgeschwindigkeit nach dem Stoß

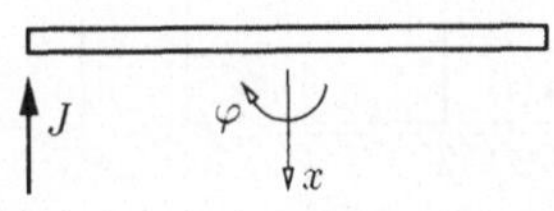

Damit erhalten wir aus dem Impulssatz in vertikaler Richtung (9.3) und dem Drallsatz um den Massen-Mittelpunkt (9.12)

$$-J = m(w-v) \quad \text{bzw.} \quad J\frac{l}{2} = \theta\,\Omega.$$

Eliminieren wir hier noch J, so wird daraus

$$\frac{l}{2}m(w-v) + \theta\,\Omega = 0 \quad \text{mit} \quad \theta = m\frac{l^2}{12}.$$

Auf der anderen Seite gilt an der Stoßstelle (9.9) sowie die kinematische Beziehung

$$w_S = -\epsilon v = w - \Omega\frac{l}{2} \quad \rightarrow \quad w - \Omega\frac{l}{2} + \epsilon v = 0.$$

Diese beiden Gleichungen für w und Ω führen auf

$$w = \frac{1}{4}v(3-\epsilon), \quad \Omega = \frac{3}{2}\frac{v(1+\epsilon)}{l}.$$

Aufgabe 9.4:

In welchem Abstand vom Scharnier muß ein Türstopper angebracht werden, damit das Scharnier beim Anschlagen der Tür keine Stoßkräfte aufzunehmen braucht?

Gegeben: l

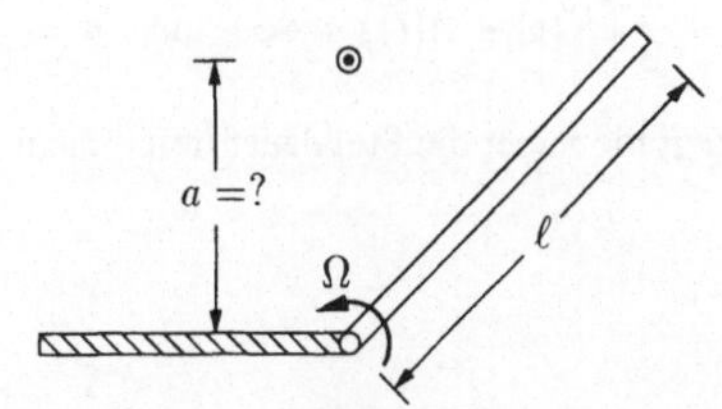

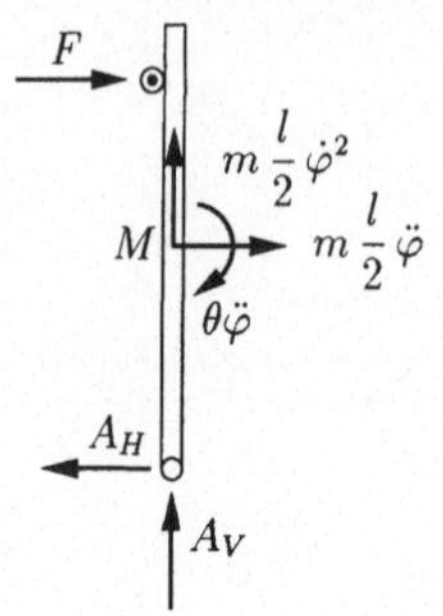

Lösung: Die Bewegung der angestoßenen Tür beschreiben wir durch den Drallsatz um den Anstoßpunkt

$$\theta_M \ddot{\varphi} - m\frac{l}{2}\ddot{\varphi}\left\{a - \frac{l}{2}\right\} + A_H a = 0\,, \quad \theta_M = m\frac{l^2}{12}\,.$$

mit A_H als unerwünschter Lagerreaktion im Scharnier

$$A_H = \frac{ml\ddot{\varphi}}{a}\left\{\frac{a}{2} - \frac{l}{3}\right\} = 0 \quad \rightarrow \quad a = \frac{2}{3}l\,.$$

Alternative Lösung: Die Tür muß im Stoßzentrum angestoßen werden, wenn im Lager kein Reaktions-Impuls auftreten soll. Wir können deshalb auch von der Bedingung (9.15) für den exzentrischen Anstoß ausgehen

$$r_J = r_M + \frac{\theta_M}{m\,r_M} = \frac{2}{3}l\,.$$

Aufgabe 9.5:

Ein Würfel (Kantenlänge a, Masse m) ruht auf einer glatten Unterlage. Welcher Jmpuls $J = \int_0^T K(t)\,\mathrm{d}t$ muß dem Würfel an der aufliegenden Seite erteilt werden, damit er um die Kante A auf die nächste Seite kippt? Während der Stoßdauer kann $\varphi = 0$ angenommen werden.

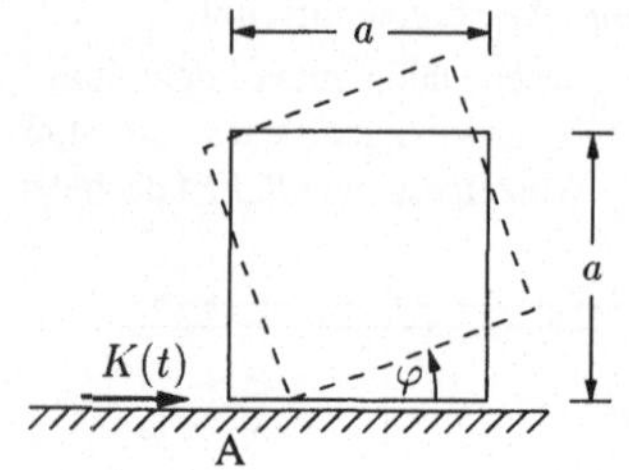

Lösung: Infolge des Kraftangriffs wird sich der Würfel um den Winkel φ verdrehen und dabei auf seine Kante stellen. Als Reaktion wirkt dann an der Stelle A eine zusätzliche vertikale Auflagerkraft $A(t)$. Betrachten wir zunächst die auf den Würfel wirkenden Kräfte im Intervall $[0, T]$, so gelten - bei ebener Bewegung - Impulssatz (7.1) sowie Drallsatz (7.4) um den Massen-Mittelpunkt

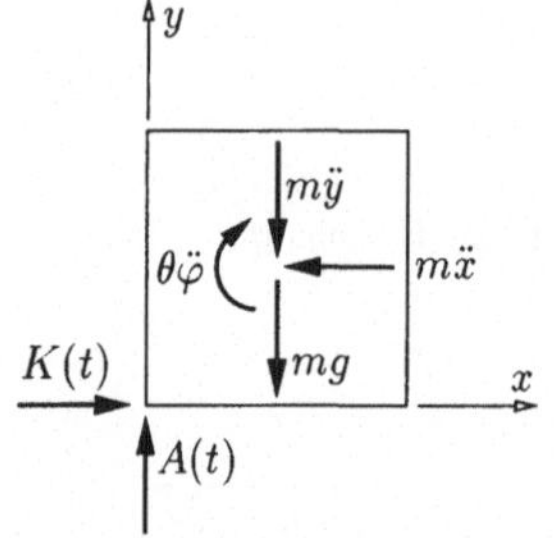

$$K(t) = m\ddot{x}$$

$$A(t) = m\ddot{y} + mg$$

$$\frac{a}{2}\left(K(t) - A(t)\right) = \theta\ddot{\varphi} \quad \text{mit} \quad \theta = \frac{1}{6}ma^2\,.$$

Integration über die Stoßdauer liefert dann

$$\int\limits_0^T K(t)\,dt = J = mv_{x1}\,,$$

$$\int\limits_0^T A(t)\,dt = J_A = mv_{y1} + \int\limits_0^T mg\,dt\,,$$

$$\int\limits_0^T \Big(K(t) - A(t)\Big)\,dt = J - J_A = \frac{1}{3}\,ma\omega_1\,,$$

mit v_{x1}, v_{y1} und $\omega_1 = \dot\varphi_1$ als Geschwindigkeiten unmittelbar nach dem Stoß. Für den Grenzübergang $T \to 0$ können wir dabei das Integral $\int_0^T mg\,dt$ vernachlässigen.

Die nach dem Stoß einsetzende Bewegung unterliegt einer kinematischen Bindung durch die Unterlage

$$v_y = \omega\,\frac{a}{2}\,,$$

wir erhalten also aus obigen Beziehungen

$$v_{x1} = \frac{J}{m}\,, \qquad v_{y1} = \frac{3}{5}\,\frac{J}{m}\,, \qquad \omega_1 = \frac{6}{5}\,\frac{J}{ma}\,.$$

Nach Abschluß des Stoßvorgangs ist $K(t) = 0$ und damit $v_x = v_{x1} = \mathrm{konst.}$

Das erforderliche J, das den Würfel gerade zum Kippen bringt, ermitteln wir mit Hilfe des Energiesatzes. Beim Kippen ist

$$v_y = \omega = 0\,, \qquad \Delta h = \frac{a}{2}\left(\sqrt{2} - 1\right).$$

Also gilt

$$\frac{1}{2}\,mv_{x1}^2 + \frac{1}{2}\,mv_{y1}^2 + \frac{1}{2}\,\theta\omega_1^2 = \frac{1}{2}\,mv_{x1}^2 + mg\Delta h \quad \to \quad J_{\mathrm{erf}} = m\,\sqrt{\frac{5}{3}\left(\sqrt{2} - 1\right)ag}\,.$$

Alternative Lösung: Zur Lösung dieser Aufgabe können wir natürlich auch direkt von den Beziehungen (9.3) und (9.12) ausgehen. Wir erhalten dann unmittelbar die oben angegebenen integralen Aussagen. Dabei haben wir lediglich zu beachten, daß am Lager A in vertikaler Richtung ein Reaktions-Impuls der Größe J_A auftritt (die Unterlage ist glatt, sodaß keine Reaktionen in horizontaler Richtung auftreten).

Aufgabe 9.6:

Eine quadratische dünne Scheibe liegt ruhig auf einer horizontalen Ebene und kann dort reibungsfrei gleiten. Sie wird durch den dargestellten Impuls angestoßen.

a) Kann der Impuls bei den vorliegenden Verhältnissen ($\mu = 0,3$) eingeleitet werden?

b) Wenn ja, wie groß sind die Geschwindigkeit und die Winkelgeschwindigkeit nach dem Stoß?

Gegeben: $a = 0,1$ m, $J = 50$ Ns, $m = 5$ kg,

$\qquad\qquad \varphi = 15°$

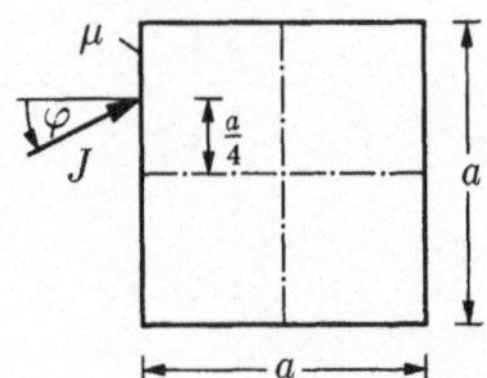

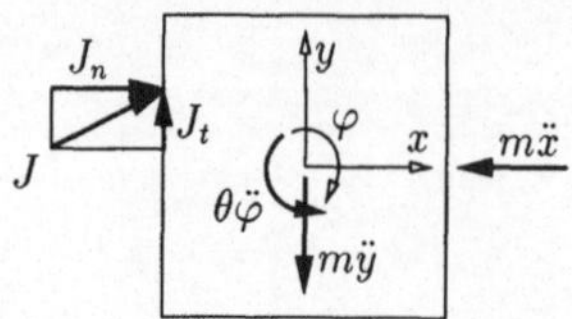

Lösung: a) Beim reibungsbehafteten Stoß muß der Impulsvektor J innerhalb des Reibungskegels liegen. Wir überprüfen deshalb

$$\varrho = \arctan \mu \geq \varphi \quad \rightarrow$$

$$\arctan 0.3 = 16.70° > 15°.$$

b) Die Geschwindigkeiten vor dem Stoß sind Null. Aus Impulssatz (9.3) und Drallsatz um den Massen-Mittelpunkt (9.12) erhalten wir

$$J_n = J \cos\varphi = mv_x\,,$$

$$J_t = J \sin\varphi = mv_y\,,$$

$$J_n \frac{a}{4} + J_t \frac{a}{2} = J \frac{a}{4}\left\{\cos\varphi + 2\sin\varphi\right\} = \theta\,\omega \quad \text{mit} \quad \theta = \frac{1}{6}ma^2$$

und damit

$$v_x = \frac{J}{m}\cos\varphi = 9.66 \text{ m/s}\,, \quad v_y = \frac{J}{m}\sin\varphi = 2.59 \text{ m/s}\,,$$

$$\omega = \frac{3J}{2ma}\left\{\cos\varphi + 2\sin\varphi\right\} = 222.53 \text{ s}^{-1}.$$

9.5 Aufgaben

Aufgabe 9.7:

Nach dem Einschuß einer Masse m_1 erreicht der an einem Seil der Länge l aufgehängte Sandsack (Punktmasse m_2) einen Ausschlagwinkel φ. Wie groß war die Geschwindigkeit des Geschosses?

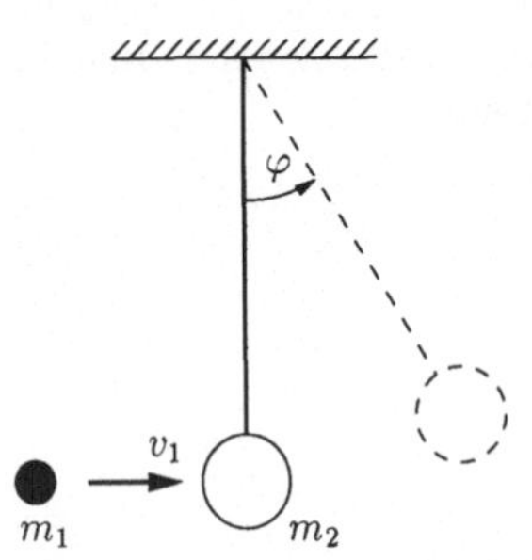

Aufgabe 9.8:

Eine Punktmasse trifft mit der Anfangsgeschwindigkeit v_0 auf eine Feder. Berechnen Sie

a) den zeitlichen Verlauf der Kontaktkraft $F(t)$

b) die Länge des Kontaktes T

c) die Geschwindigkeit v_1, mit der die Masse die Feder verläßt

d) den auf die Masse übertragenen Impuls $J = \int_0^T F(t)\,\mathrm{d}t$.

Vergleichen Sie die Ergebnisse mit dem elastischen Stoß gegen eine starre Wand.

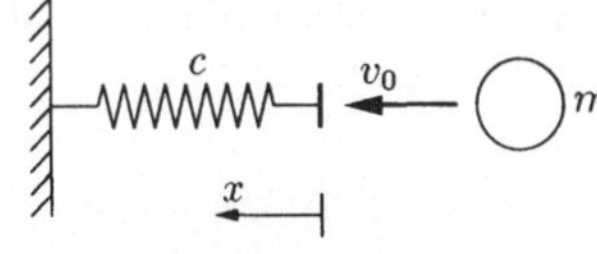

Aufgabe 9.9:

Eine Masse m_1 trifft mit der Geschwindigkeit v auf einen homogenen Stab. Ermitteln Sie den Bewegungszustand nach dem Stoß. Vor dem Stoß befindet sich der Stab in Ruhe. Die Stoßziffer ist ϵ.

Aufgabe 9.10:

Zwei glatte Billardkugeln A und B liegen im Abstand a voneinander. Eine dritte Kugel soll B so treffen, daß sie nach der Ablenkung A zentral trifft. Auf welchen Punkt D (im Abstand b von A) muß der Stoß der Kugel C gerichtet sein?

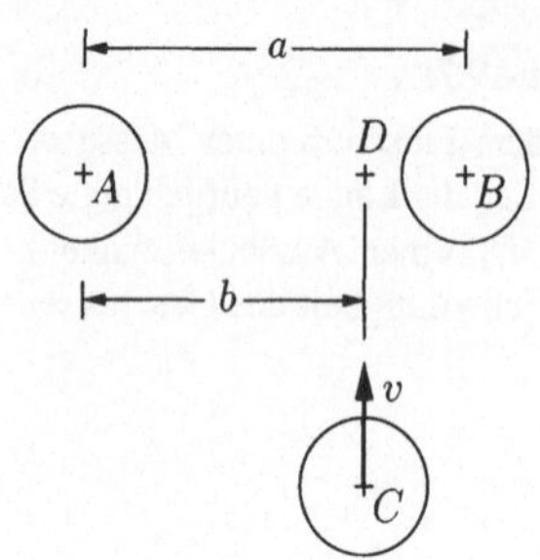

Aufgabe 9.11:

Ein Würfel der Kantenlänge a und der Masse $M = 4\,m$ ist durch einen Stab der Länge $l = 4\,a$ und der Masse m in 0 drehbar aufgehängt. Wo muß das Pendel angestoßen werden (Abstand b), damit in 0 keine horizontale Lagerkraft auftritt?

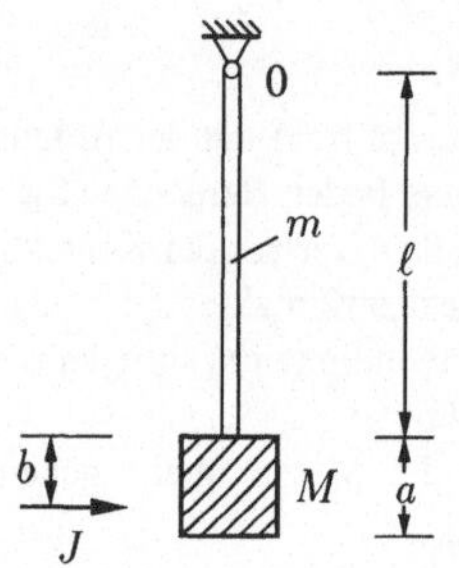

Aufgabe 9.12:

Auf einen homogenen starren Stab mit der Masse m_1 und der Länge l prallt eine punktförmige Masse m_2 mit der Geschwindigkeit v_2. Unmittelbar nach dem Stoß (Stoßziffer ϵ) trifft der Stab auf die Feder mit der Federsteifigkeit c. Bestimmen Sie
a) die Winkelgeschwindigkeit des Stabes unmittelbar nach dem Stoß,
b) die maximale Verkürzung der Feder.
Gegeben: $m_1 = 10$ kg, $m_2 = \frac{1}{3}\,m_1$, $v_2 = 100$ m/s,
$\quad\quad \epsilon = 0,5,\ l = 2$ m, $c = 1,2 \cdot 10^6$ kg/s^2

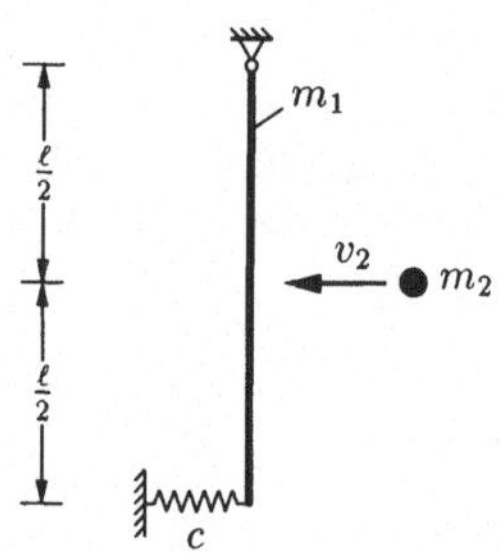

Aufgabe 9.13:

Eine dreieckige Platte der Masse M ist wie dargestellt aufgehängt. Sie wird im Schwerpunkt von einer Masse m mit der Geschwindigkeit v (Stoßziffer ϵ) getroffen. Wie groß muß v sein, damit die Platte umschlägt?

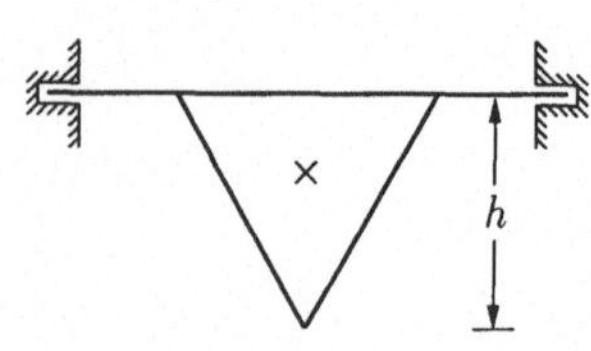

Aufgabe 9.14:

Eine homogene Kugel ($\theta = \frac{2}{5}mr^2$) bewegt sich unter
dem Winkel α_0 mit den Geschwindigkeiten v_0, ω_0 auf
eine horizontale Ebene zu. Der Stoß sei vollelastisch.
Außerdem sei Haften gewährleistet. Berechnen Sie
Rücksprungwinkel und -geschwindigkeiten.

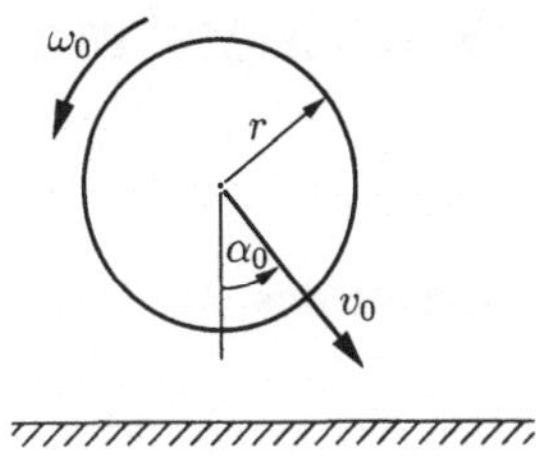

Aufgabe 9.15:

In welchem Abstand a vom Lager muß die Zusatz-
masse m am homogenen Stab (Masse M, Länge l) angebracht werden, wenn das Lager beim Anschlag des
Stabes an den Noppen A nicht belastet werden darf?
Welche Bedingung muß für das Verhältnis M/m gelten, wenn die Aufgabe grundsätzlich lösbar sein soll?

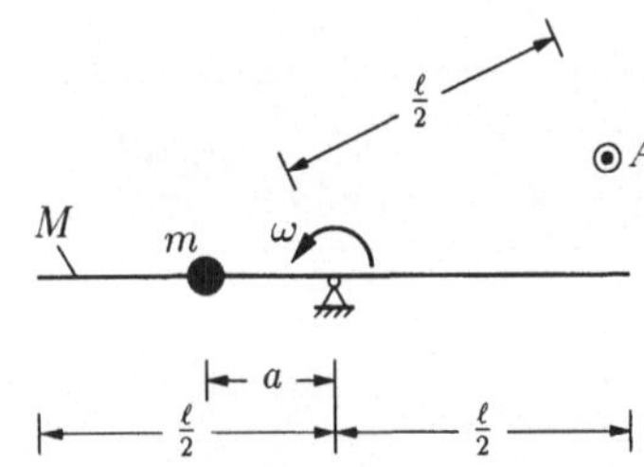

Aufgabe 9.16:

Zwei homogene Stäbe der Masse m und der Länge
l sind an ihrem einen Ende gelenkig miteinander
verbunden, das andere Ende ist einfach abgestützt.
Das Gelenk ist über eine Feder der Steifigkeit c mit
dem Boden verbunden. Um welchen Weg f_{max} wird
die Feder, ausgehend von der statischen Ruhelage,
maximal zusammengedrückt, wenn aus der Höhe l
über dem Gelenk ein Massenpunkt m fallen gelassen
wird (vollplastischer Stoß)?

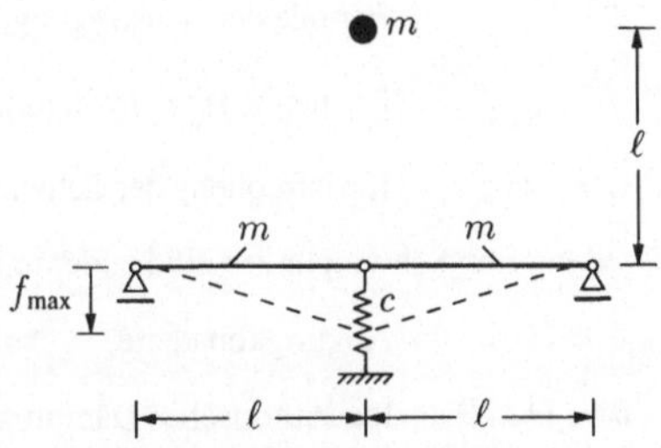

10 Schwinger mit einem Freiheitsgrad

10.1 Allgemeines

Die Bewegung eines linearen Schwingers mit einem Freiheitsgrad bei geschwindigkeitsproportionaler Dämpfung wird beschrieben durch eine Differentialgleichung der Form

$$m\,\ddot{q} + d\,\dot{q} + c\,q = Q(t)\,.$$
(10.1)

Dabei ist $Q(t)$ das Störglied der Schwingungsgleichung und m, d und c kennzeichnen die Masse, die Dämpfung sowie die Steifigkeit des Systems. Division durch m führt auf die Bewegungsgleichung

$$\boxed{\ddot{q} + 2\,D\,\omega_0\,\dot{q} + \omega_0^2\,q = \frac{Q(t)}{m}}$$
(10.2)

mit

$$\omega_0^2 = \frac{c}{m} \qquad \text{– Eigen(kreis)frequenz der ungedämpften Schwingung}$$

$$D = \frac{d}{2\,m\,\omega_0} \qquad \text{– (dimensionslose) Dämpfungszahl (nach Lehr)\,.}$$
(10.3)

Im übrigen bezeichnen wir mit

$$T \qquad\qquad \text{– Periode der Schwingung, Schwingungsdauer,}$$

$$f = \frac{1}{T} \qquad \text{– Frequenz der Schwingung,}$$
(10.4)

$$\omega = 2\pi\,f \qquad \text{– Kreisfrequenz der Schwingung.}$$

Bei gedämpften Schwingungen sind zudem noch die folgenden Abkürzungen gebräuchlich

$$\delta = D\omega_0 \qquad \text{– Abklingkonstante,}$$

$$\vartheta = D\omega_0 T \qquad \text{– logarithmisches Dämpfungsdekrement.}$$
(10.5)

Wegen des Zusammenhanges zwischen der Kreisfrequenz ω und der Eigenfrequenz des ungedämpften Schwingers ω_0

$$\omega = \omega_0\sqrt{1 - D^2}$$
(10.6)

können wir für $(10.5)_2$ auch setzen

$$\vartheta = 2\pi\,\frac{D}{\sqrt{1 - D^2}} = 2\pi\,\frac{D\omega_0}{\omega}\,.$$
(10.7)

Bei zusammengesetzten Systemen mit einem Freiheitsgrad ermitteln wir die gesamte Steifigkeit mit Hilfe der einzelnen Steifigkeiten c_i der Teilsysteme nach den Beziehungen:

$$\left\{ \begin{aligned} c &= \sum_i c_i \qquad \text{bei Parallelschaltung} \\ \frac{1}{c} &= \sum_i \frac{1}{c_i} \qquad \text{bei Reihenschaltung.} \end{aligned} \right.$$
(10.8)

Die Steifigkeit elastischer (Teil-) Systeme bestimmen wir dabei mit Hilfe der aus der Elastostatik bekannten Einflußzahlen (Nachgiebigkeitszahlen). Für Schwinger mit einem Freiheitsgrad gilt

$$c = \frac{1}{\delta_{11}} \quad \rightarrow \quad \omega_0^2 = \frac{c}{m} = \frac{1}{m\delta_{11}} = \frac{1}{\theta\delta_{11}} \, . \tag{10.9}$$

Die Form des Störgliedes $Q(t)$ in der Schwingungsgleichung (10.1) bestimmt schließlich den Ablauf des jeweiligen Schwingungsvorganges. Dabei unterscheiden wir

a) für $Q(t) = Q_0$ =konst. freie (autonome) Schwingungen von
b) fremderregten (heteronomen) Schwingungen bei beliebig veränderlichem $Q(t)$.

In a) mit enthalten ist auch der Sonderfall $Q(t) = 0$.

10.2 Freie Schwingungen

Wir gehen aus von der homogenen Differentialgleichung (10.1)

$$\boxed{m\,\ddot{q} + d\,\dot{q} + c\,q = 0} \tag{10.10}$$

mit den Anfangsbedingungen

$$q(0) = q_0, \quad \dot{q}(0) = \dot{q}_0$$

und lösen diese Gleichung mit Hilfe des (komplexen) Ansatzes $q(t) = \hat{q}\,e^{st}$. Dieser Ansatz führt auf die charakteristische Gleichung

$$F(s) = m\,s^2 + d\,s + c = 0$$

mit den Nullstellen

$$s_{1,2} = \omega_0(-D \pm \sqrt{D^2 - 1}) \, . \tag{10.11}$$

Je nach Größe der Diskriminante $D^2 - 1$ in (10.11) erhalten wir unterschiedliche Lösungen.

a) $\underline{D^2 > 1}$, (zwei reelle negative Nullstellen $\rightarrow$ zwei unterschiedlich rasch – aperiodisch – abklingende Exponentialfunktionen):

$$\boxed{q(t) = a_1\,e^{s_1 t} + a_2\,e^{s_2 t}} \tag{10.12}$$

mit den Exponenten gemäß (10.11) sowie

$$a_1 = \frac{\dot{q}_0 + q_0\omega_0\,(D + \sqrt{D^2 - 1}\,)}{2\omega_0\sqrt{D^2 - 1}} \, , \quad a_2 = -\frac{\dot{q}_0 + q_0\omega_0\,(D - \sqrt{D^2 - 1}\,)}{2\omega_0\sqrt{D^2 - 1}} \, .$$

b) $\underline{D^2 = 1}$, (doppelte Nullstelle, $s_{1,2} = -\omega_0$ $\rightarrow$ aperiodischer Grenzfall):

$$\boxed{q(t) = e^{-\omega_0 t}[q_0(1 + \omega_0 t) + \dot{q}_0 t] \, .} \tag{10.13}$$

c) $\underline{D^2 < 1}$, (konjugiert komplexe Nullstellen, $s_{1,2} = -\delta \pm i\omega$ $\rightarrow$ eine asymptotisch abklingende Schwingung):

$$\boxed{q(t) = e^{-D\omega_0 t}\,(a_1 \cos\omega t + a_2 \sin\omega t)} \tag{10.14}$$

mit

$$a_1 = q_0 , \quad a_2 = \frac{\dot{q}_0 + Dq_0\omega_0}{\omega} .$$

Die Dämpfungszahl D (10.3) bzw. das logarithmische Dekrement ϑ (10.7) sind ein Maß für die Energieaufnahme pro Periode. Für die bezogene Energieabnahme des Schwingers gilt deshalb

$$\frac{\Delta\Phi_n}{\Phi_n} = \frac{\Phi_n - \Phi_{n+1}}{\Phi_n} = 1 - e^{-2\vartheta} .$$

Für kleine Dämpfungen liefert die Reihenentwicklung dieser Beziehung

$$\frac{\Delta\Phi_n}{\Phi_n} = 2\vartheta - 2\vartheta^2 + \ldots \approx 2\vartheta \quad (D \ll 1) .$$

In obiger Lösung (10.14) enthalten ist auch der Sonderfall $\underline{D = 0}$ der harmonischen Bewegung für konservative Schwingungen

$$\boxed{q(t) = q_0 \cos\omega t + \frac{\dot{q}_0}{\omega} \sin\omega t) .} \tag{10.15}$$

Jede harmonische Schwingung ist auch in der Form

$$q(t) = \hat{q} \cos(\omega t + \varphi) \tag{10.16}$$

darstellbar. Hierin bezeichnet

$\quad \omega t + \varphi \quad$ die Phase der Schwingung,

$\quad \varphi \quad\quad$ den Nullphasenwinkel,

$\quad \hat{q} \quad\quad$ die Amplitude der Schwingung

Zwischen den beiden Darstellungsformen gilt der Zusammenhang

$$q_0 = \hat{q}\cos\varphi , \quad\quad \dot{q}_0/\omega = -\hat{q}\sin\varphi$$

$$\hat{q} = \sqrt{q_0^2 + \frac{\dot{q}_0^2}{\omega^2}} , \quad \varphi = \arctan\frac{-\dot{q}_0}{\omega q_0} .$$

10.3 Fremderregte Schwingungen

Heteronome Schwingungen können durch zeitabhängige Störungen des Systems entstehen. Wir beschränken uns hier auf erzwungene Schwingungen eines linearen Schwingers mit geschwindigkeitsproportionaler Dämpfung ($D < 1$), für den wir voraussetzen, daß alle kinematischen Bindungen des Systems holonom und skleronom seien.

10.3.1 Harmonische Erregung

Wir betrachten einen linearen Schwinger bei harmonischer Erregung mit der Kreisfrequenz Ω. Die Bewegungsgleichung hat dann die Form (10.2)

$$\boxed{\ddot{q} + 2\,D\,\omega_0\,\dot{q} + \omega_0^2\,q = \frac{\hat{Q}}{m}\cos\Omega t .} \tag{10.17}$$

Die Lösung dieser Differentialgleichung setzt sich zusammen aus

1. einer partikulären Lösung der inhomogenen Differentialgleichung und

2. der allgemeinen Lösung der homogenen Differentialgleichung.

Die allgemeine Lösung der homogenen Differentialgleichung (10.14) beschreibt eine Eigenschwingung, deren freie Konstanten sich aus der Anpassung der vollständigen Lösung an die Anfangsbedingungen ergeben. Da bei der in realen Systemen vorhandenen Dämpfung diese Eigenschwingung mehr oder weniger schnell abklingt, verbleibt nach einiger Zeit nur noch die partikuläre Lösung der inhomogenen Differentialgleichung als sogenannte Dauerlösung. Diese Dauerlösung als Antwort des linearen Schwingers auf eine harmonische Erregung lautet:

$$\boxed{q(t) = \hat{q}\,\cos(\Omega t + \varphi)\,,} \tag{10.18}$$

mit

$$\hat{q} = V_a(\eta)\hat{f} = \frac{\hat{f}}{\sqrt{(1-\eta^2)^2 + 4\,D^2\eta^2}}\,, \qquad \varphi(\eta) = -\psi_a(\eta) = \arctan\frac{-2\,D\,\eta}{1-\eta^2}$$

bzw. $\hat{f} = \dfrac{\hat{Q}}{c}$ und $\eta = \dfrac{\Omega}{\omega_0}$.

Der Vergrößerungsfaktor

$$V_a(\eta) = \frac{1}{\sqrt{(1-\eta^2)^2 + 4\,D^2\eta^2}} \tag{10.19}$$

gibt dabei das Verhältnis der Schwingungsamplitude $\hat{q}$ zu der durch $\hat{f}$ beschriebenen Amplitude der harmonischen Erregung an. Der Nacheilwinkel

$$\psi_a(\eta) = -\varphi(\eta) = \arctan\frac{2\,D\,\eta}{1-\eta^2} \tag{10.20}$$

beschreibt die (negative) Phasenverschiebung der Schwingung gegenüber der harmonischen Erregung.
Maxima der Vergrößerungsfunktion $V_a(\eta)$ existieren nur für Werte $0 < D \leqslant \frac{1}{2}\sqrt{2}$ und zwar

$$V_{a\,\mathrm{max}} = \frac{1}{2\,D\sqrt{1-D^2}}\,, \quad \text{bei} \quad \eta = \sqrt{1-2D^2}\,. \tag{10.21}$$

Die Vergrößerungsfunktion $V_a(\eta)$ läßt auch noch andere physikalische Deutungen zu, z.B. als Verhältnis von maximaler Federkraft $c\hat{q}$ zu maximaler Erregerkraft $\hat{Q}$, oder als Verhältnis von Amplitude der Schwingung $\hat{q}$ zur statischen Auslenkung $\hat{f}$ unter der maximalen Federkraft.
Daneben lassen sich noch zwei weitere Verhältniszahlen einführen, nämlich

$$V_b(\eta) = \frac{2\,D\,\eta}{\sqrt{(1-\eta^2)^2 + 4\,D^2\eta^2}} = 2\,D\,\eta\,V_a(\eta) \tag{10.22}$$

und

$$V_c(\eta) = \frac{\eta^2}{\sqrt{(1-\eta^2)^2 + 4\,D^2\eta^2}} = \eta^2 V_a(\eta)\,. \tag{10.23}$$

Dabei bezeichnet $V_b(\eta)$ das Verhältnis von maximaler Dämpferkraft $d\,\Omega\hat{q}$ zu maximaler Erregerkraft $\hat{Q}$ und $V_c(\eta)$ das Verhältnis von maximaler Trägheitskraft $m\Omega^2\hat{q}$ zu maximaler Erregerkraft $\hat{Q}$.

10.3.2   Nichtperiodische Erregung

Für den allgemeineren Fall der nichtperiodischen Erregung ($D < 1$) wird aus der Differentialgleichung (10.2)

$$\ddot{q} + 2\,D\,\omega_0\,\dot{q} + \omega_0^2\,q = f^*(t) \tag{10.24}$$

mit beliebigem $f^*(t)$. Dabei setzen wir voraus, daß das System zur Zeit $t = 0$ in Ruhe ist,

$$q(0) = 0\,, \quad \dot{q}(0) = 0\,.$$

Die Erregerfunktion $f^*(t)$ führt dem System in einem Zeitintervall dt^* den bezogenen Impuls $f^*(t^*)\,dt^*$ zu. Integrieren wir über alle Teilimpulse, so erhalten wir als Antwort des linearen Schwingers bei beliebiger Erregung ($D < 1$)

$$q(t) = \frac{1}{\omega}\int_0^t e^{-D\omega_0(t-t^*)}\,\sin[\omega\,(t - t^*)]\,f^*(t^*)\,dt^*\,. \tag{10.25}$$

Das ist das *Duhamel*sche Integral unseres Schwingungsproblems. Es stellt eine partikuläre Lösung der inhomogenen Differentialgleichung bei beliebiger Erregerfunktion $f^*(t)$ dar und gilt auch für den Fall $D = 0$.

Ist der Schwinger zur Zeit $t = 0$ nicht in Ruhe, so ist der angegebenen partikulären Lösung noch eine Eigenschwingung mit den zur Zeit $t = 0$ maßgeblichen Anfangswerten zu überlagern.

Beispiel 1: Impulsfunktion

Die Belastung ist durch einen Einheitsimpuls zum Zeitpunkt $t = 0$ gegeben. Dann gilt

$$f^*(t) = \frac{J\delta(t)}{m}\,.$$

Darin bezeichnet δ die Dirac-Funktion,

$$\delta(x) = \begin{cases} 0 & \text{für } x \neq 0 \\ \infty & \text{für } x = 0 \end{cases}$$

mit der Eigenschaft

$$\int_{-\infty}^{+\infty} \delta(x)\,dx = \lim_{\epsilon \to 0}\int_{-\epsilon}^{\epsilon} \delta(x)\,dx = 1\,.$$

Als Lösung erhalten wir als Antwort des linearen Schwingers für $t \geqslant 0$:

$$q(t) = \frac{J}{m\,\omega}\,e^{-D\omega_0 t}\,\sin\omega\,t\,. \tag{10.26}$$

Beispiel 2: Sprungfunktion

Gegeben ist eine sprunghafte Belastung von der Größe f_0^* zur Zeit $t = 0$. Dann wird

$$f^*(t) = f_0^* \cdot 1(t)\,.$$

mit der (*Heaviside-*) Sprungfunktion,

$$1(x) = \begin{cases} 0 \text{ für } x < 0 \\ 1 \text{ für } x > 0 \end{cases}.$$

Setzen wir voraus, daß sich das System für $t < 0$ in Ruhe befindet, so erhalten wir als Lösung

$$q(t) = \frac{f_0^*}{\omega_0^2}\left\{1 - e^{-D\omega_0 t}[\cos\omega\,t + \frac{D}{\sqrt{1 - D^2}}\,\sin\omega\,t]\right\}\,. \tag{10.27}$$

10.4 Beispiele

Aufgabe 10.1:

Der dargestellte Körper der Masse m wird zum Zeit-punkt $t = 0$ um die Strecke $x_0 = 1$ cm ausgelenkt. Gleichzeitig wird ihm die Anfangsgeschwindigkeit $v_0 = 20$ cm/s erteilt. Ermitteln Sie das Weg-Zeit-Gesetz, die Eigenfrequenz, den größten Ausschlag und die größte Geschwindigkeit.

Gegeben: $c = 0,363$ N/mm, $mg = 10$ N

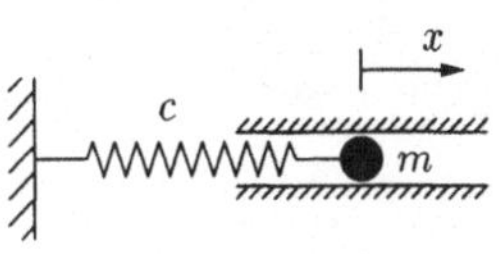

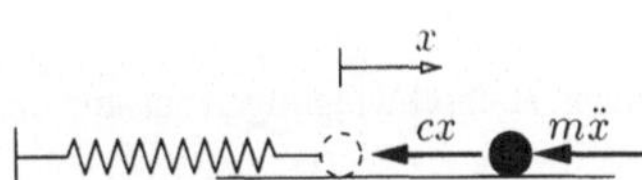

Lösung: Die Bewegungsgleichung des Systems er-halten wir zu

$$\ddot{x} + \omega^2 x = 0 \quad \text{mit} \quad \omega^2 = \frac{c}{m}.$$

Die Lösung dieser homogenen Differentialglei-chung lautet entsprechend (10.15)

$$x = c_1 \sin \omega t + c_2 \cos \omega t.$$

$$\dot{x} = c_1 \omega \cos \omega t - c_2 \omega \sin \omega t.$$

Die noch freien Konstanten bestimmen wir aus den Anfangsbedingungen

$$\begin{aligned} x(0) &= x_0 = c_2 \\ \dot{x}(0) &= v_0 = c_1 \omega \end{aligned} \quad \rightarrow \quad x(t) = \frac{v_0}{\omega} \sin \omega t + x_0 \cos \omega t.$$

Zur Bestimmung der Amplituden der Auslenkung bzw. der Geschwindigkeit ist es vorteilhaft, die harmonische Bewegung in der Form (10.16) anzugeben

$$x(t) = \hat{x} \cos(\omega t + \varphi) = \sqrt{x_0^2 + \frac{v_0^2}{\omega^2}} \cos(\omega t + \varphi).$$

Dann erhalten wir als größte Auslenkung bzw. größte Geschwindigkeit

$$x_{\max} = \hat{x} = \sqrt{x_0^2 + \frac{v_0^2}{\omega^2}}. \quad \dot{x}_{\max} = \hat{x}\omega = \sqrt{x_0^2 \omega^2 + v_0^2}.$$

Zahlenwerte: Mit den gegebenen Zahlen erhalten wir:

$$\omega = 18,87 \ 1/s, \ f = \frac{\omega}{2\pi} = 3,0 \ \text{Hz}, \ T = \frac{1}{f} = 0,33 \ \text{s},$$

$$x_{\max} = 1,46 \ \text{cm}, \ \dot{x}_{\max} = 27,50 \ \text{cm/s}.$$

Aufgabe 10.2:

Ein Schwinger wird durch trockene Reibung gedämpft. Die Anfangsauslenkung beträgt $x_0 = 10$ cm, die Federkonstante $c = 10$ N/cm und die Rei-bungskraft $|R| = \mu \, mg = 10$ N. Nach wieviel Halb-schwingungen kommt der Schwinger zur Ruhe?

Gegeben: $\mu_0 = \mu$

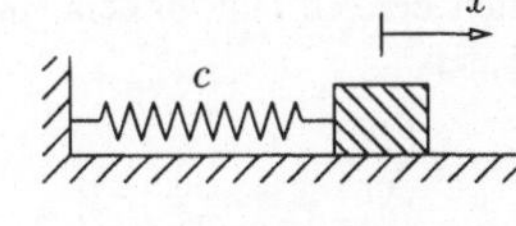

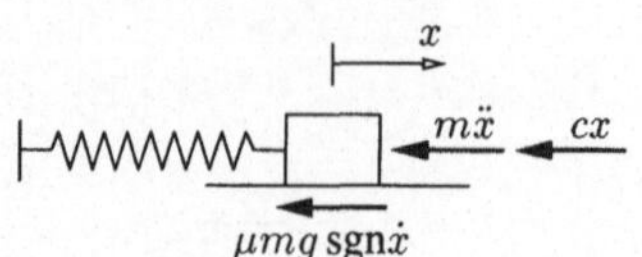

Lösung: Für den einfachen, linearen Schwinger mit Dämpfung durch trockene (Coulombsche) Reibung erhalten wir (unter Einschluß der Trägheitskräfte) die Differentialgleichung

$$m\ddot{x} + cx + \mu\,mg\,\mathrm{sgn}\,\dot{x} = 0 .$$

Darin ist

$$\mathrm{sgn}\,\dot{x} = \left\{ \begin{array}{r} 1 \ \text{für } \dot{x} > 0 \\ -1 \ \text{für } \dot{x} < 0 \end{array} \right.$$

die Signum-Funktion, die für $\dot{x} = 0$ nicht erklärt ist. Als Bewegungsgleichung erhalten wir damit

$$\ddot{x} + \omega^2 x + \mu\,g\,\mathrm{sgn}\,\dot{x} = 0 .$$

Die Lösung der Bewegungsgleichung setzt sich aus harmonischen Halbschwingungen zusammen, bei denen sich der Mittelwert jeweils sprunghaft verschiebt.

a) $\underline{\dot{x} < 0}$

Die Lösung der harmonischen Bewegung besteht aus der allgemeinen Lösung der homogenen Differentialgleichung (10.13) sowie der speziellen Lösung der inhomogenen Differentialgleichung. Die spezielle Lösung lautet

$$x_{\mathrm{sp}} = \frac{\mu g}{\omega^2} = \frac{\mu mg}{c}$$

und damit erhalten wir

$$x = x_{\mathrm{hom}} + x_{\mathrm{sp}} = A\cos\omega t + B\sin\omega t + \frac{\mu mg}{c} .$$

Mit Hilfe der Anfangsbedingungen

$$\dot{x}(0) = 0 , \quad x(0) = x_0$$

bestimmen wir die Konstanten A und B zu

$$A = x_0 - \frac{\mu mg}{c} , \quad B = 0 .$$

b) Damit lassen sich die Mittelwerte angeben, und zwar für

$$\dot{x} < 0 \quad \rightarrow \quad x_m = \frac{\mu g}{\omega^2} = \mu\,\frac{mg}{c}$$

$$\dot{x} > 0 \quad \rightarrow \quad x_m = -\frac{\mu g}{\omega^2} = -\mu\,\frac{mg}{c} .$$

Die Eigenfrequenz der Schwingungen ist hier die gleiche wie beim ungedämpften Schwinger. Die Schwingung kommt (möglicherweise) zur Ruhe, sobald ein Umkehrpunkt in den durch

$$|x| \leqslant \frac{\mu_0 g}{\omega^2} = \mu_0\,\frac{mg}{c}$$

gekennzeichneten Bereich fällt, in dem Haften möglich ist. Aus Sicherheitsgründen sollte man für diesen Bereich stets

$$|x| \leqslant \frac{\mu g}{\omega^2} = \mu\,\frac{mg}{c}$$

annehmen (vgl. Elemente Band III, Kapitel 3).

Die Amplitudenabnahme je Halbschwingung beträgt $2\mu\,\frac{mg}{c}$. Damit gilt allgemein für die Amplitudenabnahme

$$|x_0| - n\,\frac{2\mu mg}{c} \leqslant \frac{\mu mg}{c}\,.$$

Daraus erhalten wir die Ungleichung

$$n \geqslant \frac{|x_0| - s}{2s}\,, \quad \text{bei} \quad s = \frac{\mu mg}{c}\,.$$

Der kleinste Wert von n liefert die Zahl der Halbschwingungen, nach denen das System zur Ruhe kommt

$$n \geqslant 4,5 \quad \rightarrow \quad n = 5.$$

Aufgabe 10.3:

Für einen Schwinger mit geschwindigkeitsproportionaler Dämpfung ist die Auslenkung als Funktion der Zeit $x(t)$ gesucht. Dabei gelte für das Dämpfungsmaß:

a) $D = 0,5$,

b) $D = 1$ bzw.

c) $D = 2$.

Gegeben: $c\ = 1$ kN/m, $m = 25$ kg,
$\qquad\quad x_0 = 10$ cm, $v_0 = 0$

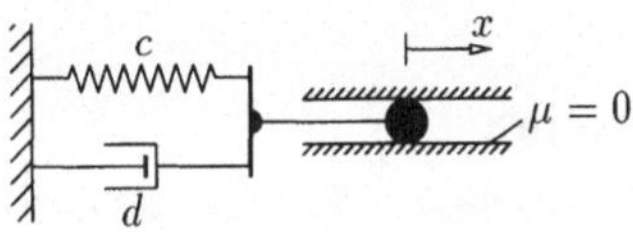

Lösung: Das angegebene System wird durch die Differentialgleichung (10.10) bzw. nach Division durch m durch

$$\ddot{x} + 2\,D\,\omega_0\,\dot{x} + \omega_0^2\,x = 0$$

beschrieben.

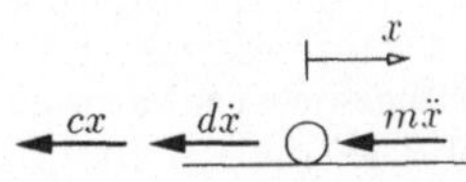

a) Für den Fall kleiner Dämpfungszahlen $D < 1$ erhalten wir asymptotisch abklingende Schwingungen

$$x(t) = e^{-D\omega_0 t}\,(a_1 \cos \omega t + a_2 \sin \omega t)$$

mit

$$a_1 = x_0\,, \quad a_2 = \frac{v_0 + D\omega_0 x_0}{\omega}\,.$$

Das Amplitudenverhältnis zweier im Abstand der Periode T aufeinanderfolgender Ausschläge beträgt

$$\frac{x_n}{x_{n+1}} = \frac{x(t)}{x(t+T)} = e^{D\omega_0 T} = e^{\vartheta}\,.$$

Für $D = 0,5$ werden daraus bei

$$\omega_0 = \sqrt{\frac{c}{m}} = 6,32 \ \text{1/s}\,, \quad \omega = \omega_0\sqrt{1 - D^2} = 5,48 \ \text{1/s}\,,$$

$$a_1 = 10 \ \text{cm}\,, \quad a_2 = 5,77 \ \text{cm}\,, \quad \vartheta = 3,63\,, \quad e^{\vartheta} = 37,62\,.$$

b) Im Fall $D = 1$ liegt ein aperiodischer Grenzfall vor. Entsprechend (10.13) erhalten wir für die Bewegung

$$x(t) = e^{-\omega_0 t}\left[x_0(1 + \omega_0 t) + v_0 t\right].$$

c) Für $D > 1$ erhalten wir entsprechend (10.12) bzw. (10.11) aperiodisch abklingende Exponentialfunktionen

$$x(t) = a_1\, e^{s_1 t} + a_2\, e^{s_2 t}$$

bzw.

$$x(t) = e^{-D\omega_0 t}\left(a_1^*\cosh \nu t + a_2^*\sinh \nu t\right) \quad \text{mit} \quad \nu = \omega_0\sqrt{D^2 - 1}.$$

Die Konstanten a_1^* bzw. a_2^* bestimmen wir mit Hilfe der Anfangsbedingungen zu

$$a_1^* = x_0, \quad a_2^* = \frac{v_0 + D\omega_0 x_0}{\nu}.$$

Zahlenwerte: Für $D = 2$ werden

$$\nu = 10,95\ 1/\text{s}, \quad \rightarrow \quad a_1^* = 10\ \text{cm}, \ a_2^* = 11,55\ \text{cm}.$$

Aufgabe 10.4:

An einer homogenen Walze (Masse m, Radius r), die
auf einer rauhen Unterlage rollt, sind im Abstand a
vom Mittelpunkt in angegebener Weise zwei horizontale Federn angebracht. Bestimmen Sie die Eigenfrequenz des Systems.

Wie ist der Abstand a zu wählen, damit die Rollbedingung auch für beliebig kleine Haftreibungskoeffizienten erfüllt werden kann?

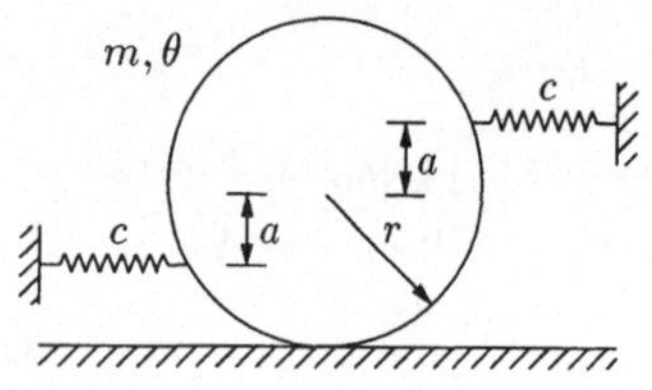

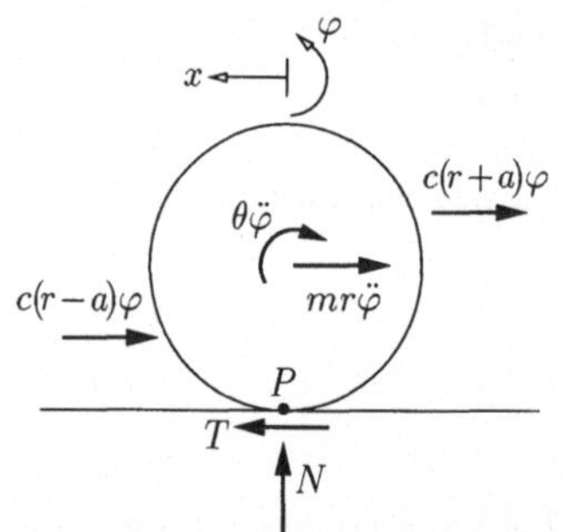

Lösung: Das Gleichgewicht der Momente um
den Momentanpol P liefert

$$\theta\ddot{\varphi} + [c(r + a)^2 + c(r - a)^2]\varphi = 0.$$

Daraus erhalten wir

$$\omega^2 = \frac{4c(r^2 + a^2)}{3mr^2}.$$

Damit die Rollbedingung stets (auch bei beliebig kleinen Haftreibungskoeffizienten) erfüllt
bleibt, muß gelten $T = 0$:

$$\sum F_H = 0 \quad \rightarrow \quad [c(r + a) + c(r - a)]\varphi + mr\ddot{\varphi} = 0.$$

Setzen wir hier die obige Bewegungsgleichung ein, so wird

$$a = \frac{r}{\sqrt{2}}.$$

Aufgabe 10.5:

Die nebenstehende Anordnung stellt das Modell eines Kraftwagens auf leicht welliger Fahrbahn dar. Ermitteln Sie die auf u_0 bezogenen Amplituden der Fahrzeugmasse m in Abhängigkeit von der Geschwindigkeit v [m/s]. Wie groß muß das Dämpfungsmaß D eines parallel geschalteten Dämpfers sein, wenn das so ermittelte Verhältnis nicht größer als $1,5$ werden soll?

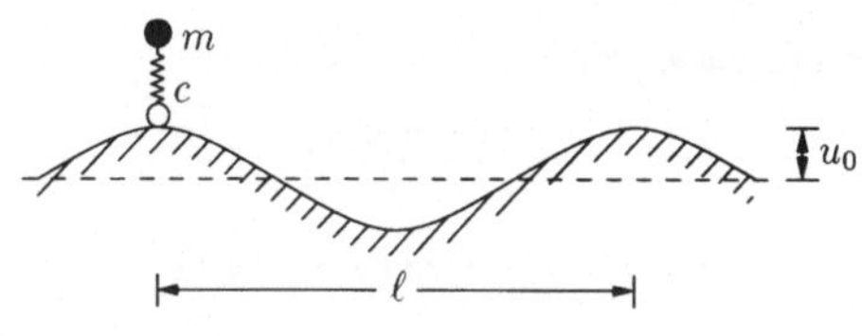

Gegeben: $l = 4$ m, $\omega_0^2 = 100$ s^{-2}

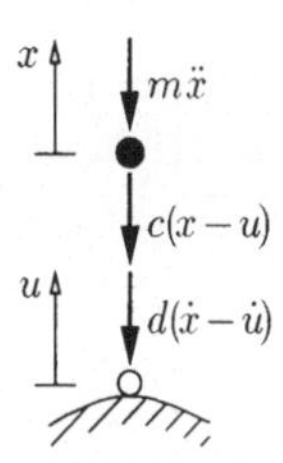

Lösung: Die Gleichung der Bahn lautet

$$u = u_0 \cos \frac{2\pi\, y}{l}, \quad \text{bei} \quad y = vt.$$

Wir haben es hier also mit der Erregung eines Schwingers durch periodische Auflagerbewegung zu tun, wobei

$$u = u_0 \cos \Omega t, \quad \text{mit} \quad \Omega = \frac{2\pi}{l} v.$$

Bei vorgegebener Auflagerbewegung lautet die Differentialgleichung (siehe auch Elemente Band III, Abschnitt 10.3.1)

$$m\,\ddot{x} + d\,(\dot{x} - \dot{u}) + c\,(x - u) = 0$$

bzw.

$$m\,\ddot{x} + d\dot{x} + cx = d\dot{u} + cu = u_0\,(c \cos \Omega t - d\Omega \sin \Omega t).$$

Entsprechend (10.16) können wir diese harmonische Erregung auch beschreiben durch

$$m\,\ddot{x} + d\dot{x} + cx = u_0\sqrt{c^2 + d^2\Omega^2}\,\cos(\Omega t + \alpha) \quad \text{mit} \quad \tan \alpha = -\frac{c}{d\Omega}.$$

Mit Hilfe der Transformation $t^* = t + \alpha/\Omega$ können wir diese Beziehung auf die Form (10.17) bringen

$$\ddot{x} + 2\,D\,\omega_0\,\dot{x} + \omega_0^2\,x = \frac{\hat{Q}}{m}\cos \Omega t^*, \quad \text{mit} \quad \hat{Q} = u_0\sqrt{c^2 + d^2\Omega^2}.$$

Lassen wir – der Einfachheit halber – den $(\cdot)^*$ fort, so lautet die Antwort des Systems auf die Erregung (10.18)

$$x(t) = \frac{\hat{Q}}{c}\,V_a(\eta)\cos(\Omega t + \varphi).$$

Damit erhalten wir

$$\frac{x_{\text{max}}}{u_0} = \frac{1}{c}\sqrt{c^2 + d^2\Omega^2}\,V_a(\eta) = \frac{\sqrt{1 + 4\,D^2\eta^2}}{\sqrt{(1 - \eta^2)^2 + 4\,D^2\eta^2}} \quad \text{bei} \quad \eta = \frac{2\pi\,v}{l\omega_0}.$$

Dieses Verhältnis soll nun den angegebenen Wert von 1,5 nicht übersteigen. Da D bei vorgegebenem Verhältnis noch eine Funktion von η ist, bestimmen wir den Extremwert von $D(\eta)$. Aus

$$\frac{x_{\max}}{u_0} = \kappa \leqslant 1,5$$

bestimmen wir zunächst

$$D^2(\eta) = \frac{1 - \kappa^2 (1 - \eta^2)^2}{4\eta^2 (\kappa^2 - 1)} \ .$$

Diese Funktion besitzt einen Extremwert bei

$$\eta^2 = \sqrt{1 - \frac{1}{\kappa^2}} = 0,745 \quad \rightarrow \quad D = 0,48.$$

Aufgabe 10.6:

Bestimmen Sie die Frequenz der
a) ungedämpften und der
b) gedämpften Schwingung.

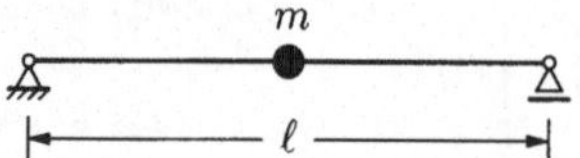

Für b) sind zusätzlich bei einer Anfangsauslenkung von $x_0 = 8$ mm die Amplitudenbeträge der ersten 4 Halbschwingungen anzugeben. Nach wieviel Schwingungen ist die Amplitude auf ein Zehntel ihres ursprünglichen Wertes zurückgegangen? Wie groß müßte d mindestens sein, wenn die Bewegung nicht periodisch erfolgen soll?

Gegeben: $E = 2,2 \cdot 10^5$ MPa, $J = 200$ mm^4, $G = 30$ N, $l = 0,5$ m, $d = 0,1$ Ns/mm

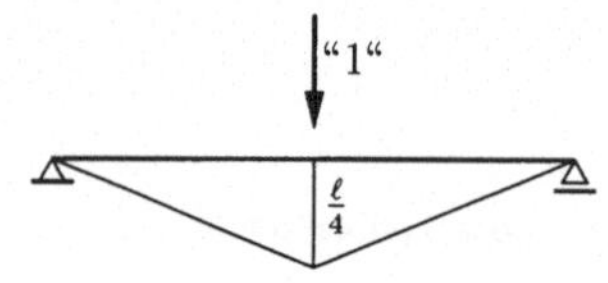

Lösung: Wir bestimmen gemäß (10.9)

$$EJ\delta_{11} = \frac{l^3}{48} \quad \rightarrow \quad c = \frac{1}{\delta_{11}} = \frac{48EJ}{l^3} \ .$$

a) Damit werden

$$\omega_0 = 74,3 \ 1/\text{s}\,, \quad f_0 = 11,8 \ \text{Hz}\,.$$

b) Für gedämpfte Schwingungen gilt entsprechend (10.3) bzw. (10.6)

$$D = \frac{d}{2m\omega_0} = 0,220\,, \quad \omega = \omega_0\sqrt{1 - D^2} = 72,5 \ 1/\text{s}\,, \quad f = 11,5 \ \text{Hz}\,.$$

Das Verhältnis der Amplitudenbeträge der Halbschwingungen ist

$$\left| \frac{x(t)}{x(t + T/2)} \right| = e^{D\omega_0 T/2} = 2,031\,.$$

Damit berechnen wir

$$x_0 = 8 \ \text{mm}\,, \quad x_1 = 3,94 \ \text{mm}\,, \quad x_2 = 1,94 \ \text{mm}\,, \quad x_3 = 0,96 \ \text{mm}\,.$$

Soll die Amplitude auf ein Zehntel zurückgehen, muß gelten

$$\left| \frac{x_0}{x_n} \right| = e^{D\omega_0 nT/2} \geqslant 10 \quad \rightarrow \quad n \geqslant 3,25 \quad \rightarrow \quad n = 4\,.$$

Aperiodischer Grenzfall:

$$D = 1 \quad \rightarrow \quad d_{\text{kr}} = 2m\omega_0 = 0,455 \ \text{Ns/mm}\,.$$

Aufgabe 10.7:

Ein Seil liegt lose über einer Scheibe der Masse m. Die Drehfeder ist in der gezeichneten Lage entspannt. Das linke Seilende wird nun um h nach unten gezogen und dann losgelassen. Bestimmen Sie

a) die Eigenkreisfrequenz der Schwingung.

b) Zwischen welchen Grenzen muß c liegen, damit lineare Schwingungen möglich sind?

Gegeben: $m_S = m$, $e^{\mu\pi} = 3$

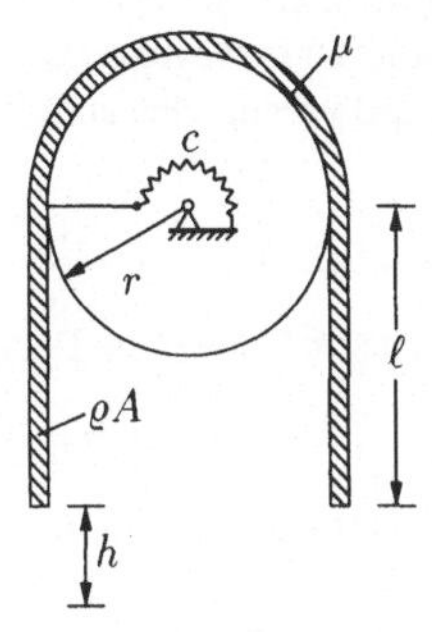

Lösung: Die Bewegung der Anordnung läßt sich mit Hilfe der kinematischen Beziehung

$$x = r\varphi$$

durch die Differentialgleichung

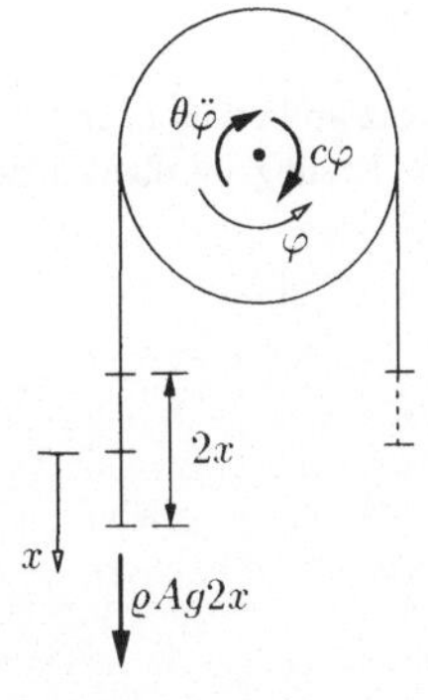

$$(\theta + m_S r^2)\,\ddot{\varphi} + (c - 2\rho A\,g r^2)\,\varphi = 0$$

beschreiben.

a) Dann ist

$$\omega^2 = \frac{2c - 4\rho A\,g r^2}{3 m r^2}.$$

b) Aus der Forderung $\omega^2 > 0$ folgt $c_{\min} = 2\rho A\,g r^2$.

Aus der Bedingung, daß das Seil nicht rutschen darf (3.8) $S_1 \leqslant e^{\mu\pi} S_2 = 3 S_2$, läßt sich eine weitere Bedingung für die Eigenfrequenz ableiten

$$\omega^2 \leqslant \omega_{\mathrm{gr}}^2 = \frac{l - 2h}{2l - h}\,\frac{g}{h}.$$

und damit

$$c_{\max} = c_{\min} + \frac{3}{2}\,\omega_{\mathrm{gr}}^2.$$

Aufgabe 10.8:

Der nebenstehende Stahlträger trägt eine Maschinenlast von $G = 100$ kN. Im Betriebszustand übt die Maschine eine periodisch veränderliche Kraft $K(t) = K_0 \cos \Omega t, (\Omega = \text{konst.})$ auf den Träger aus. Die Erregerfrequenz kann je nach Drehzahl der Maschine im Bereich von 0 bis 7 Hz liegen. Das Stahlprofil (IPB) ist zu bemessen. (Die Dämpfung darf vernachlässigt werden.) Welches Profil wäre ausreichend für die statische Belastung? Die Balkenmasse ist zu vernachlässsigen.

Gegeben: $K_0 = 2$ kN, $l = 4$ m,

$\qquad\quad E = 2,1 \cdot 10^5$ MPa, $\sigma_{\text{zul}} = 140$ MPa

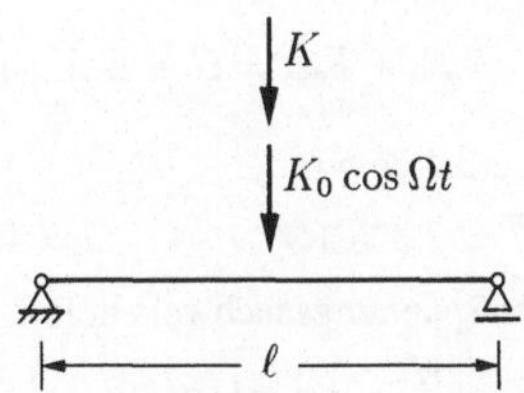

Lösung: Wir gehen davon aus, daß wir die Maschinenlast in der Mitte des Trägers als konzentrierte Masse mit dem Gewicht G auffassen können. Dann handelt es sich hier um ein System mit einem Freiheitsgrad der Bewegung, das in der Mitte zusätzlich durch eine periodische Last $K(t)$ beansprucht wird. Die Differentialgleichung für die harmonische Erregung dieses Systems lautet entsprechend (10.17)

$$\ddot{x} + 2\,D\,\omega_0\,\dot{x} + \omega_0^2\,x = \frac{K_0}{m}\,\cos\Omega t\,.$$

Als Antwort erhalten wir die Dauerlösung (10.18)

$$x(t) = \frac{K_0}{c}\,V_a(\eta)\,\cos(\Omega t + \varphi)$$

mit der Vergrößerungsfunktion

$$V_a(\eta) = \frac{1}{\sqrt{(1-\eta^2)^2 + 4\,D^2\eta^2}} \quad \text{bei} \quad \eta = \frac{\Omega}{\omega_0}\,.$$

Für $D \approx 0$ wird daraus

$$V_a(\eta) = \frac{1}{|1 - \eta^2|} \quad \text{mit} \quad \omega = \omega_0\,.$$

Um Resonanz des Systems zu vermeiden, sollte die Eigenfrequenz ω so gewählt werden, daß $\eta \neq 1$ gewährleistet ist. Dazu steht uns nur eine Lösungsmöglichkeit offen.

$\omega > \Omega$,　　Lösung im unterkritischen Bereich:

Da die Erregerfrequenz zwischen 0 und 7 Hz liegt, muß die Eigenfrequenz größer als 7 Hz bleiben. (Da die kleinste Erregerfrequenz Null ist, scheidet hier im übrigen eine Lösung im überkritischen Bereich aus.)

$$\omega^2 = \frac{c}{m} = \frac{1}{m\delta_{11}} > 4\pi^2 \cdot 49\,.$$

Mit der Nachgiebigkeit

$$EJ\delta_{11} = \frac{l^3}{48}$$

erhalten wir dann

$$J_{\text{erf}} = \frac{4\pi^2\,49\,Gl^3}{48gE} = 12.520\;\text{cm}^4 \quad \rightarrow \quad \text{IPB}\,260$$

gewählt wird: IPB 260 mit $W = 1150\;\text{cm}^3$, $J = 14.920\;\text{cm}^4$

Spannungsnachweis:

Die Amplitude der Verschiebungs-Antwort ist

$$x_{\text{dyn}} = \frac{K_0}{c}\,V_a(\eta) \quad \rightarrow \quad F_{\text{dyn}} = cx_{\text{dyn}} = K_0 V_a(\eta)\,,$$

$$F = F_{\text{st}} + F_{\text{dyn}} = G + K_0 V_a(\eta) = G + \frac{K_0}{1-\eta^2}\,.$$

Damit erhalten wir

$$\omega^2 = 2.305\;\text{1/s}^2 \quad \rightarrow \quad \omega = 48\;\text{1/s} > \Omega_{\text{max}} = 44\;\text{1/s}\,, \quad \eta_{\text{max}} = 0{,}916\,.$$

und der Spannungsnachweis liefert

$$\sigma = \frac{M}{W} = 97{,}8\;\text{MPa} < \sigma_{\text{zul}} = 140\;\text{MPa}\,.$$

Die rein statische Belastung würde erfordern

$$W_{\text{erf}} = \frac{M}{\sigma_{\text{zul}}} = \frac{Gl}{4\sigma_{\text{zul}}} = 714{,}3\;\text{cm}^3 \quad \rightarrow \quad \text{IPB}\,220\,.$$

10.5 Aufgaben

Aufgabe 10.9:

Bestimmen Sie die Schwingungsdauer des nebenstehenden Systems für kleine Ausschläge. Wann ist eine
periodische Bewegung möglich?

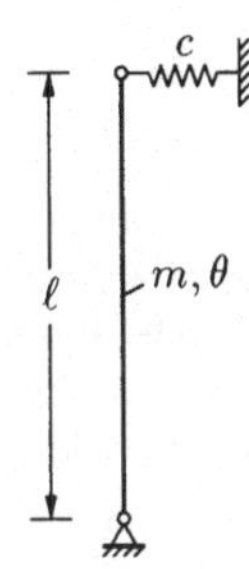

Aufgabe 10.10:

Ein Motor von der Gesamtmasse $m = 1.000$ kg hat einen Rotor von der Masse $m_1 = 300$ kg, dessen
Massenmittelpunkt eine Exzentrizität $e = 0,1$ mm besitzt. Die Betriebsdrehzahl ist $n = 1.500$ U/min.
Die Federzahl der elastischen Lagerung (ohne Dämpfung) soll so bemessen werden, daß die in die
Umgebung übertragene Kraft 20 % der Erregerkraft darstellt. Bestimmen Sie ferner die Amplitude
der Zwangsschwingungen für diesen Fall.

Aufgabe 10.11:

Am freien Ende einer links eingespannten Blattfeder ($l = 10$ cm, Dicke $d = 1$ mm) befindet sich ein
Körper mit dem Gewicht $G = 1$ N, auf den eine Kraft
$K(t) = K_0 \cos \Omega t$ einwirkt. Wie breit muß man die
Feder machen, wenn die Amplitude der durch $K(t)$
erzwungenen Schwingung den Wert $|x_0| = 1$ mm ha-
ben soll? Gibt es mehrere Lösungen?

Gegeben: $K_0 = 0,5$ N, $\Omega = 100$ s^{-1},
$\qquad\quad E = 2 \cdot 10^5$ MPa

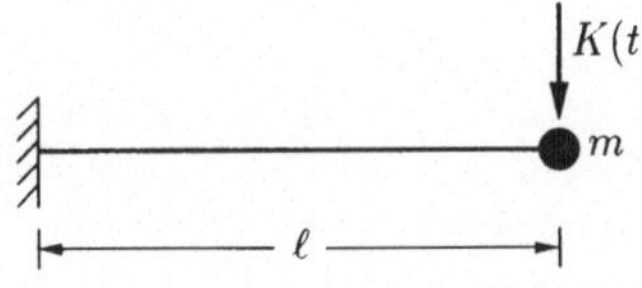

Aufgabe 10.12:

Eine Kreisscheibe mit dem Radius R und der Masse
m ist an drei Fäden der Länge l aufgehängt. Wie groß
ist die Kreisfrequenz von kleinen Drehschwingungen
um eine vertikale Achse durch die Scheibenmitte?

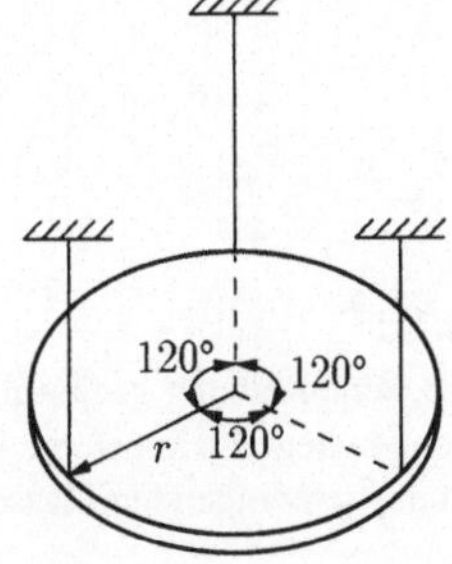

Aufgabe 10.13:

Bestimmen Sie die Eigenfrequenz des nebenstehenden Systems. Der Balken ist als masselos zu betrachten.

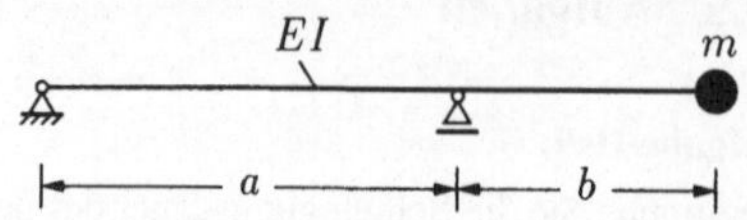

Aufgabe 10.14:

Auf einer Welle mit Kreisquerschnitt ist eine Kreisscheibe befestigt. Vergleichen Sie die Eigenfrequenzen der Längs-, Biege- und Drehschwingungen. Die
Balkenmasse ist zu vernachlässigen.

Gegeben: $mg = 120$ N, $E = 2,1 \cdot 10^5$ MPa,

$\quad\quad\quad \nu = 0,5,\ R = 20$ cm, $r = 2$ cm, $l = 2$ m

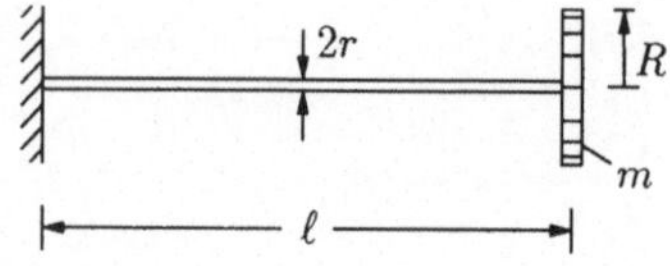

Aufgabe 10.15:

Bestimmen Sie die Eigenfrequenz des nebenstehenden Rahmens (IPB 200), wenn die Masse m

a) vertikal bzw.

b) horizontal

schwingt.

Gegeben: $E = 2,1 \cdot 10^5$ MPa, $m = 10^4$ kg

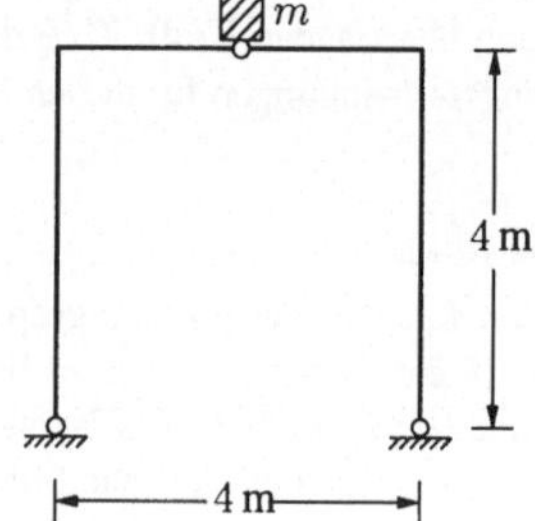

Aufgabe 10.16:

An einer schwingenden Masse vom Gewicht $G =
5,88$ kN wird nebenstehendes Diagramm aufgenom-
men. Wie groß sind in der Differentialgleichung
$m\ddot{x} + d\dot{x} + cx = 0$ die Dämpfungskonstante d bzw.
die Federkonstante c?

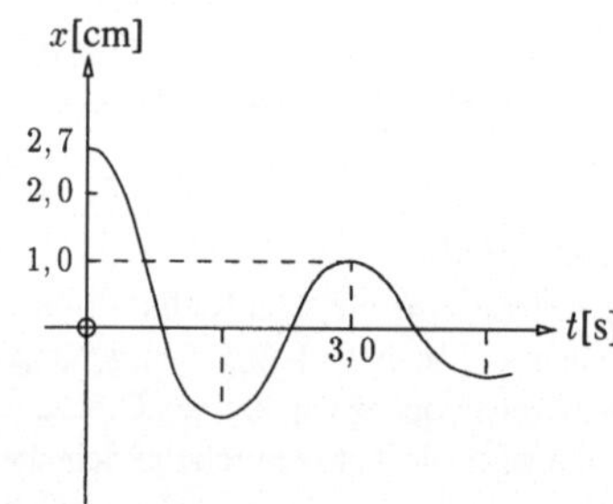

Aufgabe 10.17:

Ein durch trockene Reibung gedämpfter Schwinger führt in 5 s 10 Halbschwingungen aus. Zwischen
welchen Grenzen liegt die konstante Reibungskraft R, wenn die Anfangsauslenkung $x_0 = 10$ cm und
das Gewicht der schwingenden Masse $G = 100$ N gegeben sind?

Aufgabe 10.18:

Ein Stab (Masse m, Länge l) schwingt in einer zähen Flüssigkeit, deren Widerstand proportional der örtlichen Geschwindigkeit ist $dW(x) = kv(x)\,dx$.

a) Bestimmen Sie die Differentialgleichung der freien Schwingungen des Systems (kleine Ausschläge, ohne Auftrieb).

b) Wie groß darf der Proportionalitätsfaktor k höchstens sein, damit noch periodische Bewegungen auftreten?

c) Nach welcher Zeit t_1 ist für ein bestimmtes k ein Anfangsausschlag von φ_0 auf φ_0/e abgeklungen?

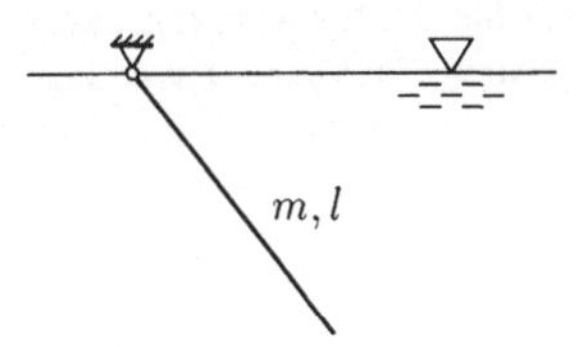

Aufgabe 10.19:

Bestimmen Sie die Eigenfrequenz der Horizontalschwingung. Die Balkenmasse ist zu vernachlässigen.

Gegeben: $G = 1$ N, $EJ = 10^4$ kNm^2, $l = 5$ m

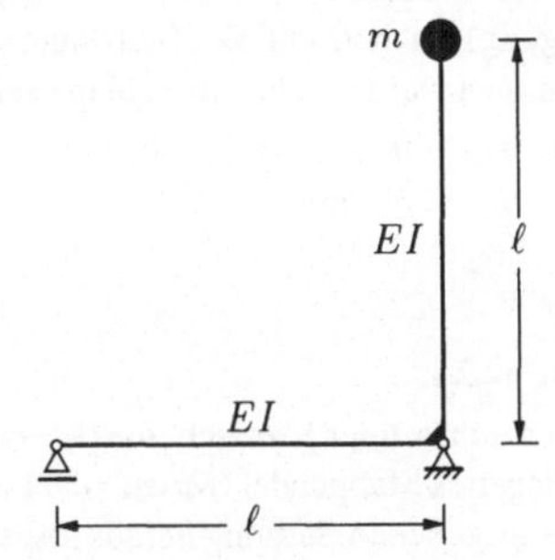

Aufgabe 10.20:

In welchem Abstand a muß die Feder vom Gelenk entfernt angebracht werden, wenn der Stab bei kleinen Ausschlägen mit der Frequenz f schwingen soll. Wie groß ist dann das Verhältnis von 2 Amplituden?

Gegeben: $d^2/(mc) = 1/6$, $f^2 m/c = 3/(32\pi^2)$

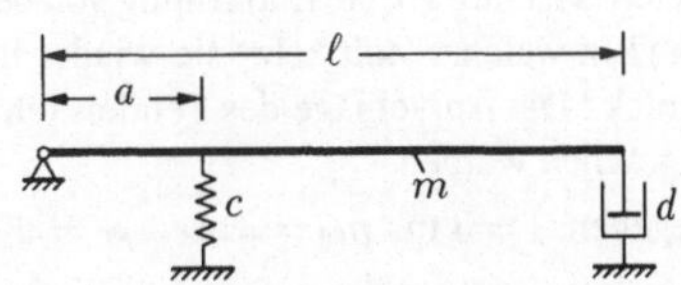

Aufgabe 10.21:

Um welchen Winkel φ_0 muß die dargestellte Scheibe ausgelenkt werden, so daß kein statisches Gleichgewicht mehr möglich ist?

Nach wieviel Halbschwingungen kommt die Scheibe zur Ruhe, wenn sie um den Winkel $\varphi_1 = 0,2 = 11,5°$ ausgelenkt wird?

Gegeben: $mg/(cr) = 1/4$, $\mu_0 = 0,4$, $\mu = 0,1$

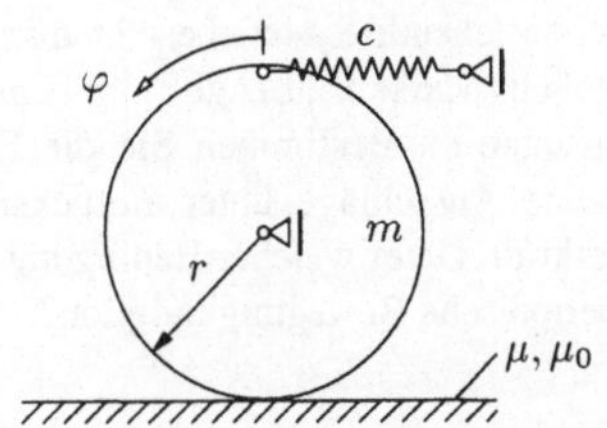

Aufgabe 10.22:

Berechnen Sie die Schwingungsdauer des nebenstehenden Systems für kleine Ausschläge φ.

Gegeben: m, M, l

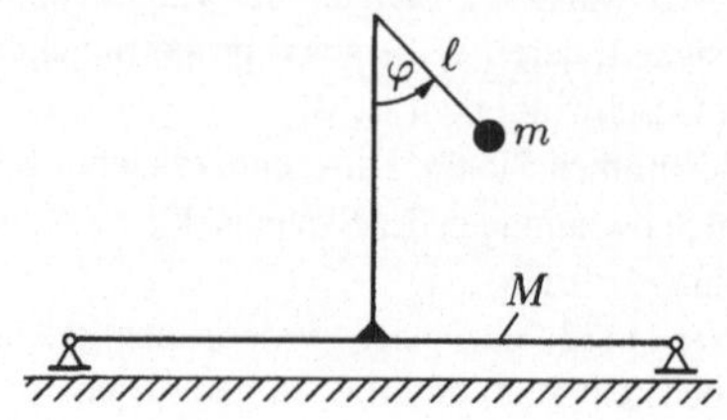

Aufgabe 10.23:

Ein Metronom ist, wie schematisch dargestellt, aufgebaut. Bestimmen Sie die Grenzlagen x_{max} bzw. x_{min} der oberen Masse m_o, wenn das Metronom zwischen 60 und 180 Schläge pro Minute (1 Schlag pro Halbschwingung) machen soll. Der Stab kann als masselos angenommen werden, Die Ausschläge seien klein.

Gegeben: $G_o = 0,05$ N, $G_u = 0,3$ N,

$\qquad l_u = 50$ mm

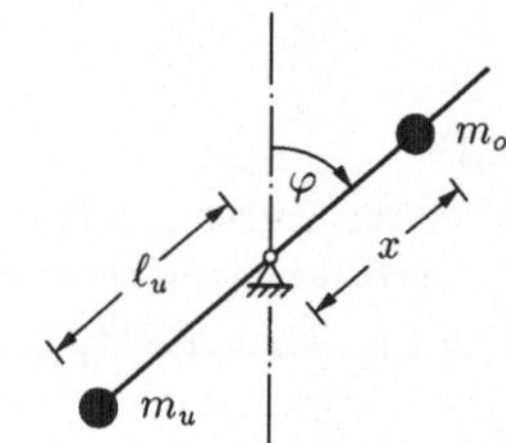

Aufgabe 10.24:

Ein in der Achse einer Kreisscheibe (Masse m_1, Radius r) gelagertes Stabpendel (Masse m_2, Länge l) wird aus der angegebenen Stellung heraus losgelassen. Gesucht wird die Eigenfrequenz der Schwingung, die die Kreisscheibe ausführt.

Welches ist ihre größte Entfernung von der Ausgangslage? In welcher Zeit kehrt sie wieder in diese Lage zurück? Die Ausschläge des Pendels dürfen als klein angesehen werden.

Gegeben: $l = 3$ m, $m_2 = 3\,m_1$, $\varphi_0 = 3°$

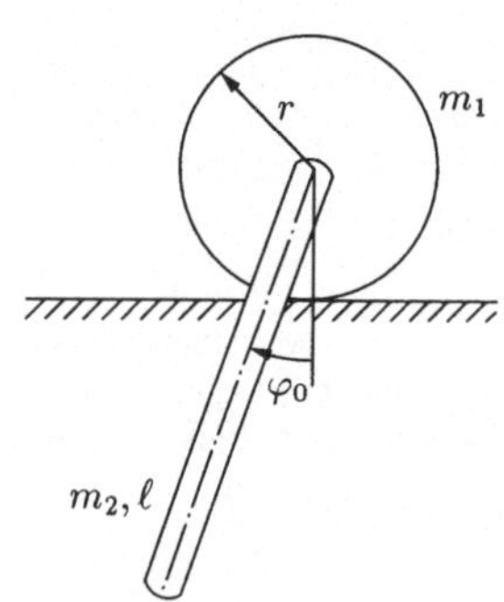

Aufgabe 10.25:

Das nebenstehende System besteht aus zwei homogenen Stäben (Masse m, Länge l) und einer Feder (Federkonstante c). Bestimmen Sie die Eigenfrequenz für kleine Ausschläge unter Berücksichtigung der Schwerkraft. Unter welcher Bedingung ist überhaupt eine periodische Bewegung möglich?

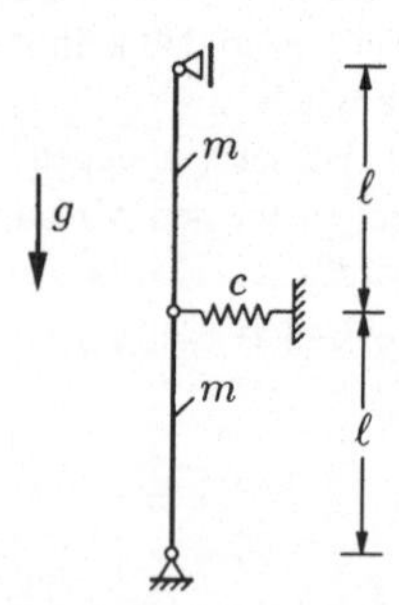

Aufgabe 10.26:

Das nebenstehende System, bestehend aus einer homogenen Scheibe (Masse m_1) und einer Masse m_2, stellt einen freien ungedämpften Schwinger dar. Seil und Feder sind masselos.

Das System werde aus der statischen Ruhelage heraus angeregt, indem der Masse m_2 eine Geschwindigkeit v_0 nach unten erteilt wird.

a) Wie groß ist die Eigenfrequenz des Systems?

b) Wie groß darf v_0 höchstens gewählt werden, damit das Seil stets gespannt bleibt?

Gegeben: $m_1 = 2\,m_2$

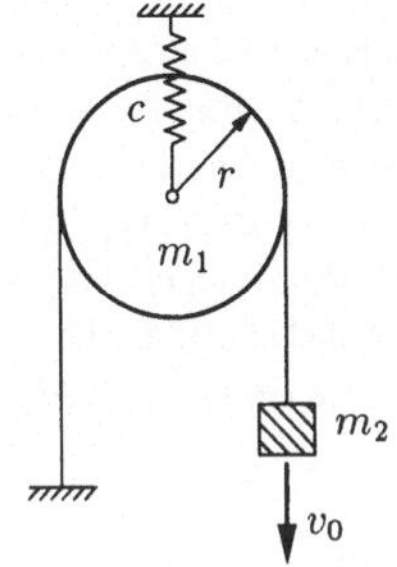

Aufgabe 10.27:

Das nebenstehende System, bestehend aus einer homogenen Scheibe (Masse m_1) und einer Masse m_2 sowie einer Backenbremse mit der Masse m_3, stellt einen freien Schwinger mit trockener Reibung dar. Seil, Feder und Backenbremse sind masselos.

Die Anfangsauslenkung aus der statischen Ruhelage sei x_0.

a) Wie groß ist die Eigenfrequenz des Systems?

b) Nach wieviel Halbschwingungen kommt der Schwinger zur Ruhe?

Gegeben: c, r, μ, m_1, $m_2 = 5/2\,m_1$,
$\qquad m_3 = 1/8\,m_1$, $x_0 = 2\mu\,m_1 g/c$

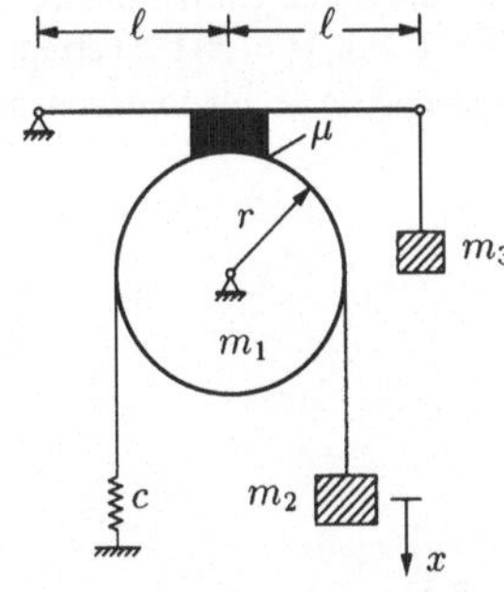

Aufgabe 10.28:

Auf der Rolle (Massen-Trägheitsmoment θ, Radius R) mit eingefräster Nut (Radius r) sind, wie dargestellt, zwei Seile rutschfest aufgewickelt. Das eine Seil ist über eine Feder (Steifigkeit c) mit der festen Wand verbunden, am anderen Seil ist die Masse m befestigt. Die Rolle ist zentrisch gelagert.

a) Berechnen Sie die Eigenfrequenz des Schwingers.

b) Um welchen Anfangsweg x_0 (ausgehend von der statischen Ruhelage) darf die Masse m maximal ausgelenkt werden, wenn das Seil 1 bei der sich anschließend einstellenden Schwingung immer gespannt bleiben soll?

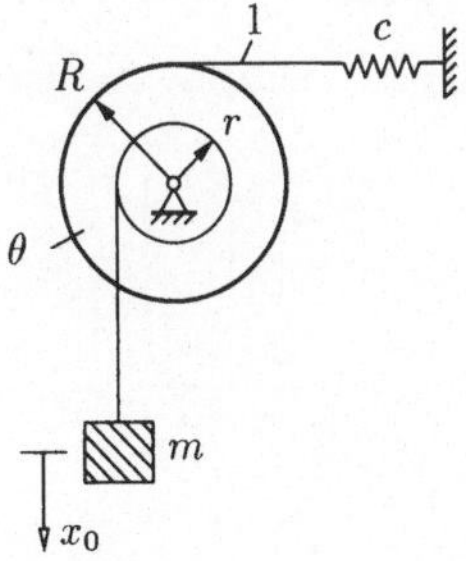

Aufgabe 10.29:

Eine Walze mit der Masse m und dem Radius R kann auf der festen Unterlage hin- und herrollen, ohne zu gleiten. An ihrer Achse ist eine elastische Stange befestigt, deren anderes Ende periodisch nach links und rechts bewegt wird, so daß $u = u_0 \sin \Omega t$ ist. Mit welcher Amplitude x_0 bewegt sich die Walzenachse auf der Unterlage? Wie groß ist ihre maximale Geschwindigkeit?

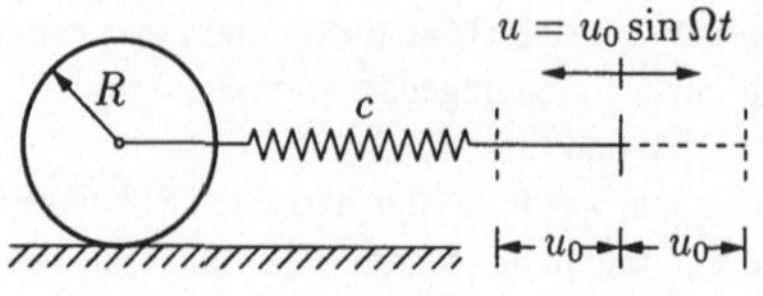

Aufgabe 10.30:

An einem Stahlstab (Länge $l = 5$ m, Durchmesser $d = 5$ cm, Schubmodul $G = 8 \cdot 10^4$ MPa) ist eine Vollscheibe (Gewicht $Q = 1$ kN, Radius $r = 50$ cm) angebracht, die durch ein harmonisches Erregermoment ($M_0 = 5$ Nm, $\Omega = 30$ s^{-1}) erregt wird. Bestimmen Sie das maximale Torsionsmoment.

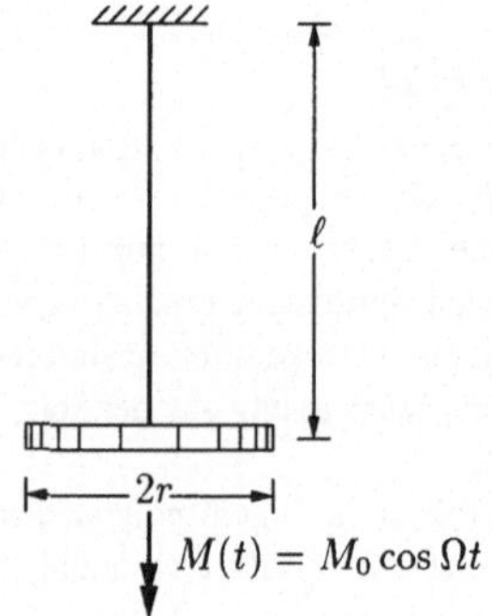

Aufgabe 10.31:

Der nebenstehende Schwinger wird über den Dämpfer erregt. Geben Sie die Vergrößerungsfunktionen V_a und V_b an.

Gegeben: $u = u_0 \sin \Omega t$, $d^2 = 4\, mc$

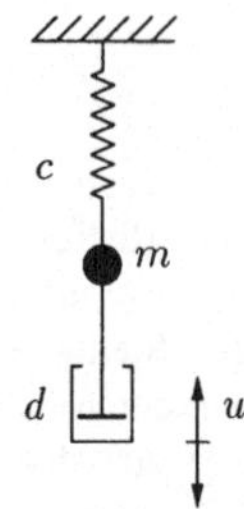

Aufgabe 10.32:

In einem mit Ω umlaufenden Rohr schwingt eine durch 2 Federn gehaltene Masse m. Die Erdbeschleunigung ist zu vernachlässigen.

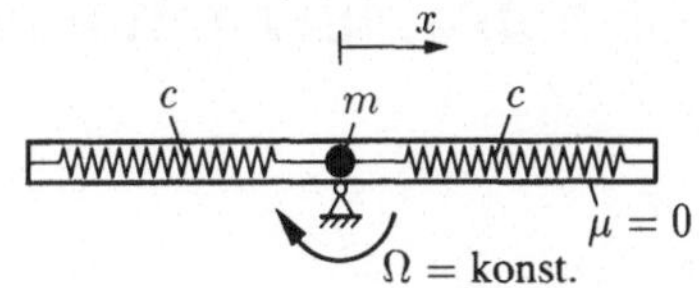

a) Wie groß muß die Federkonstante c mindestens sein, damit eine periodische Schwingung möglich ist?

b) Wie groß ist der Führungsdruck der Masse auf das Rohr $N = N(\Omega, x, x_{max})$? x_{max} stellt dabei den Maximalausschlag der Masse dar.

Gegeben: m, Ω, x_{max}

Aufgabe 10.33:

Am Ende eines 3 m langen eingespannten I100-Trägers (Masse/Längeneinheit $8,34$ kg/m) läuft ein Motor ($m_0 = 20$ kg) mit einer Drehzahl von $n_b = 1.400$ 1/min. Der Schwerpunkt des Rotors mit der Masse $m_e = 10$ kg liegt $e = 0,2$ mm außerhalb der Drehachse. Bestimmen Sie die Schwingungsamplitude des Systems. Welcher Drehzahlbereich muß vermieden werden, wenn die Amplitude nicht größer als 1 mm werden soll?

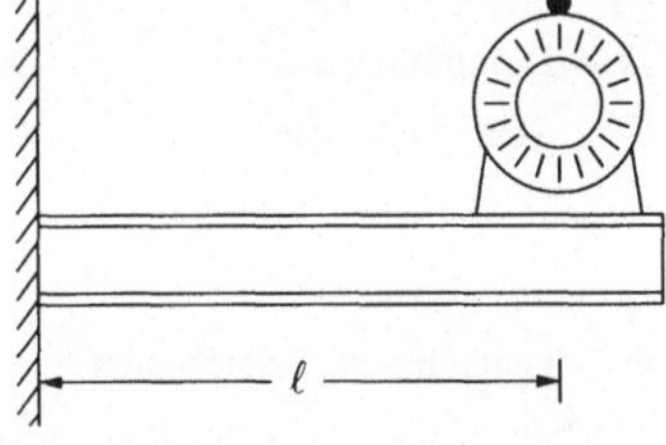

11 Schwinger mit mehreren Freiheitsgraden

11.1 Allgemeines

Bei Systemen mit mehreren Freiheitsgraden $\lambda = n$ können wir die Bewegungsgleichungen in Matrizenform schreiben

$$\boxed{M\ddot{q} + D\dot{q} + Cq = Q(t)\,.} \tag{11.1}$$

Dabei sind

M – Massenmatrix

D – Dämpfungsmatrix

C – Steifigkeitsmatrix

quadratische Matrizen der Ordnung n.

Q – Störglied

q – generalisierte Koordinaten

sind daneben entsprechende Spaltenmatrizen.

11.2 Eigenschwingungen

Eigenschwingungen treten bei verschwindendem (bzw. konstantem) Störglied $Q = 0$ auf. Das homogene Differentialgleichungssystem

$$\boxed{M\ddot{q} + D\dot{q} + Cq = 0} \tag{11.2}$$

läßt sich dann mit Hilfe des Ansatzes $q = \hat{q}\,e^{st}$ (s komplexe Größe) in ein homogenes Gleichungssystem

$$(s^2 M + sD + C)\,\hat{q} = 0 \tag{11.3}$$

überführen. Notwendig und hinreichend für die Existenz einer nichttrivialen Lösung ist die Bedingung, daß die Koeffizientendeterminante verschwindet

$$\det(s^2 M + sD + C) = 0\,. \tag{11.4}$$

Für den Sonderfall konservativer Systeme ist $D = 0$ und wir erhalten aus der charakteristischen Gleichung (11.4)

$$\det(-\omega^2 M + C) = 0\,, \tag{11.5}$$

mit symmetrischen (und positiv definiten) Matrizen M und C. Bei Matrizen der Ordnung n führt dies auf ein Polynom n-ten Grades für ω^2, d.h., ein System vom Freiheitsgrad n besitzt n verschiedene Eigenfrequenzen.

Gelegentlich kann es hilfreich sein, die Bewegungsgleichungen für konservative Systeme mit Hilfe der aus der Elastostatik bekannten Einflußzahlen (Nachgiebigkeitszahlen) δ_{ik} aufzustellen. Dazu gehen wir aus von dem Sonderfall von (11.2) für konservative Systeme

$$M\ddot{q} + Cq = 0.\tag{11.6}$$

Multiplizieren wir diese Beziehung mit der Inversen der Steifigkeitsmatrix

$$C^{-1} = \delta,\tag{11.7}$$

so erhalten wir schließlich in Anlehnung an die Methoden der Elastostatik (Elemente Band II bzw Aufgabensammlung 2, Kapitel 7)

$$q = \delta X = -\delta M\ddot{q}.\tag{11.8}$$

Dabei ist δ die Matrix der Einflußzahlen (unter der Last "1") und X ist der Vektor der tatsächlichen Größen der jeweiligen Kräfte in Richtung der generalisierten Koordinaten q. Wir sehen, daß dem Prinzip von d'Alembert entsprechend dies gerade die jeweiligen Trägheitskräfte $-M\ddot{q}$ sind.

11.3 Beispiele

Aufgabe 11.1:

Ein masseloser Träger mit konstanter Biegesteifigkeit trägt in seinem rechten Drittelpunkt eine als starr anzunehmende dünne Scheibe (Durchmesser d, Gewicht G). Bestimmen Sie die Eigenfrequenzen und Eigenformen der freien Schwingung.

Gegeben: $l = d = 1$ m, $G = 7,85$ kN,
$\quad\quad\quad EJ = 4 \cdot 10^{11}$ Nmm²

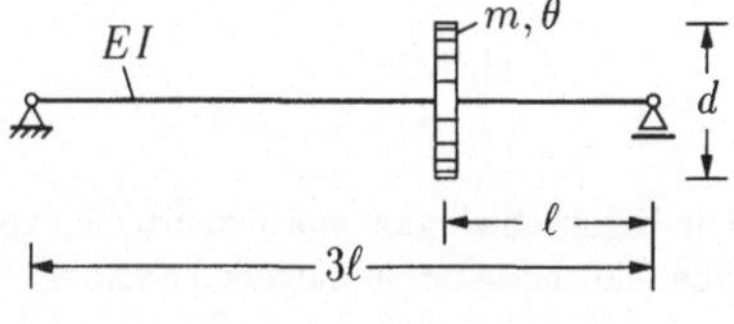

Lösung: Es handelt sich hier um ein System mit dem Freiheitsgrad $\lambda = 2$. Die Bewegungsgleichungen lauten gemäß (11.8)

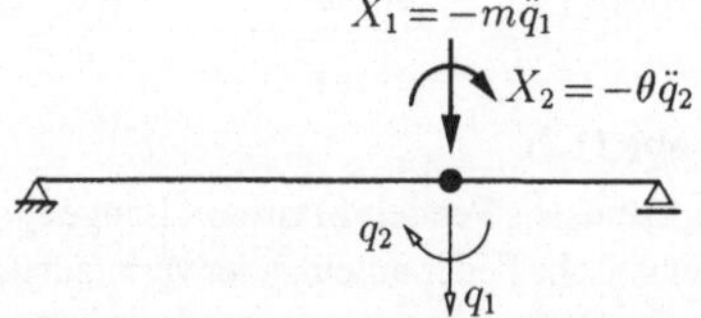

$$q_1 = \delta_{11}X_1 + \delta_{12}X_2 = -m\ddot{q}_1\delta_{11} - \theta\ddot{q}_2\delta_{12}$$
$$q_2 = \delta_{21}X_1 + \delta_{22}X_2 = -m\ddot{q}_1\delta_{21} - \theta\ddot{q}_2\delta_{22}$$

mit den Nachgiebigkeiten δ_{ik}, die wir entsprechend dem in Mechanik 2 eingeübten Verfahren mit Hilfe der Überlagerungstabelle (siehe Elemente Band II sowie Aufgabensammlung Band 2, Kapitel 7) bestimmen:

$$EJ\delta_{11} = \frac{4}{9}l^3, \quad EJ\delta_{12} = EJ\delta_{21} = -\frac{2}{9}l^2, \quad EJ\delta_{22} = \frac{1}{3}l.$$

Das Massen-Trägheitsmoment der dünnen Kreisscheibe ist

$$\theta \approx \frac{1}{16}ml^2.$$

Zur Lösung des Systems der Bewegungsgleichungen machen wir einen Ansatz der Form

$$q_1 = w_0 \sin(\omega t + \varphi), \quad q_2 = \varphi_0 \sin(\omega t + \varphi).$$

Damit erhalten wir ($\sin(\omega t + \varphi)$ hebt sich heraus)

$$(1 - \delta_{11}m\omega^2)w_0 + \quad (-\delta_{12}\theta\omega^2)\varphi_0 = 0$$
$$(-\delta_{21}m\omega^2)w_0 + (1 - \delta_{22}\theta\omega^2)\varphi_0 = 0$$

Notwendige Bedingung, daß dieses homogene Gleichungssystem für w_0 und φ_0 nichttriviale Lösungen besitzt, ist, daß die Koeffizientendeterminante verschwindet:

$$\Delta = 1 - (\delta_{11}m + \delta_{22}\theta)\omega^2 + (\delta_{11}\delta_{22} - \delta_{12}^2)m\theta\omega^4 = 0.$$

Das ist eine bi-quadratische Gleichung für ω^2. Zur Lösung führen wir zweckmäßig dimensionslose Eigenfrequenzen ein, etwa dadurch, daß wir

$$\tilde{\omega}^2 = \delta_{11}m\omega^2$$

setzen. Das ergibt

$$\tilde{\omega}^4 - \frac{67}{2}\tilde{\omega}^2 + 32 = 0 \quad \rightarrow \quad \tilde{\omega}_{1,2}^2 = \begin{cases} 0,984 \\ 32,52 \end{cases}$$

Nun ist

$$\delta_{11}m = \frac{G}{g}\frac{4l^3}{9EJ} = \frac{1}{1.124,7}\text{ s}^2 \quad \rightarrow \quad \omega_{1,2}^2 = 1.124,7\,\tilde{\omega}_{1,2}^2 = \begin{cases} 1.106,9 \quad \text{s}^{-2} \\ 36,57 \cdot 10^3 \text{ s}^{-2} \end{cases}$$

Für die Eigenfrequenzen selbst gilt dann

$$\omega_{1,2} = \begin{cases} 33,27 \text{ s}^{-1} \\ 191,2 \text{ s}^{-1} \end{cases}$$

Die Eigenschwingungsformen erhalten wir aus dem Verhältnis der Amplituden φ_0/w_0 z.B. aus der ersten Gleichung des homogenen Systems

$$\left(\frac{\varphi_0}{w_0}\right)_{1,2} = \frac{1 - \delta_{11}m\omega^2}{\delta_{12}\theta\omega^2} = -\frac{32}{l}\frac{1 - \tilde{\omega}^2}{\tilde{\omega}^2} \quad \rightarrow \quad \left(\frac{\varphi_0\,l}{w_0}\right)_{1,2} = \begin{cases} -0,514 \\ 31,02 \end{cases}$$

Aufgabe 11.2:

Zwei identische Pendel (Masse m, Länge l) sind über eine elastische Feder miteinander verbunden. Bestimmen Sie die Eigenfrequenzen und die Eigenschwingungsformen des Systems für kleine Ausschläge.

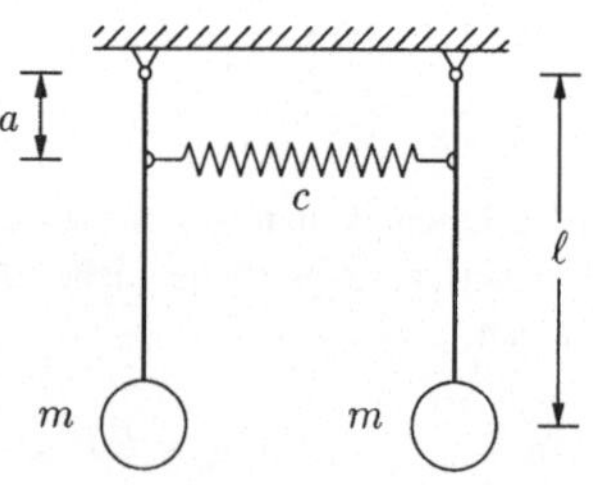

Lösung: Das System besitzt den Freiheitsgrad $\lambda = 2$. Wir bestimmen die Bewegungsgleichungen dieses konservativen Systems hier mit Hilfe der Lagrangeschen Gleichungen (siehe Kapitel 12). Dazu führen wir als generalisierte Koordinaten q_i ($i = 1, 2$) die Verdrehungen der beiden Pendel aus der Ruhelage ein und geben die kinetische Energie an zu

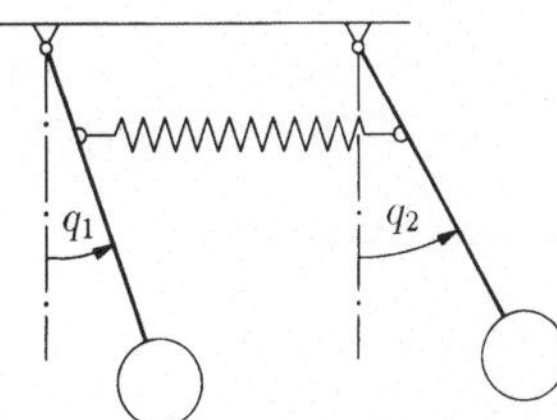

$$E = \frac{1}{2}ml^2\dot{q}_1^2 + \frac{1}{2}ml^2\dot{q}_2^2 \, .$$

Das Potential sei $\Phi = 0$ für $q_1 = q_2 = 0$ und

$$\Phi(q_1, q_2) = mgl(1 - \cos q_1) + mgl(1 - \cos q_2)$$
$$+ \frac{1}{2}ca^2(\sin q_2 - \sin q_1)^2 \, ,$$

wobei der dritte Term die Federenergie infolge der Zusammendrückung der Feder angibt. Die Bewegungsgleichungen erhalten wir dann mit Hilfe der Lagrangeschen Gleichungen zweiter Art

$$\frac{\mathrm{d}}{\mathrm{d}t}\left(\frac{\partial E}{\partial \dot{q}_i}\right) - \frac{\partial E}{\partial q_i} = Q_i = -\frac{\partial \Phi}{\partial q_i} \qquad (i = 1, 2),$$

und zwar nach Auswertung der entsprechenden partiellen Ableitungen zu

$$ml^2\ddot{q}_1 + mgl\sin q_1 - ca^2(\sin q_2 - \sin q_1)\cos q_1 = 0$$
$$ml^2\ddot{q}_2 + mgl\sin q_2 + ca^2(\sin q_2 - \sin q_1)\cos q_2 = 0 \, .$$

Für kleine Ausschläge können wir $\sin q_i \approx q_i$ bzw. $\cos q_i \approx 1$ setzen und erhalten damit

$$ml^2\ddot{q}_1 + (mgl + ca^2)q_1 - ca^2q_2 = 0$$
$$ml^2\ddot{q}_2 - ca^2q_1 + (mgl + ca^2)q_2 = 0 \, .$$

Wir machen nun einen Lösungsansatz

$$q_1 = A\cos(\omega t + \varphi), \quad q_2 = B\cos(\omega t + \varphi)$$

mit A und B als den jeweiligen Amplituden der Bewegung. Das System der homogenen Differentialgleichungen wird damit in ein homogenes Gleichungssystem überführt

$$(mgl + ca^2 - ml^2\omega^2)A - ca^2 B = 0$$
$$-ca^2 A + (mgl + ca^2 - ml^2\omega^2)B = 0 \, .$$

Nichttriviale Lösungen dieses Systems existieren nur für den Fall, daß die Koeffizientendeterminante verschwindet

$$(mgl + ca^2 - ml^2\omega^2)^2 - (ca^2)^2 = (mgl + 2ca^2 - ml^2\omega^2)(mgl - ml^2\omega^2) = 0$$

mit den beiden Lösungen

$$\omega_1^2 = \frac{g}{l} \, , \quad \omega_2^2 = \frac{g}{l} + \frac{2ca^2}{ml^2} \, .$$

Das Amplitudenverhältnis A/B können wir z.B. aus der zweiten Gleichung entnehmen

$$\left(\frac{A}{B}\right)_{1,2} = \frac{mgl + ca^2 - ml^2\omega_{1,2}^2}{ca^2} = \pm 1 \, .$$

11.4 Aufgaben

Aufgabe 11.3:

Berechnen Sie die Eigenfrequenzen des nebenstehenden Systems, bestehend aus einer Scheibe und zwei Federn. Der Drehwinkel φ kann als klein angenommen werden.

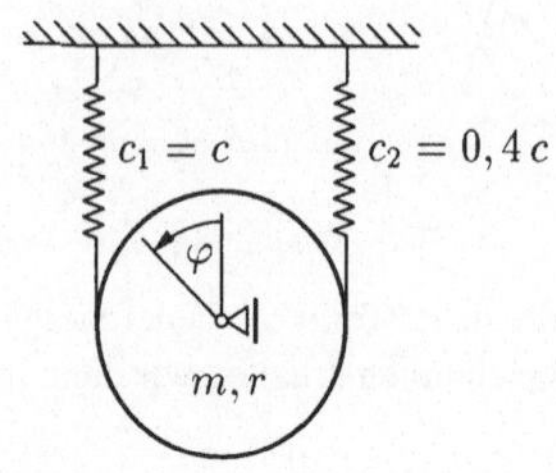

Aufgabe 11.4:

Ein Träger (Steifigkeit EJ) von der Länge l ist an beiden Enden gestützt. Auf den Träger sind in gleichen Abständen drei Massen m montiert. Bestimmen Sie die Eigenfrequenzen und Eigenschwingungsformen der Biegeschwingungen des Trägers.

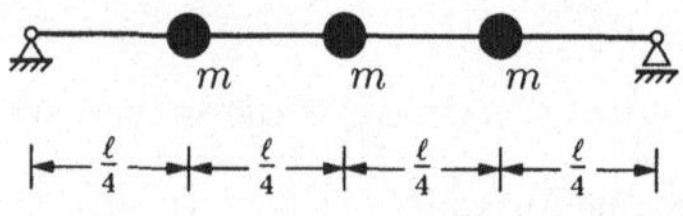

Aufgabe 11.5:

Der nebenstehend dargestellte Rahmen trägt an seinem freien Ende die Masse m. Bestimmen Sie die Eigenfrequenzen, die Eigenschwingungsformen sowie die Bewegungsgleichungen für die Anfangsbedingungen $t = 0$: $x = 0$, $y = 0$, $\dot{x} = 0$, $\dot{y} = v_0$.

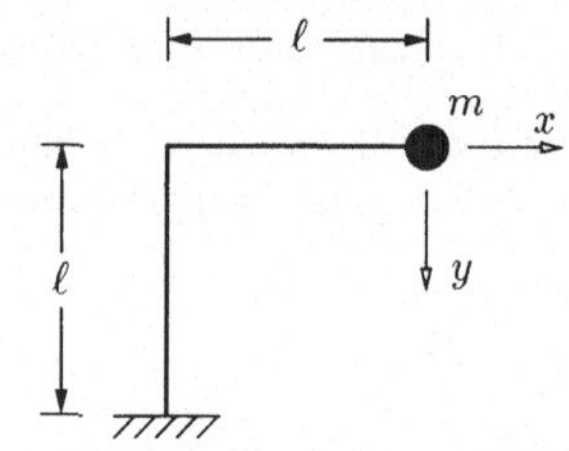

12 Elemente der analytischen Mechanik

12.1 Kinematik der Systeme starrer Körper

Wir gehen davon aus, daß alle kinematischen Bindungen, denen das System unterworfen ist, holonom (ganzgesetzlich) seien (vgl. Elemente Band III, Abschnitt 2.3.1). Dabei ist es vorerst gleichgültig, ob diese holonomen Bindungen skleronom (zeitunabhängig) oder rheonom (explizit abhängig von der Zeit) sind. Bei holonomen Bindungen können wir die Lage jedes einzelnen Körpers und damit auch die Konfiguration des ganzen Systems mit dem Freiheitsgrad λ zu gegebener Zeit t durch λ Zahlenangaben $q_i(i = 1, 2, \ldots, \lambda)$ eindeutig festlegen. Die generalisierten Koordinaten q_i können Längen, Winkel, Streckenverhältnisse usw. sein. Ihre Festlegung kann in beliebiger Weise erfolgen. Wir haben nur zu fordern, daß die einzelnen q_i unabhängig voneinander sind und der Satz der generalisierten Koordinaten vollständig ist, so daß mit den λ Zahlenangaben q_i (und der Zeit t) die Konfiguration des Systems eindeutig festzulegen ist. Allgemein können wir für die q_i beliebige Transformationen von der Form $\bar{q}_k = \bar{q}_k(q_i; t)$ durchführen. Diese Freiheit erlaubt es uns, den Satz der q_i möglichst günstig im Hinblick auf die Problemstellung auszuwählen.

Manchmal ist es vorteilhafter, zunächst eine Anzahl überzähliger (abhängiger) Koordinaten $q_i(i = \lambda + 1, \ldots, \lambda + r)$ einzuführen, etwa für jeden Körper eigene Lagekoordinaten. Dann müssen wir zusätzlich die zwischen den Koordinaten bestehenden kinematischen Bindungen angeben, die wir bei holonomen Bindungen in der Form

$$f_k(q_i; t) = 0 \qquad \begin{cases} i = 1, 2, \ldots, \lambda + r \\ k = 1, 2, \ldots, n \leqslant r \end{cases} \tag{12.1}$$

schreiben können. Die Zeit t tritt dabei nur explizit auf, wenn es sich um rheonome Bindungen handelt.

Nichtholonome Bindungen liegen vor, wenn die Bindungen nur in nicht integrierbarer Differentialform angebbar sind $\rightarrow$ Elemente Band III.

Setzen wir nun voraus, daß wir alle überzähligen q_i mit Hilfe der holonomen Bindungen (12.1) eliminiert haben, so können wir die Lage aller Körperpunkte in der Form

$$r = r(\xi_l; q_i; t) \qquad \begin{cases} l = 1, 2, 3 \\ i = 1, 2, \ldots, \lambda \end{cases} \tag{12.2}$$

angeben. Die Koordinaten ξ_l sind dabei körperfeste Koordinaten und z.B. mit den Zahlenwerten des Ortsvektors $\overset{\circ}{r}$ zu identifizieren, der die Lage der einzelnen Körperpunkte zur Zeit t_0 beschreibt.

Für die reale Geschwindigkeit v der Körperpunkte bzw. ihre realen Verschiebungen Dr erhalten wir aus der obigen Darstellung von r

$$\frac{\mathrm{D}r}{\mathrm{d}t} = \sum_i \frac{\partial r}{\partial q_i} \dot{q}_i + \frac{\partial r}{\partial t} = v(\xi_l; q_i, \dot{q}_i, t) \qquad (1 = 1, 2, \ldots, \lambda) \tag{12.3}$$

Für die virtuellen Verschiebungen gilt dagegen

$$\delta r = \sum_i \frac{\partial r}{\partial q_i} \delta q_i \qquad (i = 1, 2, \ldots, \lambda), \tag{12.4}$$

da die virtuellen Verschiebungen bei festgehaltener Zeit ausgeführt zu denken sind.

Haben wir überzählige generalisierte Koordinaten $q_i(i = \lambda + 1, \ldots, \lambda + r)$ eingeführt, so benötigen wir für unsere späteren Betrachtungen noch die Differentialform der kinematischen Bindungen. Bei holonomen Bindungen erhalten wir aus (12.1) für die realen Differentiale die Bedingung

$$\mathrm{d}f_k = \sum_i \frac{\partial f_k}{\partial q_i}\,\mathrm{d}q_i + \frac{\partial f_k}{\partial t}\,\mathrm{d}t = 0\,, \tag{12.5}$$

wobei das letzte Glied auf der rechten Seite nur bei rheonomen Bindungen auftritt. Für die virtuellen Differentiale dagegen gilt allgemein

$$\delta f_k = \sum_i \frac{\partial f_k}{\partial q_i}\,\delta q_i = 0 \qquad \left\{ \begin{array}{l} i = 1, 2, \ldots, \lambda + r \\ k = 1, 2, \ldots, n \leqslant r\,. \end{array} \right. \tag{12.6}$$

12.2 Das Prinzip der virtuellen Arbeit in der Kinetik

Das allgemeine Relativitätsprinzip der klassischen Mechanik erlaubt es uns, die Kinetik durch Übergang zu einem körperfesten Bezugssystem auf ein Problem der Statik zurückzuführen (siehe Elemente Band III, Abschnitt 4.5). Die im Ausgangssystem vorhandenen Kräfte bilden mit den beim Übergang zu einem körperfesten Bezugssystem hinzukommenden Trägheitskräften für jedes Körperelement ein Gleichgewichtssystem

$$\mathrm{d}\boldsymbol{F} - \frac{\mathrm{D}}{\mathrm{d}t}\,(\mathrm{d}m\,\boldsymbol{v}) = \boldsymbol{0}\,. \tag{12.7}$$

Mit Hilfe des Prinzips der virtuellen Arbeit erhalten wir daraus

$$\delta A^{(e)} + \delta E - \frac{\mathrm{D}}{\mathrm{d}t}\int_V \mathrm{d}m\,\boldsymbol{v}\cdot\delta\boldsymbol{r} = 0 \tag{12.8}$$

das Prinzip der virtuellen Arbeit in der Kinetik starrer Körper ($\delta W = 0$). Dabei bezeichnet

$\delta A^{(e)}$ die virtuelle Arbeit aller von außen angreifenden (eingeprägten) Kräfte und

δE die virtuelle kinetische Energie.

Integrieren wir diese Beziehung über ein Zeitintervall von t_1 bis t_2 und legen gleichzeitig fest, daß am Anfang und Ende des Zeitintervalls die virtuellen Verschiebungen verschwinden sollen, so folgt daraus das Prinzip von Hamilton:

$$\int_{t_1}^{t_2} \{\delta A^{(e)} + \delta E\}\,\mathrm{d}t = 0\,. \tag{12.9}$$

Für konservative Systeme mit $\delta A^{(e)} = -\delta\Phi$ läßt sich diese Aussage zusammenfassen zu

$$\delta \int_{t_1}^{t_2} \{E - \Phi\}\,\mathrm{d}t = \delta \int_{t_1}^{t_2} L\,\mathrm{d}t = 0\,, \tag{12.10}$$

mit

$$L = E - \Phi \tag{12.11}$$

als *Lagrange*scher Funktion (kinetisches Potential).

Das Prinzip von Hamilton besagt, daß das Zeitintegral über $A^{(e)} + E$ bzw. L für die realen Bahnen aller Körperpunkte im Vergleich zu Bahnen, die man durch virtuelle Verschiebungen erreicht einen stationären Wert annimmt (mit der Bedingung $\delta\boldsymbol{r}(t_1) = \delta\boldsymbol{r}(t_2) = \boldsymbol{0}$).

12.3 Die Lagrangeschen Gleichungen

Wir gehen nun aus vom Prinzip von Hamilton. Bei holonomen Bindungen läßt es sich – nach Elimination aller überzähligen Koordinaten – überführen in die Lagrangesche Gleichungen (zweiter Art):

$$\frac{\mathrm{d}}{\mathrm{d}t}\left(\frac{\partial E}{\partial \dot{q}_i}\right) - \frac{\partial E}{\partial q_i} = Q_i \qquad (i = 1, 2, \ldots, \lambda). \tag{12.12}$$

Dabei sind die Größen $Q_i = Q_i(q_i, \dot{q}_i, t)$ den jeweiligen generalisierten Koordinaten q_i zugeordnete generalisierte Kräfte, d.h.

$$\delta A^{(e)} = \sum_i Q_i\, \delta q_i\,. \tag{12.13}$$

Die generalisierten Kräfte Q_i können von den Koordinaten, ihren Ableitungen nach der Zeit und von der Zeit selbst abhängen. Haben wir es mit konservativen Systemen zu tun, bei denen alle Kräfte von einem Potential abzuleiten sind, so gilt

$$Q_i = -\frac{\partial \Phi}{\partial q_i} \quad \text{mit} \quad \delta A^{(e)} = -\delta\Phi = -\sum_i \frac{\partial \Phi}{\partial q_i}\,\delta q_i\,. \tag{12.14}$$

Dies gilt auch dann, wenn das Potential zeitabhängig ist, $\Phi = \Phi(q_i, t)$.

Die kinetische Energie E kann unter unseren Voraussetzungen (holonome Bindungen, keine überzähligen generalisierten Koordinaten) nur von q_i, $\dot{q}_i$ und t abhängen:

$$E = E(q_i, \dot{q}_i, t) \qquad (i = 1, 2, \ldots, \lambda). \tag{12.15}$$

Für konservative Systeme können wir durch Einführung der *Lagrange*schen Funktion (12.11) diese Gleichungen überführen in

$$\frac{\mathrm{d}}{\mathrm{d}t}\left(\frac{\partial L}{\partial \dot{q}_i}\right) - \frac{\partial L}{\partial q_i} = 0 \qquad (i = 1, 2, \ldots, \lambda). \tag{12.16}$$

Haben wir zur Beschreibung der Konfiguration des Systems überzählige Koordinaten herangezogen, also nicht alle Koordinaten unabhängig voneinander eingeführt, so bestehen zwischen den q_i noch n holonome Bindungen $f_k(q_i; t)$ (12.1) sowie i.a. m nichtholonome Bindungen

$$\sum_i a_{ik}\dot{q}_i = 0 \qquad \begin{cases} i = 1, 2, \ldots, \lambda + r \\ k = 1, 2, \ldots, m \leqslant r \end{cases} \tag{12.17}$$

mit $n + m = r$.

Aus dem Variationsproblem erhalten wir dann die Lagrangesche Gleichungen (erster Art):

$$\frac{\mathrm{d}}{\mathrm{d}t}\left(\frac{\partial E}{\partial \dot{q}_i}\right) - \frac{\partial E}{\partial q_i} = Q_i + \sum_{k=1}^{n} \lambda_k \frac{\partial f_k}{\partial q_i} + \sum_{k=1}^{m} \lambda_k^* a_{ik} \qquad (i = 1, 2, \ldots, \lambda + r). \tag{12.18}$$

Zusammen mit den r (holonomen und nichtholonomen) Bedingungen sind dies insgesamt $\lambda + 2r$ Gleichungen, aus denen die $\lambda + r$ Koordinaten q_i und die r *Lagrange*schen Parameter λ_k bzw. λ_k^* ermittelt werden können.

Für konservative Systeme können wir diese Aussage durch Einführung der *Lagrange*schen Funktion $L = E - \Phi$ noch etwas weiter zusammenfassen.

12.4　Beispiele

Aufgabe 12.1:

Beim Durchfahren einer Talsohle wurde folgender Zusammenhang zwischen der gefahrenen Wegstrecke s und der Höhe über dem Meeresspiegel h gemessen: $h(s) = 400 - 0,4\,s + 2 \cdot 10^{-4}\,s^2$ [m]. Bestimmen Sie das Weg-Zeit-Gesetz der Bewegung, wenn sich das Fahrzeug für $s = 0$ in Ruhe befand.

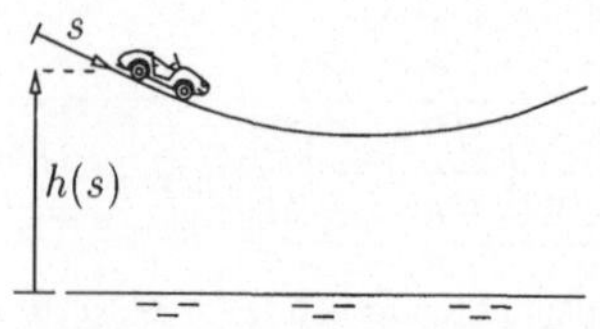

Lösung: Das betrachtete Fahrzeug führt bei der Bindung an die gegebene Bahn eine Bewegung mit einem Freiheitsgrad durch. Es wirken nur Gewichtskräfte, das System ist also konservativ. Zur Lösung des Problems gehen wir aus von der zugehörigen Lagrangeschen Gleichung zweiter Art (12.16)

$$\frac{\mathrm{d}}{\mathrm{d}t}\left(\frac{\partial L}{\partial \dot{s}}\right) - \frac{\partial L}{\partial s} = 0,$$

wenn wir mit $L = E - \Phi$ die Lagrange-Funktion einführen. Die kinetische Energie ist

$$E = \frac{1}{2}\,mv^2 = \frac{1}{2}\,m\dot{s}^2$$

und für die potentielle Energie erhalten wir

$$\Phi(s) = mgh(s) \quad \text{mit} \quad \Phi(0) = 400mg\,.$$

Damit wird

$$L = \frac{1}{2}\,m\dot{s}^2 - mgh(s) = \frac{1}{2}\,m\dot{s}^2 - mg(400 - 0,4\,s + 2 \cdot 10^{-4}\,s^2)\,.$$

Wir bilden die partiellen Ableitungen

$$\frac{\partial L}{\partial \dot{s}} = m\dot{s} \quad \rightarrow \quad \frac{\mathrm{d}}{\mathrm{d}t}\left(\frac{\partial L}{\partial \dot{s}}\right) = m\ddot{s}$$

$$\frac{\partial L}{\partial s} = 0,4mg(1 - 10^{-3}\,s)$$

und erhalten damit

$$m\ddot{s} + 0,4mg(10^{-3}\,s - 1) = 0\,.$$

Mit Hilfe der Transformation $\bar{s} = s - 10^3$ [m] gewinnen wir daraus schließlich die homogene Schwingungsgleichung

$$\ddot{\bar{s}} + \omega^2\,\bar{s} = 0$$

mit der Eigenfrequenz $\omega = 2 \cdot 10^{-2}\sqrt{g}$. Die Lösung dieser Gleichung lautet

$$\bar{s}(t) = c_1 \sin \omega t + c_2 \cos \omega t$$

bzw. unter Beachtung der Anfangsbedingungen

$$\bar{s}(0) = -10^3 \quad \rightarrow \quad c_2 = -10^3$$
$$\dot{\bar{s}}(0) = 0 \quad \rightarrow \quad c_1 = 0\,.$$

Damit lautet das Weg-Zeit-Gesetz

$$s(t) = 10^3(1 - \cos \omega t)\,.$$

Aufgabe 12.2:

Mit Hilfe der Lagrangesche Gleichungen stelle man die Bewegungsgleichungen für das nebenstehende System aus Kugel und Keil auf.

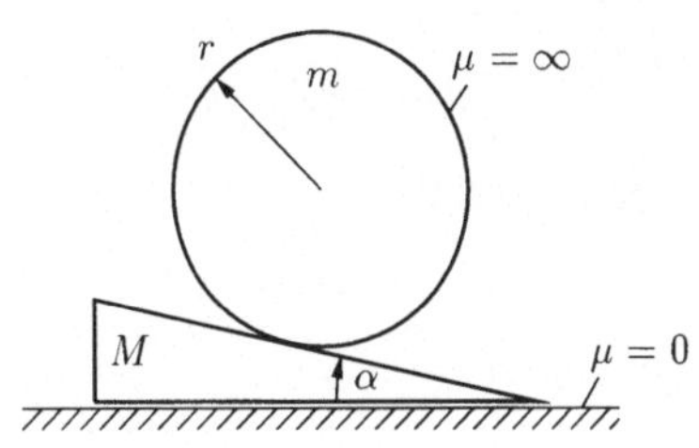

Lösung: Wir setzen (ebenes) Rollen der Kugel voraus. Das vorliegende (konservative) System hat dann den Freiheitsgrad $\lambda = 2$ und dementsprechend führen wir die beiden generalisierten Koordinaten q_1 und q_2 ein.

Kinetische Energie:

$$E_M = \frac{1}{2} M \dot{q_1}^2 \quad \text{bzw.} \quad E_m = \frac{1}{2} m v_m^2 + \frac{1}{2} \theta \left(\frac{\dot{q_2}^2}{r} \right)^2$$

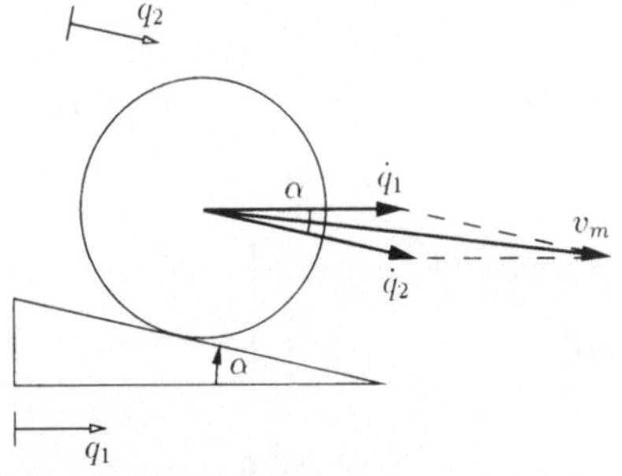

für den Keil mit der Masse M sowie für die Kugel mit der Masse m und dem Massen-Trägheitsmoment $\theta = \frac{2}{5} mr^2$.

Für die Geschwindigkeit v_m des Massenmittelpunktes der Kugel gilt der Kosinussatz

$$v_m^2 = \dot{q_1}^2 + \dot{q_2}^2 - 2\dot{q_1}\dot{q_2} \cos(\pi - \alpha)$$
$$= \dot{q_1}^2 + \dot{q_2}^2 + 2\dot{q_1}\dot{q_2} \cos \alpha \,.$$

Damit erhalten wir

$$E_m = \frac{1}{2} m(\dot{q_1}^2 + \dot{q_2}^2 + 2\dot{q_1}\dot{q_2} \cos \alpha) + \frac{1}{2} \theta \left(\frac{\dot{q_2}^2}{r} \right)^2$$
$$= \frac{1}{2} m(\dot{q_1}^2 + 2\dot{q_1}\dot{q_2} \cos \alpha + \frac{7}{5} \dot{q_2}^2)$$

und für die gesamte kinetische Energie des Systems

$$E = \frac{1}{2}(M + m)\dot{q_1}^2 + \dot{q_1}\dot{q_2} \cos \alpha + \frac{7}{10} \dot{q_2}^2 \,.$$

Potentielle Energie:

Die potentielle Energie ändert sich nur für die Kugel (Masse m). Bezogen auf das Niveau $q_2 = 0$ gilt

$$\Phi(q_2) = -m g q_2 \sin \alpha \quad \text{bei} \quad \Phi(0) = 0 \,.$$

Für konservative Systeme können wir die Lagrange-Funktion einführen

$$L = E - \Phi = \frac{1}{2}(M + m)\dot{q_1}^2 + \dot{q_1}\dot{q_2} \cos \alpha + \frac{7}{10} \dot{q_2}^2 + m g q_2 \sin \alpha \,.$$

Mit Hilfe der Lagrangeschen Gleichungen zweiter Art

$$\frac{\mathrm{d}}{\mathrm{d}t} \left(\frac{\partial L}{\partial \dot{q_i}} \right) - \frac{\partial L}{\partial q_i} = 0 \qquad (i = 1, 2).$$

lassen sich dann die Bewegungsgleichungen des Systems aufstellen. Im Einzelnen erhalten wir

$$\frac{\partial L}{\partial \dot{q}_1} = (M+m)\dot{q}_1 + m\dot{q}_2\cos\alpha \qquad \frac{\partial L}{\partial q_1} = 0$$

$$\frac{\partial L}{\partial \dot{q}_2} = m\dot{q}_1\cos\alpha + \frac{7}{5}m\dot{q}_2 \qquad \frac{\partial L}{\partial q_2} = mg\sin\alpha$$

und damit schließlich

$$(M+m)\ddot{q}_1 + m\ddot{q}_2\cos\alpha = 0$$

$$m\ddot{q}_1\cos\alpha + \frac{7}{5}m\ddot{q}_2 \quad = mg\sin\alpha$$

mit der Lösung

$$\ddot{q}_1 = -\frac{m}{M+m}\;\frac{g\sin\alpha\cos\alpha}{\dfrac{7}{5} - \dfrac{m}{M+m}\cos^2\alpha}\;,\quad \ddot{q}_2 = \frac{g\sin\alpha}{\dfrac{7}{5} - \dfrac{m}{M+m}\cos^2\alpha}\;.$$

Aufgabe 12.3:

Mit welchen Beschleunigungen setzen sich die Massen der nebenstehenden Anordnung unter dem Einfluß der Schwerkraft in Bewegung? Seil und Rolle sind masselos. Bewegungswiderstände werden vernachlässigt.

Gegeben: $M = 2\,m$, $\alpha = 30°$

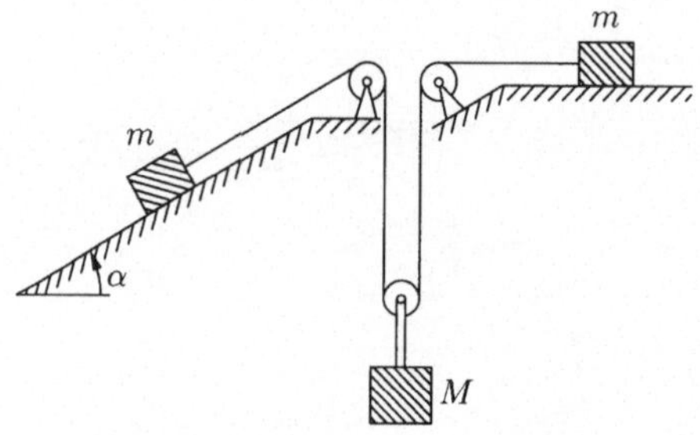

Lösung: Die Anordnung hat den Freiheitsgrad $\lambda = 2$. Entsprechend führen wir die generalisierten Koordinaten q_1 und q_2 ein. Dabei halten wir fest, daß als Folge der kinematischen Bindung die Bewegung der Masse M durch $\frac{1}{2}(q_1 + q_2)$ beschrieben wird.

Es handelt sich abermals um ein konservatives System mit holonomen Bindungen, zu dessen Lösung wir die Lagrangeschen Gleichungen zweiter Art in der Form

$$\frac{\mathrm{d}}{\mathrm{d}t}\left(\frac{\partial L}{\partial \dot{q}_i}\right) - \frac{\partial L}{\partial q_i} = 0 \qquad (i = 1, 2).$$

heranziehen können. Die kinetische Energie der drei sich in Bewegung befindenden Körper können wir angeben durch

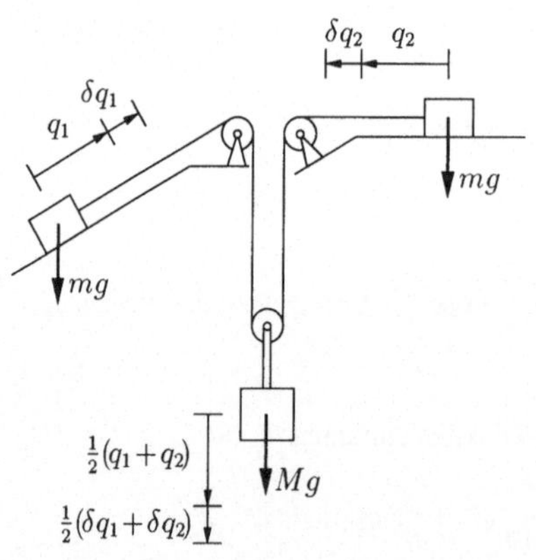

$$E = \frac{1}{2}m\dot{q}_1{}^2 + \frac{1}{2}M\left(\frac{\dot{q}_1 + \dot{q}_2}{2}\right)^2 + \frac{1}{2}m\dot{q}_2{}^2$$

$$= \frac{1}{2}\dot{q}_1{}^2\frac{3m}{2} + \dot{q}_1\dot{q}_2\frac{m}{2} + \frac{1}{2}\dot{q}_2{}^2\frac{3m}{2}\;.$$

Entsprechend erhalten wir für die potentielle Energie

$$\Phi(q_1, q_2) = mgq_1 \sin\alpha - Mg\,\frac{1}{2}(q_1 + q_2) \quad \text{bei} \quad \Phi(0,0) = 0\,.$$

Mit $L = E - \Phi$ erhalten wir dann aus den Lagrangeschen Gleichungen das System

$$\ddot{q}_1\,\frac{3m}{2} + \ddot{q}_2\,\frac{m}{2} = mg(1 - \sin\alpha)$$

$$\ddot{q}_1\,\frac{m}{2} + \ddot{q}_2\,\frac{3m}{2} = mg$$

und daraus die Lösungen

$$\ddot{q}_1 = \frac{1}{8}g\,, \quad \ddot{q}_2 = \frac{5}{8}g \quad \text{bzw.} \quad \frac{1}{2}(\ddot{q}_1 + \ddot{q}_2) = \frac{3}{8}g$$

für die Masse M.

Grundsätzlich können wir stets jedoch auch von den Lagrangeschen Gleichungen zweiter Art in der allgemeineren Form

$$\frac{\mathrm{d}}{\mathrm{d}t}\left(\frac{\partial E}{\partial \dot{q}_i}\right) - \frac{\partial E}{\partial q_i} = Q_i \qquad (i = 1, 2)$$

ausgehen. Die generalisierten Kräfte bestimmen wir dann mit Hilfe der virtuellen Arbeit der eingeprägten Kräfte bei vorgegebenen virtuellen Verschiebungen δq_1 und δq_2 aus

$$\delta A_{(e)} = \sum_i Q_i\,\delta q_i \qquad (i = 1, 2)\,.$$

Im vorliegenden Fall wird

$$\delta A_{(e)} = -mg\delta q_1 \sin\alpha + Mg\,\frac{1}{2}(\delta q_1 + \delta q_2) = mg(1 - \sin\alpha)\delta q_1 + mg\delta q_2$$

und daraus erhalten wir dann

$$Q_1 = mg(1 - \sin\alpha)\,. \quad Q_2 = mg\,.$$

Wir sehen unmittelbar, daß dieser Weg auf dieselbe Lösung führt.

Aufgabe 12.4:

Der Stab (Masse m, Länge $4R$) ist mit Hilfe der Scheibe fest verbunden. Die Scheibe (Masse m, Radius R) rollt auf einer horizontalen Ebene, ohne zu gleiten. Bestimmen Sie

a) die Bewegungsdifferentialgleichung,

b) die Winkelgeschwindigkeit $\dot\varphi(\varphi)$, wenn $\varphi(t = 0) = \varphi_0$, $\dot\varphi(t = 0) = 0$ ist und

c) für kleine Schwingungen um die Ruhelage die Frequenz ω.

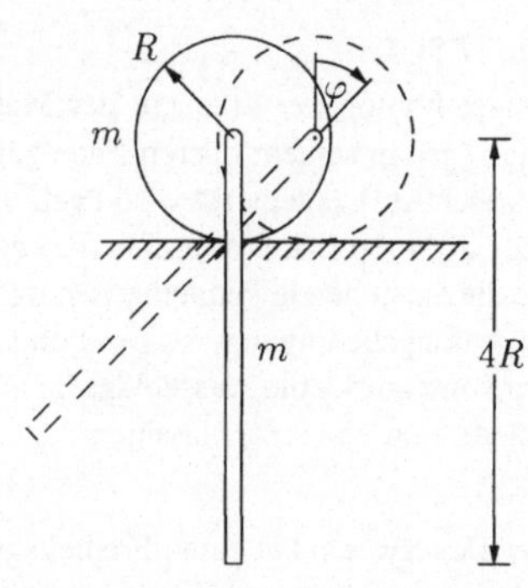

Lösung: Es handelt sich hier um ein konservatives System mit einem Freiheitsgrad φ. Der gemeinsame Schwerpunkt des Systems liegt auf dem Rand der Scheibe (gesamte Masse $2m$).

$$\theta_S = \frac{1}{2}mR^2 + mR^2 + \frac{1}{12}m(4R)^2 + mR^2 = \frac{23}{6}mR^2.$$

Der Abstand des Schwerpunktes vom Momentanpol ist

$$a = 2R\sin\frac{\varphi}{2} = R\sqrt{2(1-\cos\varphi)}.$$

Damit wird die potentielle Energie

$$\Phi(\varphi) = 2mgh = 2mg(1-\cos\varphi)R \quad \text{mit} \quad \Phi(0) = 0$$

bzw. die kinetische Energie

$$E = \frac{1}{2}\theta_S\dot\varphi^2 + \frac{1}{2}2mv_S^2.$$

Die momentane Geschwindigkeit des Schwerpunktes ist

$$v_S = a\dot\varphi = R\dot\varphi\sqrt{2(1-\cos\varphi)} \quad \rightarrow \quad E = \left(\frac{47}{12} - 2\cos\varphi\right)mR^2\dot\varphi^2.$$

Die partiellen Ableitungen der Lagrange-Funktion $L = E - \Phi$ liefern

$$\frac{\partial L}{\partial\dot\varphi} = \left(\frac{47}{12} - 2\cos\varphi\right)2mR^2\dot\varphi$$

$$\frac{\partial L}{\partial\varphi} = 2mR^2\dot\varphi^2\sin\varphi - 2mgR\sin\varphi$$

und damit erhalten wir aus der Lagrangeschen Gleichung (zweiter Art)
a) die Bewegungsdifferentialgleichung

$$\left(\frac{47}{12} - 2\cos\varphi\right)\ddot\varphi + \sin\varphi\,\dot\varphi^2 + \frac{g}{R}\sin\varphi = 0.$$

b) Für das Pendel gilt zudem der Energiesatz

$$E + \Phi = E_0 + \Phi_0 = 2mg(1-\cos\varphi_0)R$$

und daraus folgt

$$\dot\varphi^2 = \frac{2g(\cos\varphi - \cos\varphi_0)}{\left(\dfrac{47}{12} - 2\cos\varphi\right)R}.$$

c) Für kleine Schwingungen ist $\sin\varphi \approx \varphi$, $\cos\varphi \approx 1$ bzw. $\cos\varphi_0 \approx 1$. Damit erhalten wir aus der unter a) angegebenen Bewegungsdifferentialgleichung

$$\frac{23}{12}\ddot\varphi + \frac{g}{R}\varphi = 0 \quad \rightarrow \quad \omega^2 = \frac{12}{23}\frac{g}{R}.$$

Aufgabe 12.5:

Ein gerader homogener Stab mit der Masse m und der Länge l ist an seinem oberen Ende gelenkig aufgehängt. Der Aufhängepunkt wird nach dem Gesetz $x = a\cos\omega t$ horizontal hin- und herbewegt. Bestimmen Sie die entstehende Pendelbewegung des Stabes mit den Anfangsbedingungen $\varphi = 0$ und $\dot\varphi = 0$ bei Beschränkung auf kleine Ausschläge φ. Bewegungswiderstände sind zu vernachlässigen.

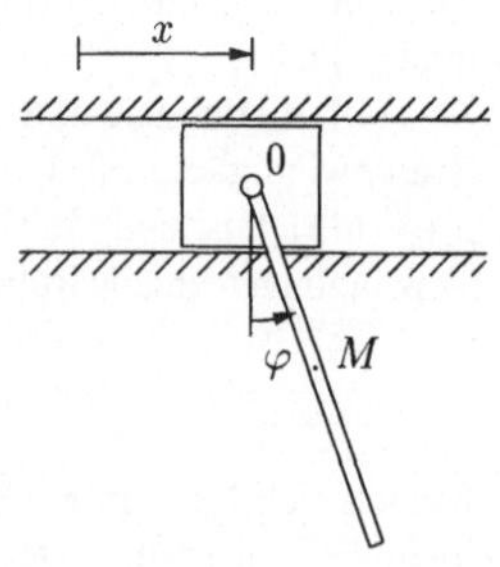

Lösung: Das System hat einen Freiheitsgrad $q = \varphi$, da der Aufhängepunkt nach einem vorgeschriebenen Gesetz bewegt wird.

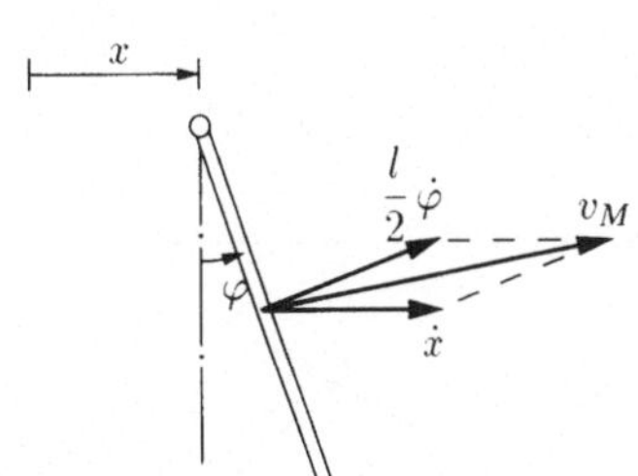

Die kinetische Energie ist

$$E = \frac{1}{2} m v_M^2 + \frac{1}{2} \theta_M \dot{\varphi}^2 \, .$$

Dabei ist zu berücksichtigen

$$\theta_M = \frac{1}{12} m l^2 \quad \text{(homogener Stab)}$$

$$v_M^2 = \dot{x}^2 + \frac{l^2}{4} \dot{\varphi}^2 + \dot{x}\dot{\varphi} l \cos\varphi \, .$$

Damit wird dann

$$E = \frac{1}{2} m \dot{x}^2 + \frac{1}{2} m \dot{x}\dot{\varphi} l \cos\varphi + \frac{1}{6} m l^2 \dot{\varphi}^2 \, .$$

Für die potentielle Energie dieses konservativen Systems gilt

$$\Phi(\varphi) = mg \frac{l}{2} (1 - \cos\varphi) \quad \text{bei} \quad \Phi(0) = 0 \, .$$

Die generalisierte Kraft wird damit

$$Q = -\frac{\partial \Phi}{\partial \varphi} = -mg \frac{l}{2} \sin\varphi \, .$$

Mit Hilfe der Lagrangeschen Gleichung zweiter Art

$$\frac{\mathrm{d}}{\mathrm{d}t} \left(\frac{\partial E}{\partial \dot{\varphi}} \right) - \frac{\partial E}{\partial \varphi} = Q \, .$$

erhalten wir dann mit

$$\frac{\partial E}{\partial \dot{\varphi}} = \frac{1}{3} m l^2 \dot{\varphi} + \frac{1}{2} m \dot{x} l \cos\varphi$$

$$\frac{\partial E}{\partial \varphi} = -\frac{1}{2} m \dot{x}\dot{\varphi} l \sin\varphi$$

als Bewegungsgleichung für den Stab

$$\ddot{\varphi} + \frac{3g}{2l} \sin\varphi + \frac{3}{2l} \ddot{x} \cos\varphi = 0 \, .$$

Für kleine Ausschläge φ linearisieren wir diese Gleichung durch $\sin\varphi \approx \varphi$ bzw. $\cos\varphi \approx 1$ und erhalten so

$$\ddot{\varphi} + \omega_n^2 \varphi = \frac{a}{g} \omega_n^2 \omega^2 \cos\omega t \quad \text{bei} \quad \omega_n^2 = \frac{3g}{2l} \, .$$

Diese inhomogene Differentialgleichung hat die Lösung

$$\varphi = c_1 \cos\omega_n t + c_2 \sin\omega_n t + \frac{a}{g} \frac{\omega_n^2 \omega^2}{\omega_n^2 - \omega^2} \cos\omega t \, .$$

Mit Hilfe der Anfangsbedingungen $t = 0 : \quad \varphi = \dot{\varphi} = 0$ lassen sich die Konstanten c_1 und c_2 bestimmen

$$c_1 = -\frac{a}{g} \frac{\omega_n^2 \omega^2}{\omega_n^2 - \omega^2} \qquad c_2 = 0$$

und wir erhalten schließlich

$$\varphi = \frac{a}{g} \frac{\omega_n^2 \omega^2}{\omega_n^2 - \omega^2} (\cos\omega t - \cos\omega_n t) \, .$$

12.5 Aufgaben

Aufgabe 12.6:

Aus der dargestellten Lage heraus setzt sich das
System in Bewegung. Bestimmen Sie die Ge-
schwindigkeit $\dot{x}(x)$ sowie die Seilkraft S als
Funktion von x.

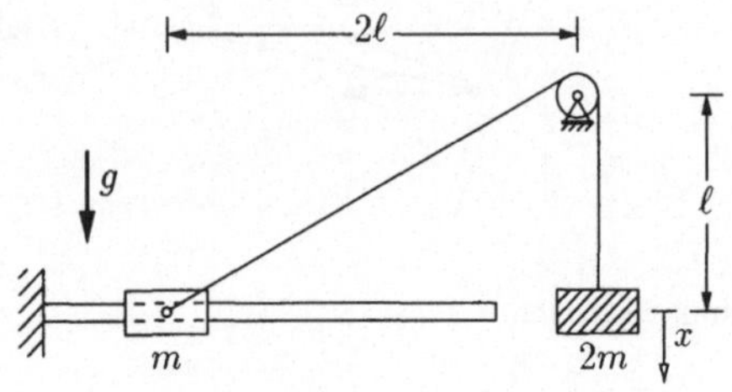

Aufgabe 12.7:

Die Massenpunkte beginnen ihre Bewegung aus der
dargestellten Ruhelage. Wie groß sind ihre Beschleunigungen? Seil und Rollen sind masselos. Bewegungswiderstände sind zu vernachlässigen

Gegeben: $m_1 = m$, $m_2 = 2\,m$, $m_3 = 3\,m$

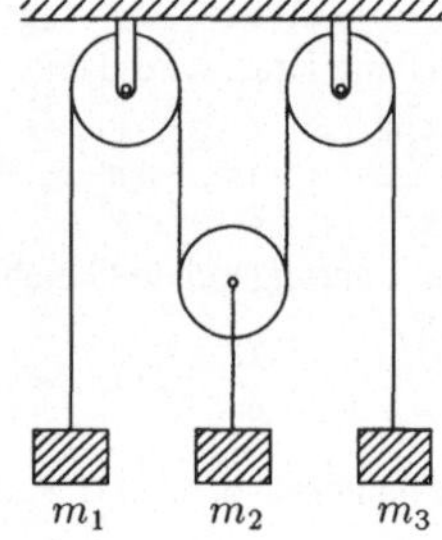

Aufgabe 12.8:

Für kleine Ausschlagwinkel ($\cos\varphi \approx 1 - \varphi^2/2$)
sind die Bewegungsgleichungen mit Hilfe der
Lagrangesche Gleichungen anzugeben.

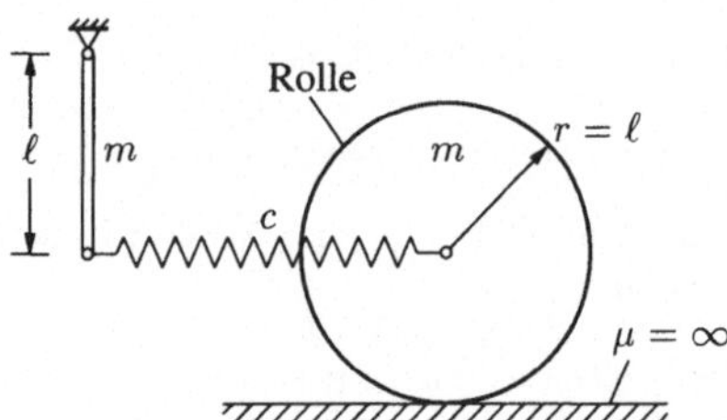

Aufgabe 12.9:

Das dargestellte System besteht aus drei Rollen (homogene Scheiben mit gleichem Radius r und gleicher Masse m, $\theta = mr^2/2$) sowie aus zwei Körpern mit den Massen m_1 und m_2 ($m_1 + 2m_2 > m$). An der Achse der mittleren Rolle ist eine Feder befestigt (Federkonstante c). Reibungs- und Dämpfungseinflüsse sind zu vernachlässigen. Bestimmen Sie

a) die Verformung der Feder in der statischen Gleichgewichtslage,

b) die Bewegungsdifferentialgleichung des Systems,

c) die Eigenfrequenz sowie

d) das Bewegungsgesetz des Körpers mit der Masse m_1, wenn sich das System für $t = 0$ mit unverformter Feder in Ruhe befindet.

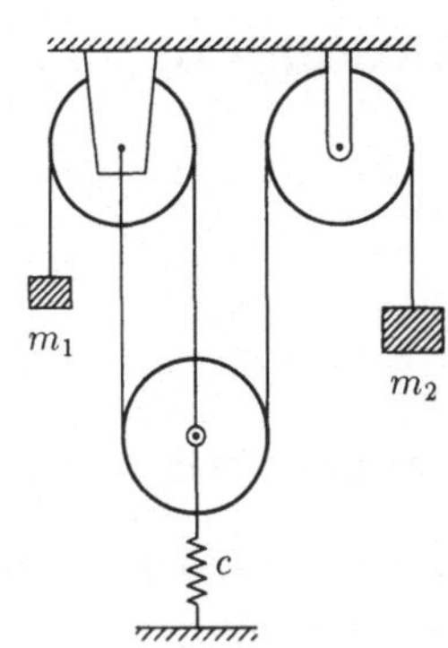

Aufgabe 12.10:

Der Drehpunkt eines homogenen Stabpendels von der Masse m und der Länge $2\,l$ ist vertikal beweglich federnd aufgehängt. Die Federzahl ist c. Ermitteln Sie die Bewegungsgleichungen, linearisieren sie und geben die Bedingung für Übereinstimmen der Eigenfrequenzen der Translations- und der Rotationsschwingungen an.

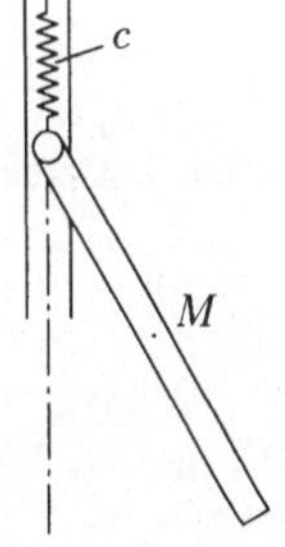

13 Lösungen

Kapitel 1:

Aufgabe 1.9:
Die Bewegung genügt der Funktion

$$\frac{v^2}{v_0^2} + \frac{s^2}{s_0^2} = 1 \quad \rightarrow \quad v(s) = \pm v_0 \sqrt{1 - \frac{s^2}{s_0^2}} \; .$$

Wir erhalten (2. Grundfall)

$$a(s) = -\frac{v_0^2}{s_0^2}\, s \,, \quad s(t) = s_0 \sin \frac{v_0}{s_0}\, t \,, \quad v(t) = v_0 \cos \frac{v_0}{s_0}\, t \,, \quad a(t) = -\frac{v_0^2}{s_0} \sin \frac{v_0}{s_0}\, t \,.$$

Aufgabe 1.10:
Wir finden

$$a = \frac{dv}{dt} = \frac{dv}{dx}\, v = a_0 \frac{v_0}{v_0 + v} \; .$$

Dies ist der 4. Grundfall. Entsprechend erhalten wir

$$\int\limits_0^s dx = \int\limits_0^{v_1} \frac{v(v_0 + v)}{a_0 v_0}\, dv \quad \rightarrow \quad s_1 = v_1^2 \frac{3v_0 + 2v_1}{6 a_0 v_0} = 1\,013{,}3 \text{ m}$$

sowie

$$\int\limits_0^{t_1} dt = \int\limits_0^{v_1} \frac{(v_0 + v)}{a_0 v_0}\, dv \quad \rightarrow \quad t_1 = v_1 \frac{2v_0 + v_1}{2 a_0 v_0} = 24 \text{ s} \,.$$

Aufgabe 1.11:
Aus dem Impulssatz erhalten wir

$$m\ddot{x} = mg - c_W \rho \frac{A \dot{x}^2}{2} \; .$$

Die Grenzgeschwindigkeit erreichen wir für $\ddot{x} \rightarrow 0$

$$v_{\text{gr}}^2 = \frac{2mg}{c_w A \rho} \quad \rightarrow \quad v_{\text{gr}} = 30{,}9 \text{ m/s} = 111{,}4 \text{ km/h} \,.$$

Aufgabe 1.12:
Gegeben ist $a = a(s) \quad \rightarrow \quad$ 3. Grundfall
Zur Bestimmung der sog. Fluchtgeschwindigkeit v_0 muß gelten: $s \rightarrow \infty : \quad v = 0$

$$K = 3{,}98 \cdot 10^{14} \text{ m}^3/\text{s}^2, \quad v_0 = 11{,}18 \cdot 10^3 \text{ m/s} \,.$$

Aufgabe 1.13:
Der Impulssatz in horizontaler Richtung führt auf

$$0 = mv - m'v' \cos \alpha \quad \rightarrow \quad v = 0{,}26 \text{ m/s} \,.$$

Aufgabe 1.14:

$$a_0 = -\frac{1}{3} \text{ m/s}^2$$

Aufgabe 1.15:

$$v' = 300,1 \text{ m/s}$$

Aufgabe 1.16:

a) $r_r(t) = r_0 + \dfrac{\Omega\delta}{2\pi}\, t \quad \rightarrow \quad v = r_r(t)\Omega = \Omega\left(r_0 + \dfrac{\Omega\delta}{2\pi}\, t\right)$

b) $\varphi_l(t) = 2\pi\, \dfrac{R}{\delta}\left\{1 - \sqrt{1 - \dfrac{r_0\Omega\delta\, t}{\pi R^2} - \left(\dfrac{\Omega\delta\, t}{2\pi R}\right)^2}\,\right\}$

c) $\dot{\varphi}_l(t) = \dfrac{\dfrac{\Omega}{R}\left(r_0 + \dfrac{\Omega\delta}{2\pi}\, t\right)}{\sqrt{1 - \dfrac{r_0\Omega\delta\, t}{\pi R^2} - \left(\dfrac{\Omega\delta\, t}{2\pi R}\right)^2}}$

Aufgabe 1.17:

$$A = G\left(1 - \frac{a}{g}\right), \quad Q = \frac{a+b}{g+b}\, G$$

Aufgabe 1.18:

$$H = 20,4 \text{ m}, \quad T = 4,08 \text{ s}$$

Aufgabe 1.19:

$$\dot{x}_1 = 8,85 \text{ m/s}, \quad \dot{y}_2 = 0$$

Aufgabe 1.20:

a) $t_0 = \dfrac{2v_0}{a_0}\left(1 - \sqrt{0.5}\,\right) \quad \rightarrow \quad t_0 = 0.586\,\dfrac{v_0}{a_0}$

b) $x_0 = \dfrac{v_0^2}{3a_0}\left(1 - 2.5\sqrt{2}\,\right) \quad \rightarrow \quad x_0 = 0.155\,\dfrac{v_0^2}{a_0}$

Bei konstanter Beschleunigung ist dagegen:

$$t_0 = 0.5\,\frac{v_0}{a_0}\, , \quad x_0 = 0.125\,\frac{v_0^2}{a_0}$$

Aufgabe 1.21:

$$x = \frac{4}{3}\, l$$

Aufgabe 1.22:

$$s_1 = \frac{mv_0}{k}\, , \quad t_1 = \frac{m}{k}\, \ln v_1\big|_{v_1=0} \Rightarrow \infty$$

Aufgabe 1.23:

$$\Delta t = \sqrt{\frac{h}{g}} \left(\sqrt{\frac{5}{2}} - \sqrt{\frac{20}{9}} \right) = 0,158 \text{ s}$$

Kapitel 2:

Aufgabe 2.8:

Wir geben die beiden Beziehungen des Impulssatzes an

$$m\ddot{x} = 0, \quad m\ddot{y} = -mg$$

und integrieren über die Zeit. Die auf diese Weise hinzukommenden insgesamt 4 Integrationskonstanten sowie die unbekannten v_0 und α_0 bestimmen wir mit Hilfe der 4 Anfangsbedingungen

$$t = 0 : \quad x = 0, \quad \dot{x} = v_0 \cos \alpha_0$$
$$y = H, \quad \dot{y} = v_0 \sin \alpha_0$$

sowie der Forderung, daß die Bahn des Balls durch die beiden Punkte $(3l, 0)$ und $(2l, h)$ gehen muß.

$$\rightarrow \quad \tan \alpha_0 = \frac{5H - 9h}{6l} \quad \rightarrow \quad v_0 = \frac{1}{2} \sqrt{\frac{36l^2 + (5H - 9h)^2}{9h - 3H}} \, g \, .$$

Aufgabe 2.9:

Der Massenpunkt durchläuft eine Kreisbahn mit $a_r = -r\dot{\varphi}^2, \quad a_\varphi = r\ddot{\varphi}$ (2.11).

Mit Hilfe des Impulssatzes erhalten wir (unter Berücksichtigung der Gleitreibung, siehe Kapitel 3)

$$ma_r = mg \cos \varphi - N$$
$$ma_\varphi = -mg \sin \varphi - \mu N$$

und nach Elimination von N die Differentialgleichung

$$\ddot{\varphi} + \mu\dot{\varphi}^2 + \frac{g}{r} \left(\mu \cos \varphi + \sin \varphi \right) = 0 \, .$$

Die Integration dieser Gleichung, eingesetzt in den Impulssatz in radialer Richtung, führt dann auf

$$N = mg \left\{ \frac{v_0^2}{rg} e^{-2\mu\varphi} + \frac{2}{1 + 4\mu^2} \left[(1 - 2\mu^2)(\cos \varphi - e^{-2\mu\varphi}) - 3\mu \sin \varphi \right] \right\} \, .$$

Ohne Gleitreibung erhalten wir daraus

$$N = mg \left\{ \frac{v_0^2}{rg} + 2(\cos \varphi - 1) \right\} \, .$$

Aufgabe 2.10:

a) Der Faden wird mit konstanter Geschwindigkeit u_0 gezogen

$$r(t) = r_0 - u_0 t \quad \rightarrow \quad \dot{r} = -u_0, \quad \ddot{r} = 0 \, .$$

Zur Beschreibung des Problems führen wir Polarkoordinaten $\{r, \varphi\}$ ein:

Impulssatz in φ-Richtung (es wirken keine Kräfte)

$$ma_\varphi = 0 \quad \rightarrow \quad r\ddot{\varphi} + 2\dot{r}\dot{\varphi} = 0 \quad \rightarrow \quad r^2\dot{\varphi} = r_0^2\omega_0 = \text{konst.} \quad \dot{\varphi} = \omega(t) = \frac{r_0^2\omega_0}{(r_0 - u_0 t)^2} \, .$$

Impulssatz in r-Richtung

$$ma_r = m(\ddot{r} - r\dot{\varphi}^2) = -S \quad \rightarrow \quad S = mr\dot{\varphi}^2 = \frac{mr_0^4\omega_0^2}{(r_0 - u_0 t)^3} \, .$$

b) $t_1 = \dfrac{r_0}{u_0} \left(1 - \dfrac{1}{2}\sqrt{2} \right), \quad r_1 = \dfrac{1}{2}\sqrt{2}\, r_0 \, .$

c) $\Delta E = \dfrac{1}{2} m r_0^2 \omega_0^2, \quad A = \Delta E \, .$

Aufgabe 2.11:

Das Gravitationsgesetz (2.13) liefert

$$\frac{mv^2}{r} = \Gamma\, \frac{mm_E}{r^2}\,.$$

Die Gravitationskonstante bestimmen wir für einen Massenpunkt auf der Erdoberfläche

$$\Gamma = \frac{gR^2}{m_E} \quad \rightarrow \quad v^2 = \frac{gR^2}{r} \quad \rightarrow \quad v = \frac{2\pi r}{T}\,,$$

wenn T die Umlaufzeit des Satelliten ist. Damit erhalten wir

$$r^3 = \frac{gR^2 T^2}{4\pi^2} = (R+h)^3\,.$$

Wenn der Satellit scheinbar stillstehen soll, muß seine Umlaufzeit $T = 24$ h betragen.

$$\rightarrow \quad h = 35\,852\ \text{km}\,.$$

Aufgabe 2.12:

$$a_0 = g\cot\alpha_0$$

Aufgabe 2.13:

$$\frac{v_0^2}{g}\cos\alpha - 2l\sin 2\alpha = \tan\alpha \sqrt{\left(\frac{v_0^2}{g}\sin\alpha + l\cos 2\alpha\right)^2 - l^2}$$

Aufgabe 2.14:

$$v_0 = \sqrt{\tfrac{17}{6}gl}$$

Aufgabe 2.15:

$$v_{\text{kr}} = \sqrt{\mu_0 gr} = 31,3\ \text{m/s} = 112,8\ \text{km/h}$$

Kurve: $\quad a_{v\text{max}} = \sqrt{\mu_0^2 g^2 - \dfrac{v^4}{r^2}} = 3,78\ \text{m/s}^2,\quad$ Gerade: $\quad a_{v\text{max}} = \mu_0 g = 4.91\ \text{m/s}^2\,.$

Aufgabe 2.16:

$$\ddot{x}_1 = \frac{3}{17}g\,,\quad \ddot{x}_2 = \frac{12}{17}g\,,\quad \ddot{x}_3 = \frac{3}{17}g\,,\qquad x_2(t=1) = 3.46\ \text{m}\,.$$

Kapitel 3:

Aufgabe 3.5:

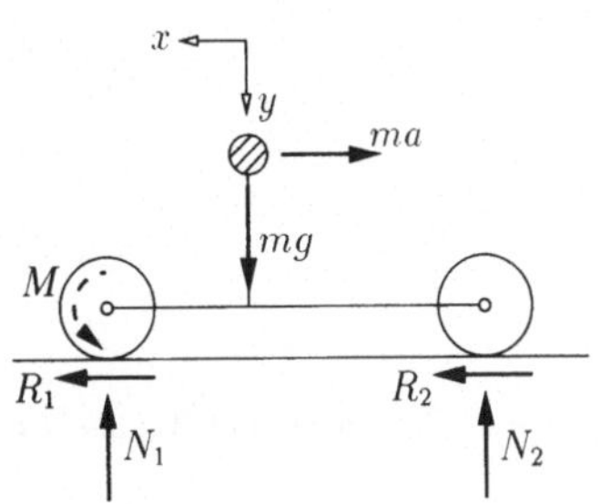

Wir tragen die an der Anordnung angreifenden Kräfte – einschließlich der Trägheitskräfte – an und erhalten mit Hilfe der Gleichgewichtsbedingungen

$$\sum F_x = 0: \quad ma = R_1 + R_2$$
$$\sum F_y = 0: \quad 0 = mg - N_1 - N_2$$
$$\sum M_S = 0: \quad 0 = (R_1 + R_2)h + N_1 b_1 - N_2 b_2.$$

Daraus bestimmen wir

$$N_1 = \frac{m(gb_2 - ah)}{b_1 + b_2}, \quad N_2 = \frac{m(gb_1 + ah)}{b_1 + b_2}.$$

a) Für Vorderradantrieb gilt

$$R_2 = 0, \quad R_1 = ma = \frac{M}{r}.$$

Die Anfahrbeschleunigung a_V wird maximal für $R_{1\max} = \mu_0 N_1$

$$ma_V = \mu_0 N_1 = \mu_0 \frac{m(gb_2 - a_V h)}{b_1 + b_2} \quad \rightarrow \quad a_{V\max} = \frac{\mu_0 b_2 g}{b_1 + b_2 + \mu_0 h}$$

b) Für Hinterradantrieb gilt

$$R_1 = 0, \quad R_2 = ma = \frac{M}{r} \quad \rightarrow \quad a_{H\max} = \frac{\mu_0 b_1 g}{b_1 + b_2 - \mu_0 h}$$

Damit kein Abheben erfolgt, muß zusätzlich gelten

$$N_1 > 0 \quad \text{bzw.} \quad N_2 > 0 \quad \rightarrow \quad a < \frac{b_2}{h} g \quad \rightarrow \quad a_{H\max} = \text{Min} \left\{ \frac{\mu_0 b_1 g}{b_1 + b_2 - \mu_0 h}, \frac{b_2}{h} g \right\}.$$

Aufgabe 3.6:

Wir schneiden Motor und Maschine frei und erhalten aus den Gleichgewichtsbedingungen

$$\sum M = 0: \quad M_A = (S_o - S_u)r = M_B$$
$$\sum H = 0: \quad 0 = V - S_o - S_u.$$

Damit werden

$$S_o = \frac{1}{2}\left(\frac{M_A}{r} + V\right) = 2,3 \text{ kN}, \quad S_u = \frac{1}{2}\left(V - \frac{M_A}{r}\right) = 0,7 \text{ kN}.$$

Für Haften muß gelten

$$S_o > S_u: \quad \rightarrow \quad S_o \leqslant S_u \, e^{\mu_0 \varphi}$$

und damit

$$M_A\left(1 + e^{\mu_0 \varphi}\right) \leqslant Vr\left(e^{\mu_0 \varphi} - 1\right) \quad \rightarrow \quad M_A \leqslant Vr \frac{e^{\mu_0 \varphi} - 1}{1 + e^{\mu_0 \varphi}} = 196,7 \text{ Nm}.$$

Aufgabe 3.7:

Wir betrachten den Rennwagen als Massenpunkt und erhalten aus dem Gleichgewicht der an ihm angetragenen Kräfte

$$\sum F_n = 0: \quad N = m\frac{v^2}{\rho}\sin\alpha + mg\cos\alpha$$

$$\sum F_t = 0: \quad T = mg\sin\alpha - m\frac{v^2}{\rho}\cos\alpha,$$

mit $\rho = r + \dfrac{y}{\tan\alpha}$. Wenn kein Rutschen auftreten soll, muß gelten

$$|T| < \mu_0 N = \mu_0 m\left(\frac{v^2}{\rho}\sin\alpha + g\cos\alpha\right).$$

Als Ergebnis der einzelnen Fallunterscheidungen erhalten wir schließlich

$$\tan\alpha < \frac{1}{\mu_0} : \quad \frac{\tan\alpha - \mu_0}{1 + \mu_0\tan\alpha} < \frac{v^2}{\rho g} < \frac{\tan\alpha + \mu_0}{1 - \mu_0\tan\alpha}$$

$$\tan\alpha > \frac{1}{\mu_0} : \quad \frac{\tan\alpha - \mu_0}{1 + \mu_0\tan\alpha} < \frac{v^2}{\rho g} \ .$$

Aufgabe 3.8:

Wir beschreiben die Bewegung des Brettes durch die Koordinate x. Für den Bereich $0 \leqslant x \leqslant l$ gilt

$$R = \mu m g\,\frac{x}{l} \quad \rightarrow \quad \ddot{x} = -\mu g\,\frac{x}{l} \quad \rightarrow \quad \int_0^l \ddot{x}\,dx = \int_{v_0}^{\dot{x}_1} \dot{x}\,d\dot{x}$$

mit der Geschwindigkeit für $x = l$

$$\dot{x}_1^2 = v_0^2 - \mu g l.$$

Für den Bereich $x > l$ gilt

$$R = \mu m g \quad \rightarrow \quad -\int_l^{x_2} \mu g\,dx = \int_{\dot{x}_1}^0 \dot{x}\,d\dot{x} \quad \rightarrow \quad \dot{x}_1^2 = 2\mu g(x_2 - l).$$

Damit wird insgesamt

$$x_2 = l + \frac{v_0^2 - \mu g l}{2\mu g} = 4,12 \text{ m}.$$

Bei gleichmäßig rauhem Untergrund erhalten wir mit Hilfe des Energiesatzes (bei $R = \mu m g$)

$$-\mu m g x_2 = -\frac{1}{2}\,m v_0^2 \quad \rightarrow \quad x_2 = \frac{v_0^2}{2\mu g} = 2,12 \text{ m}.$$

Aufgabe 3.9:

$$v_{\min} = 4,2 \text{ m/s} = 15,1 \text{ km/h}, \quad v_{\max} = 21,1 \text{ m/s} = 76,0 \text{ km/h}, \quad \delta \leqslant 26,57°$$

Aufgabe 3.10:

a) $\alpha > \arctan\mu_0$ b) $v_1 = \sqrt{2g\,(h - \mu l)}, \quad v_2 = \sqrt{2g\,(h - 2\mu l)}$

Aufgabe 3.11:

$$t = 1,12 \text{ s}, \quad v_A = 3,55 \text{ m/s}$$

Aufgabe 3.12:

$$v_0 = \sqrt{65\,g} = 25,25 \text{ m/s}$$

Aufgabe 3.13:

Wir weisen nach, daß das Brett hangabwärts gleitet und erhalten mit $\ddot{\varphi} = \dfrac{g}{20r}$ und $\varphi_A = \dfrac{l}{r}$

$$t_a = \sqrt{40\,\frac{l}{g}} \ .$$

Aufgabe 3.14:

Als positive Richtungen werden angesetzt: x_1 aufwärts, x_2 abwärts sowie x_3 hangaufwärts.

$$\ddot{x}_1 = \ddot{x}_2 = \ddot{x}_3 = \frac{g}{3}. \quad x_2(3\text{ s}) = 14,72\text{ m}, \quad \dot{x}_2(3\text{ s}) = 9,81\text{ m/s}$$

Kapitel 4:

Aufgabe 4.5:

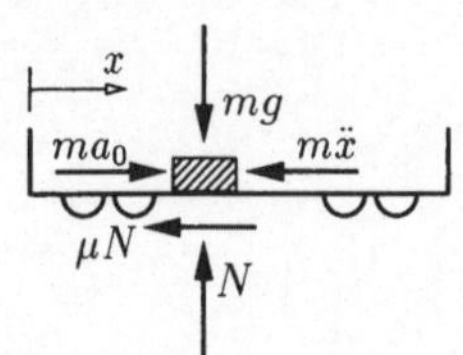

Wir beschreiben die Bewegung in einem mitbewegten Bezugssystem. Dann gilt

(i) $\ddot{x} = a_0 - \mu g$ für $t < t_1 = \dfrac{v_0}{a_0}$,   (Zug bremst mit a_0)

(ii) $\ddot{x} = -\mu g$ für $t > t_1$,   (Zug steht)

Damit erhalten wir im Bereich (i) für $t = t_1$

$$\dot{x}_1 = (a_0 - \mu g)\,\frac{v_0}{a_0} , \qquad x_1 = \frac{1}{2}\,(a_0 - \mu g)\,\frac{v_0^2}{a_0^2} ,$$

bzw. im Bereich (ii)

$$\dot{x}^2 \,\Big|_{\dot{x}_1}^{0} = -2\mu g\, x \,\Big|_{x_1}^{x_{\max}} \quad \rightarrow \quad x_{\max} = \frac{v_0^2}{2}\left(\frac{1}{\mu g} - \frac{1}{a_0}\right) = 25 \text{ m} .$$

Aufgabe 4.6:

Als positive Richtungen werden angesetzt: Bewegung der Rampe - x nach rechts, Relativbewegung des Wagens - y hangabwärts.

Wir schneiden die Körper frei und tragen jeweils die daran angreifenden Kräfte – einschließlich der Trägheitskräfte – an. Mit Hilfe der Gleichgewichtsbedingungen erhalten wir dann

a) $\ddot{x} = 1,89$ m/s^2,   b) $\ddot{y} = 6,54$ m/s^2,   c) $N = 378$ N,   d) $t_1 = 0,958$ s .

Aufgabe 4.7:

$$a_0 < \mu_0 g, \qquad s_{\max} = \begin{cases} 0 \\[2mm] 2m\,\dfrac{a_1 - \mu g}{c} \end{cases} \quad \rightarrow \quad \text{max. Weg}$$

Aufgabe 4.8:

Wir bestimmen allgemein:

$$\dot{\varphi} = \pm\omega\,\sqrt{2\,\frac{e}{a}\,\cos\varphi} \quad \text{als relative Winkelgeschwindigkeit}$$

$$N = -m\omega^2(a + 3e\cos\varphi \pm 2\sqrt{2ea\cos\varphi}\,) \quad \text{als radialen Führungsdruck}$$

Für die Lage m_1 gelten (bei $\varphi = 0$):

$$\omega_{\text{rel}} = \pm\omega\,\sqrt{2\,\frac{e}{a}} , \qquad \omega_{\text{abs}} = \omega\left(1 \pm \sqrt{2\,\frac{e}{a}}\,\right), \qquad N = -m\omega^2(a + 3e \pm 2\sqrt{2ea}\,) .$$

Aufgabe 4.9:

Die Kugel bewegt sich unter dem Einfluß des Schwerefeldes.

$$\Omega = \sqrt{\frac{4}{3}\,\frac{g}{l}} , \qquad N_1 = \frac{3}{2}\,mg \quad (\text{radial}) .$$

Aufgabe 4.10:

Aus der Definition der Massenkraft folgt: $\omega^2 = \dfrac{g}{R}$

a) $T = \dfrac{\pi}{\sqrt{\omega^2 - \Omega^2}}$, b) $\dot{x}(0) = -R\sqrt{\omega^2 - \Omega^2}$, c) $N = 2m\Omega R\sqrt{\omega^2 - \Omega^2}\,\sin\sqrt{\omega^2 - \Omega^2}\,t$.

Aufgabe 4.11:

a) $v_{\text{rel}} = \sqrt{3}\,\Omega l$, b) $N = \sqrt{N_H^2 + N_V^2}$, $N_H = -2(\sqrt{3}-1)m\Omega^2 l$, $N_V = mg$

Aufgabe 4.12:

$$\ddot{\varphi} + \Omega^2 \sin\varphi + \frac{g}{r}\sin(\varphi - \Omega t) = 0$$

Aufgabe 4.13:

$$\omega_{1,2} = \begin{cases} 0,73\ \text{s}^{-1} & \to \quad \text{im eingez. Drehsinn} \\ -1,53\ \text{s}^{-1} & \to \quad \text{entgegen dem eingez. Drehsinn} \end{cases}$$

Aufgabe 4.14:

$$a_r = -r(\Omega + \omega)^2 - \Omega^2 R\cos\varphi, \qquad a_\varphi = \Omega^2 R\sin\varphi$$

Aufgabe 4.15:

Wir tragen die an den beiden Massen m_0 bzw. m angreifenden Trägheitskräfte an und bestimmen damit das erforderliche Drehmoment

$$M = m_0 R\left(R\dot{\Omega} + \dot{u}\sin\left(\frac{\dot{\Omega}}{2}t^2\right)\right) + mr_a\left(r_a\dot{\Omega} - \dot{u}\sin\left(\frac{\dot{\Omega}}{2}t^2\right)\right) - 2mr_a v\,\dot{\Omega}t.$$

Kapitel 5:

Aufgabe 5.5:

Wir bezeichnen mit Ω die Winkelgeschwindigkeit des Außenringes, mit ω_1 die Winkelgeschwindigkeit der Rolle und mit ω_2 die Winkelgeschwindigkeit der Strecke 0M. Da der Innenring fest steht, liegt der Momentanpol der Rolle in seinem Berührungspunkt mit dem Innenring. Dann gilt

$$v_A = \Omega R = \omega_1 (R - r) \quad \rightarrow \quad \omega_1 = \frac{R}{R - r}\,\Omega.$$

Entsprechend erhalten wir

$$v_M = \omega_1 \frac{1}{2}(R - r) = \omega_2 \frac{1}{2}(R + r) = \frac{1}{2}\Omega R \quad \rightarrow \quad \omega_2 = \frac{R}{R + r}\,\Omega.$$

Da die Drehzahlen den Winkelgeschwindigkeiten proportional sind gilt für b) bzw. a)

$$n_1 = \frac{R}{R - r}\,n = 300, \quad n_2 = \frac{R}{R + r}\,n = 60.$$

Aufgabe 5.6:

Wir bestimmen die Absolutpole P_1 uns P_2 der beiden Stäbe und beschreiben ihre Bewegung als Drehbewegung um diese Pole. Bezeichnen wir dazu mit $\omega = \dot{\alpha}$, so erhalten wir mit Hilfe des Energiesatzes (siehe Kapitel 6)

$$2mg\,\frac{l}{2}\sin\alpha = \theta_{P_1}\frac{1}{2}\omega^2 + \theta_{P_2}\frac{1}{2}\omega^2 \quad \rightarrow \quad \omega = \sqrt{\frac{2mgl\sin\alpha}{\theta_{P_1} + \theta_{P_2}}}\,.$$

Die Massenträgheitsmomente der Stäbe sind dabei

$$\theta_{P_1} = \frac{ml^2}{12} + m\left(\frac{l}{2}\right)^2 = \frac{1}{3}ml^2$$

$$\theta_{P_2} = \frac{ml^2}{12} + m\left\{\left(\frac{l}{2}\cos\alpha\right)^2 + \left(\frac{3}{2}l\sin\alpha\right)^2\right\} = \frac{1}{3}ml^2 + 2ml^2\sin^2\alpha\,.$$

Eingesetzt erhalten wir dann

$$\omega = \sqrt{\frac{3g\sin\alpha}{l(1 + 3\sin^2\alpha}} \quad \rightarrow \quad \omega(30°) = \sqrt{\frac{6}{7}\frac{g}{l}}\,.$$

Aufgabe 5.7:

Wir bezeichnen die Neigung der Schwinge BC mit α und erhalten mit Hilfe der geometrischen Zusammenhänge im Dreieck OBA (Sinus- bzw. Cosinussatz)

$$\sin\alpha = \frac{a\sin\varphi}{\sqrt{a^2 + b^2 - 2ab\cos\varphi}} = f(\varphi).$$

Ableitung dieser Beziehung nach der Zeit führt auf

$$\dot{\alpha} = \omega_0\,a\,\frac{b\cos\varphi - a}{a^2 + b^2 - 2ab\cos\varphi}\,, \quad \ddot{\alpha} = -\omega_0^2\,\frac{ab\sin\varphi(b^2 - a^2)}{(a^2 + b^2 - 2ab\cos\varphi)^2}\,.$$

Extremwerte von $\dot{\alpha}$ für $\ddot{\alpha} = 0$:

$$\varphi_{1,2} = \begin{cases} 0, & \dot{\alpha} = \omega_0\,\dfrac{a}{b - a} \quad \rightarrow \quad \text{Maximum} \\[2.5ex] \pi, & \dot{\alpha} = -\omega_0\,\dfrac{a}{b + a} \quad \rightarrow \quad \text{Minimum} \end{cases}$$

Aufgabe 5.8:

$$\omega_{1,2} = \Omega \pm \omega\,\frac{r}{R}$$

Aufgabe 5.9:

Wir bestimmen den Momentanpol der Kurbelstange $(4r)$ und erhalten dann

$$v_K = \omega r\, \frac{\sin(\alpha + \varphi)}{\sin \alpha} \quad \text{mit} \quad \alpha = \arccos\left(\frac{1}{2}\cos^2 \frac{\varphi}{2}\right), \quad 0 < \alpha \leq \frac{\pi}{2}$$

$$a_K = \frac{\omega^2 r}{4 \sin \alpha}\left\{4\cos(\alpha + \varphi) - \left(\frac{\sin \varphi}{\sin \alpha}\right)^2\right\}.$$

Aufgabe 5.10:

Wir konstruieren zunächst den Momentanpol M der Stange AD mit Hilfe der Absolutpole der Stange AB im Punkt B bzw. der Walze in ihrem Berührungspunkt mit der Ebene. Ausgehend von diesem Momentanpol lassen sich dann die Geschwindigkeiten v_A und v_D der Punkte A und D und damit dann auch ω bestimmen

$$\omega = v_C\, \frac{\sqrt{5}}{40}\, \frac{R_A}{R_D} = 0.995 \text{ s}^{-1}$$

bei $R_A = \text{MA} = 10(\sqrt{5} - 1)$ cm und $R_D = \text{MD} = 25$ cm.

Kapitel 6:

Aufgabe 6.3:

$$\theta_{xx} = \frac{mh^2}{18}\,, \quad \theta_{yy} = \frac{mb^2}{24}\,, \quad \theta_{zz} = m\left(\frac{h^2}{18} + \frac{b^2}{24}\right)$$

Aufgabe 6.4:

$$\theta_{zz} = 5{,}55\,ma^2 \quad \text{mit} \quad m = 19\,\rho\pi a^3$$

Kapitel 7:

Aufgabe 7.7:

Fall a) Rotor und Rahmen sind fest miteinander verbunden, d. h. beide Winkelgeschwindigkeiten sind identisch

$$\sum M_O = 0: \quad M = \theta\ddot{\varphi} + mR^2\ddot{\varphi} \quad \rightarrow \quad \ddot{\varphi} = \frac{M}{m(\frac{1}{2}r^2 + R^2)}\,.$$

Fall b) Der Rotor kann sich frei drehen (Winkelgeschwindigkeit $\dot{\alpha}$). Wir trennen die beiden Systeme und tragen entsprechende Reaktionskräfte G_n und G_t an. Die Gleichgewichtsbedingungen liefern dann

Rahmen: $\quad \sum M_O = 0: \quad M = G_t R$

Rotor: $\quad \sum F_t \;= 0: \quad G_t = mR\ddot{\varphi}$

$\qquad\qquad \sum M_C = 0: \quad 0 = \theta\ddot{\alpha}\,.$

Daraus erhalten wir

$$\ddot{\varphi} = \frac{M}{mR^2}\,, \quad \dot{\alpha} = \text{konst.}$$

Der Rotor vollführt in diesem Fall eine reine Translationsbewegung.

Aufgabe 7.8:

Aus dem Drallsatz folgt

$$\theta\ddot{\varphi} + c\omega = 0 \quad \text{mit} \quad \dot{\varphi} = \omega \quad \rightarrow \quad \theta\dot{\omega} + c\omega = 0\,.$$

Durch Integration dieser Differentialgleichung erhalten wir

$$ct_0 = -\theta \ln\frac{1}{10} = \theta \ln 10\,, \quad \theta = mi^2 = \frac{G}{g}i^2\,.$$

$$c = \frac{Gi^2}{t_0 g}\ln 10 = 2,445\;\text{Nms}\,.$$

Aufgabe 7.9:

Wir bestimmen die Momentanpole und damit die Zusammenhänge zwischen den Geschwindigkeiten der Massen-Mittelpunkte der einzelnen Stäbe. Die Geschwindigkeit v_B erhalten wir dann mit Hilfe des Energiesatzes

$$v_B = \sqrt{3\sqrt{2}\,gl}\,.$$

Aufgabe 7.10:

Als positive Richtung wird angesetzt: x nach rechts (mit $\dot{x} = r\dot{\varphi}$).

Wir trennen das System auf und tragen an beiden Teilsystemen die Kräfte – einschließlich der Trägheitskräfte – an. Mit Hilfe der Gleichgewichtsbedingungen erhalten wir dann

$$\ddot{x} = \frac{2}{7}g\,, \quad \text{Haftbedingung:} \quad \mu_0 \geqslant \frac{1}{3\alpha + 8} = \frac{1}{14}\,.$$

Aufgabe 7.11:

Als positive Richtung wird angesetzt: x hangabwärts (mit $\dot{x} = r\dot{\varphi}$).

$$\ddot{x} = \frac{2}{3}\left(\sin\alpha - 2\mu\cos\alpha\right)g\,.$$

Aufgabe 7.12:

$\varphi^* = 53,13°$

Aufgabe 7.13:

$$\omega_0 = \frac{\left(\frac{\pi}{2} + n\pi\right)g}{v_0 + \sqrt{v_0^2 + (2h - l)g}}$$

Aufgabe 7.14:

Das Seil sei gespannt. Dann gilt für die Abwärtsbewegung des fallenden Zylinders

$$\dot{x} = (\dot{\varphi}_1 + \dot{\varphi}_2)r,$$

wenn φ_1 bzw. φ_2 jeweils eine Rechtsdrehung der beiden Zylinder beschreiben.

$$\ddot{x} = a_0 = \frac{4}{5}\,g.$$

Aufgabe 7.15:

Als positive Richtungen werden angesetzt: Masse - x (abwärts), Rolle - y (aufwärts). Entsprechend gilt

$$\dot{y} = r_1\dot{\varphi}, \quad \dot{x} = (r_2 - r_1)\dot{\varphi}.$$

Damit erhalten wir

$$\ddot{x} = a_0 = \frac{Q\,(r_2 - r_1)^2 - Gr_1(r_2 - r_1)}{Q\,(r_2 - r_1)^2 + G\left(\frac{1}{2}r_2^2 + r_1^2\right)}\,g$$

Aufgabe 7.16:

$$v_A = \sqrt{\frac{6gl\,(1 - \cos\alpha)\,Gl^2}{9\,Q\,(h - a)^2 + 2\,Gl^2}}$$

Aufgabe 7.17:

Für die Dauer des Einspielvorganges wirken als Reaktionskräfte zwischen den Walzen neben der Normalkraft F auch Tangentialkräfte $R = \mu F$ als Folge der Gleitreibung. Wir trennen das System auf und erhalten über die Integration der Bewegungsgleichungen

a) $\omega_e = \frac{1}{2}\left(\omega_1 + \omega_2\right),$ b) $T = \frac{\theta}{2\mu F r}\left(\omega_1 - \omega_2\right),$ c) $\Delta E = \frac{1}{4}\,\theta(\omega_1 - \omega_2)^2$

Aufgabe 7.18:

Als Koordinatenrichtungen werden in der Achse der großen Walze angesetzt: x hangabwärts, y normal nach außen.

a) $\ddot{x} = a_0 = \frac{7}{20}\,g,$ b) $y = R,$

c) $x_B = \frac{a_0\,\omega^2}{\dot{\omega}^2 + \omega^4},$ $y_B = \frac{a_0\,\dot{\omega}}{\dot{\omega}^2 + \omega^4}$ mit $\omega = \frac{v_0}{R},$ $\dot{\omega} = \frac{a_0}{R}$

Kapitel 8:

Aufgabe 8.7:

Das mitbewegte Koordinatensystem $\{x, y, z\}$ dreht sich mit

$$\Omega = \omega_x \, e_x$$

und die gesamte Drehung des Körpers gegenüber dem Raum beträgt

$$\omega = \omega_x \, e_x + \omega_y \, e_y \, .$$

Dann wird

$$H = \theta_x \omega_x \, e_x + \theta_y \omega_y \, e_y$$

und wir erhalten mit Hilfe des Drallsatzes (8.6)

$$A_{\text{dyn}} = - \frac{\theta_y \omega_y \omega_x}{l} \, .$$

Aufgabe 8.8:

Für die endgültige Schiefstellung gilt: $\alpha = \alpha_0 - \alpha_{\text{el}}$, wobei α_{el} durch die Belastung der Welle durch das Kreiselmoment M_L hervorgerufen wird.

$$\alpha = 0,1885 \text{ rad} = 10.80°, \quad M_L = 18,4 \text{ MNm}, \quad M_L(\alpha_0) = 19,5 \text{ MNm} \, .$$

Aufgabe 8.9:

Aus dem Drallsatz erhalten wir: $\quad Ga = \Omega \left(\omega + \Omega \cos \vartheta \right) \theta_{xx} - \Omega^2 \cos \vartheta \, \theta_{yy}.$

Für $\Omega \ll \omega$ folgt daraus: $\quad \Omega \approx \dfrac{ag}{\omega \, i^2} = 0,49 \text{ s}^{-1} \, .$

Aufgabe 8.10:

$$\omega_e = \frac{\sin \alpha}{\sin(\alpha - \delta)} \, \Omega = 1,37 \, \Omega, \quad A_{\text{dyn}} = 0,33 \, ml \, \Omega^2$$

Aufgabe 8.11:

$$\Omega = \frac{gl}{\omega_e r^2}$$

Aufgabe 8.12:

a) $F_x = 4 \, mg, \; F_y = -2 \, ma\Omega^2, \; F_z = 2 \, ma\dot{\Omega}$

b) $M_x = \dfrac{1}{2} \dot{\Omega} \left(\dfrac{3}{4} mR^2 + 8ma^2 \right), \quad M_y = - \dfrac{1}{2} \dot{\Omega} \left(\dfrac{1}{4} mR^2 + 4ma^2 \right)$

$$M_z = - \left(2ma^2 + \frac{1}{8} mR^2 \right) \Omega^2 - \frac{\sqrt{2}}{4} mR^2 \omega_e \Omega - 2mga$$

Das Antriebsmoment erhalten wir entsprechend zu:

$$M_A = M_x = \frac{\Omega_0 \pi}{2T_0} \left(\frac{3}{4} mR^2 + 8ma^2 \right) \cos \frac{\pi}{T_0} t \, .$$

Aufgabe 8.13:

$$\omega_e = \frac{2g}{\Omega R}$$

Kapitel 9:

Aufgabe 9.7:

Aufgrund des Impulssatzes (9.3) gilt

$$m_1 v = (m_1 + m_2)w \quad \rightarrow \quad w = \frac{m_1}{m_1 + m_2}\, v\,.$$

mit w als gemeinsamer Geschwindigkeit nach dem Stoß. Wir sehen übrigens, daß wir dieses Ergebnis auch erhalten, wenn wir für einen vollkommen plastischen Stoß von (9.11) ausgehen.

Die Ausschlaghöhe (Ausschlagwinkel φ) bestimmen wir mit Hilfe des Energiesatzes

$$\frac{1}{2}(m_1 + m_2)w^2 = l(1 - \cos\varphi)(m_1 + m_2)g \quad \rightarrow \quad v = \left(1 + \frac{m_2}{m_1}\right)\sqrt{2gl(1 - \cos\varphi)}\,.$$

Aufgabe 9.8:

Nach dem Auftreffen der Masse gilt für das System Feder-Masse der Impulssatz

$$m\ddot{x} + cx = 0 \quad \rightarrow \quad x(t) = c_1 \sin\omega t + c_2 \cos\omega t\,, \quad \omega = \sqrt{\frac{c}{m}}$$

mit der Eigenfrequenz ω (siehe Kapitel 10).

Mit Hilfe der Anfangsbedingungen $x(0) = 0$, $\dot{x}(0) = v_0$ erhalten wir daraus

$$x(t) = \frac{v_0}{\omega} \sin\omega t \quad \rightarrow \quad F(t) = cx(t) = v_0\sqrt{cm}\,\sin\omega t\,.$$

Die Masse verläßt die Feder, wenn $F(t) \leqslant 0$

$$\sin\omega T = 0 \quad \rightarrow \quad T = \frac{\pi}{\omega}\,, \quad v_1 = \dot{x}(T) = v_0 \cos\omega T = -v_0\,.$$

$$J = v_0\sqrt{cm}\int\limits_0^T \sin\omega t\,\mathrm{d}t = -v_0 m \cos\omega t\,\Big|_0^T = 2mv_0\,.$$

Zum Vergleich gilt für den elastischen Stoß ($\epsilon = 1$) gegen die starre Wand (9.3), (9.9):

$$v_1 = -\epsilon v_0 = -v_0 \quad J = (1 + \epsilon)mv_0 = 2mv_0\,.$$

Eine Aussage über T und $F(t)$ ist nicht möglich.

Aufgabe 9.9:

Wir führen die folgenden Geschwindigkeiten nach dem Stoß ein: w_1 - Kugel (nach rechts), w_2 bzw. Ω_2 - Stab (im Massenmittelpunkt nach rechts bzw. linksdrehend)

$$w_1 = \left\{\frac{4m_1(1 + \epsilon)}{m_2 + 4m_1} - \epsilon\right\}v\,, \quad w_2 = \frac{m_1(1 + \epsilon)}{m_2 + 4m_1}\,v\,, \quad \Omega_2 = \frac{6m_1(1 + \epsilon)}{m_2 + 4m_1}\,\frac{v}{l}\,.$$

Aufgabe 9.10:

$$\epsilon = 1 \text{ (vollelastisch):} \quad b = a - \frac{4r^2}{a} \quad (r \text{ Radius der Kugeln})$$

Aufgabe 9.11:

$$b = \frac{7a}{20}$$

Aufgabe 9.12:

a) $\omega = \dfrac{3}{5}\dfrac{v_2}{l} = 30\ \mathrm{s}^{-1}$ b) $f = \omega l\sqrt{\dfrac{m_1}{3c}} = 100\ \mathrm{mm}$

Aufgabe 9.13:

$$v \geqslant \frac{\frac{2}{3} + \frac{M}{m}}{1 + \epsilon} \sqrt{2gh}$$

Aufgabe 9.14:

Wir erhalten für die entsprechenden Größen nach dem Stoß:

$$v_1 = \frac{1}{7} \sqrt{(3v_0 \sin \alpha_0 - 4\omega_0 r)^2 + (7v_0 \cos \alpha_0)^2}, \quad \omega_1 = -\frac{3}{7} \omega_0 - \frac{10}{7} \frac{v_0}{r} \sin \alpha_0,$$

$$\tan \alpha_1 = \frac{1}{7} \left\{ 3 \tan \alpha_0 - \frac{4 \omega_0 r}{v_0 \cos \alpha_0} \right\}.$$

Aufgabe 9.15:

Wir erhalten

$$a = \frac{l}{4} \left\{ -1 + \sqrt{1 + \frac{4}{3} \frac{M}{m}} \right\}.$$

Aus der Forderung, daß $-1 \leqslant \dfrac{2a}{l} \leqslant 1$ gelten muß, folgt zusätzlich:

$$\frac{M}{m} \leqslant 6.$$

Aufgabe 9.16:

Für die Geschwindigkeiten nach dem Stoß gilt:

$$v_1 = l\omega_1 = \frac{3}{5} \sqrt{2gl}.$$

Damit erhalten wir:

$$f_{\max} = -2 \frac{l}{\alpha} \left\{ 1 - \sqrt{1 + \frac{3}{10} \alpha} \right\}.$$

Kapitel 10:

Aufgabe 10.9:

Die Bewegungsgleichung lautet (bei Drehung φ um den Fußpunkt)

$$\theta\ddot\varphi + c\varphi l^2 - mg\varphi\,\frac{l}{2} = 0$$

bzw.

$$\ddot\varphi + \omega^2\varphi = 0 \quad\text{mit}\quad \omega^2 = \frac{cl^2 - \frac{1}{2}mgl}{\theta} = \frac{3c}{m} - \frac{3g}{2l}\,.$$

Die Schwingungsdauer beträgt dann nach (10.4)

$$T = \frac{2\pi}{\omega} = \frac{2\pi}{\sqrt{\dfrac{3c}{m} - \dfrac{3g}{2l}}}\,.$$

Damit eine periodische Bewegung stattfinden kann, muß $\omega^2 > 0$ sein, d.h.

$$\frac{c}{m} > \frac{g}{2l}\,.$$

Aufgabe 10.10:

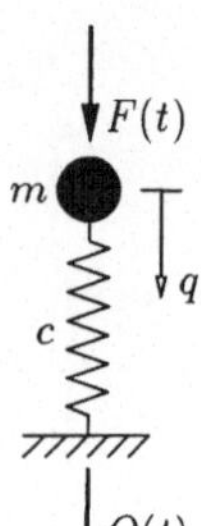

Das mechanische Modell des Systems ist nebenstehend abgebildet. Die aus der rotierenden Unwucht resultierende Kraft ist

$$F(t) = m_1 e\,\Omega^2 \cos\Omega t \quad\text{mit}\quad \Omega = \frac{2\pi n}{60} = 157{,}1\ 1/\text{s}\,.$$

Diese Kraft erzeugt gemäß (10.18) die Antwort

$$q(t) = \hat{q}\cos(\Omega t + \varphi)\,.$$

Dabei ist

$$\hat{q} = \frac{m_1}{m}\,\frac{e\,\eta^2}{\eta^2 - 1} \quad\text{mit}\quad \omega_0^2 = \frac{c}{m} \quad\text{und}\quad \eta = \frac{\Omega}{\omega_0}\,.$$

Die in die Umgebung übertragene Kraft ist $Q(t) = cq$. Die Vergrößerungsfunktion V ist

$$V(\eta) = \frac{Q_{\max}}{F_{\max}} = \frac{c\,\hat{q}}{m_1 e\,\Omega^2} = \frac{1}{\eta^2 - 1} = V_a(\eta)\,.$$

Da die Vergrößerung kleiner als 1 sein soll, müssen wir eine Lösung im überkritischen Bereich suchen, da nur hier – und zwar für $\eta > \sqrt{2}$ – die Vergrößerungsfunktion kleiner als 1 ist.
Für $V = 0{,}2$ folgt $\eta = \sqrt{6}$ und damit dann

$$\omega_0 = \sqrt{\frac{c}{m}} = \frac{\Omega}{\sqrt{6}} = 64{,}1\ 1/\text{s} \quad\text{sowie ferner}\quad c = 4{,}11\ \text{kN/mm}\,.$$

Die Amplitude der Zwangsschwingung ist $\hat{q} = 0{,}036$ mm und die statische Durchsenkung $q_{\text{st}} = mg/c = 2{,}39$ mm.

Aufgabe 10.11:

Die Differentialgleichung für die harmonische Erregung des gegebenen konservativen Systems lautet entsprechend (10.17)

$$\ddot{x} + \omega^2 x = \frac{K_0}{m}\cos\Omega t \quad\text{mit}\quad \omega^2 = \frac{c}{m}\,.$$

Als Antwort erhalten wir (10.18)

$$x(t) = \frac{K_0}{c}\,V_a(\eta)\cos(\Omega t + \varphi)\,.$$

Aus der Forderung $|x_0| = 1$ folgt dann

$$|V_a(\eta)| = c\,\frac{x_0}{K_0} \quad \to \quad |c - m\Omega^2| = \frac{K_0}{x_0}\;.$$

$$c = \begin{cases} \dfrac{K_0}{x_0} + m\Omega^2 & c > m\Omega^2 \\[2mm] -\dfrac{K_0}{x_0} + m\Omega^2 & c < m\Omega^2 \end{cases}$$

Die Steifigkeit der Blattfeder läßt sich entsprechend (10.9) bestimmen

$$c = \frac{1}{\delta_{11}} = \frac{3EJ}{l^3} = \frac{Ebh^3}{4l^3}\;.$$

Damit wird dann

$$b = \frac{4l^3}{Eh^3}\left\{m\Omega^2 \pm \frac{K_0}{x_0}\right\} = \begin{cases} 30,4\ \text{mm} & \omega > \Omega \quad \text{unterkritischer Bereich} \\ 10,4\ \text{mm} & \omega < \Omega \quad \text{überkritischer Bereich} \end{cases}$$

Aufgabe 10.12:

$$\omega^2 = 2\,\frac{g}{l}$$

Aufgabe 10.13:

$$\omega^2 = \frac{3EJ}{mb^2(a+b)}$$

Aufgabe 10.14:

Längsschwingung

$$\omega^2 = \frac{EA}{ml} = 10,79 \cdot 10^6\ \text{s}^{-2}, \quad f = \frac{\omega}{2\pi} = 5,23 \cdot 10^2\ \text{s}^{-1}$$

Biegeschwingung

$$\omega^2 = \frac{3EJ}{ml^3} = 8,09 \cdot 10^2\ \text{s}^{-2}, \quad f = \frac{\omega}{2\pi} = 4,53\ \text{s}^{-1}$$

Torsionsschwingung

$$\omega^2 = \frac{GJ_T}{\theta l} = 3,60 \cdot 10^4\ \text{s}^{-2}, \quad f = \frac{\omega}{2\pi} = 30,18\ \text{s}^{-1}$$

Aufgabe 10.15:

a) $\omega = 17,30\ \text{s}^{-1}$ b) $\omega = 8,65\ \text{s}^{-1}$

Aufgabe 10.16:

$$d = \frac{2m}{T}\ln\frac{x_0}{x_1} = 396,9\ \text{Ns/m}, \quad c = \frac{d^2}{4m} + \frac{4\pi^2 m}{T^2} = 2.694,9\ \text{N/m}$$

Aufgabe 10.17:

$$\frac{x_0 G}{2n-1} \geqslant R \geqslant \frac{x_0 G}{2n+1} \quad \to \quad \frac{40}{19} \geqslant R \geqslant \frac{40}{21}, \quad R \approx 2\ \text{N}$$

Aufgabe 10.18:

a) Bewegungsgleichung der freien Schwingung

$$\ddot{\varphi} + \frac{kl}{m}\,\dot{\varphi} + \frac{3g}{2l}\,\varphi = 0\,.$$

b) Voraussetzung für periodische Bewegungen ist $D^2 < 1$. Im aperiodischen Grenzfall ist $D = 1$.
   Aus $(10.3)_2$ folgt dann

$$k_{\mathrm{kr}} = \frac{m}{l}\sqrt{\frac{6g}{l}}\,.$$

c) Amplitudenverhältnis

$$\frac{\varphi_0}{\varphi_n} = e^{D\omega_0 nT} = e \quad \rightarrow \quad t_1 = nT = \frac{2m}{kl}\,.$$

Aufgabe 10.19:

$$\omega = \frac{1}{\sqrt{m\delta_{11}}} = 1.085\ \text{1/s}$$

Aufgabe 10.20:

$$a = \frac{l}{2}\,, \quad \frac{x_n}{x_{n+1}} = \exp\vartheta = 535,5$$

Aufgabe 10.21:

Wir geben zunächst eine beliebige Drehung φ_0 vor und fragen nach der Grenze der Haftreibung am Fußpunkt.

$$\varphi_0 > 5,7°\,, \quad 2 \leqslant n < 3 \quad \rightarrow \quad n = 2\,.$$

Aufgabe 10.22:

$$T = \frac{2\pi}{\omega} = 2\pi\sqrt{\frac{Ml}{g(M+m)}}$$

Aufgabe 10.23:

Vorgegeben sind:

$$f_{\min} = 30\ \text{min}^{-1} = 0,5\ \text{Hz}\,, \quad f_{\max} = 90\ \text{min}^{-1} = 1,5\ \text{Hz}$$

Dementsprechend erhalten wir:

$$x_{\min} = 90,3\ \text{mm}\,, \quad x_{\max} = 231,2\ \text{mm}$$

Aufgabe 10.24:

$$\omega^2 = 3\frac{g}{l} = 9,81\ \text{s}^{-2}\,, \quad f = \frac{\omega}{2\pi} = 0,50\ \text{s}^{-1}\,, \quad T = \frac{1}{f} = 2,01\ \text{s}$$

$$|x_{\max}| = \frac{2}{3}\,\varphi_0 l = 10,47\ \text{cm}$$

Aufgabe 10.25:

$$\omega^2 = \frac{3}{2}\left\{ \frac{c}{m} - 2\frac{g}{l} \right\}$$

Periodische Bewegung ist nur möglich für $\omega^2 > 0$, d.h.

$$\frac{c}{m} > 2\frac{g}{l} \; .$$

Aufgabe 10.26:

a) $\omega^2 = \dfrac{c}{7m_2}$ b) $v_0 < \dfrac{2g}{3\omega}$

Aufgabe 10.27:

a) $\omega^2 = \dfrac{c}{3m_1}$ b) $\dfrac{7}{2} \leqslant n \leqslant \dfrac{9}{2}$ $\rightarrow$ $n = 4$

Aufgabe 10.28:

a) $\omega^2 = \dfrac{cR^2}{\theta + mr^2}$ b) $x_0 \leqslant \dfrac{mgr^2}{cR^2}$

Aufgabe 10.29:

Amplituden:

$$x_0 = \frac{\omega^2 u_0}{\omega^2 - \Omega^2} \; , \qquad \dot{x}_0 = \frac{\Omega\,\omega^2 u_0}{\omega^2 - \Omega^2} \quad \text{bei} \quad \omega^2 = \frac{cR^2}{mR^2 + \theta}$$

Aufgabe 10.30:

$$|M|_{\max} = 29,7 \text{ Nm}$$

Aufgabe 10.31:

$$V_a = \frac{1}{1 + \eta^2} \; , \qquad V_b = 2D\eta V_2 = \frac{2\eta}{1 + \eta^2}$$

Aufgabe 10.32:

a) Periodische Bewegung für $\omega^2 > 0$ $\rightarrow$ $2c > m\Omega^2$

b) $|N| = 2m|\dot{x}|\Omega = 2m\Omega \sqrt{(2\frac{c}{m} - \Omega^2)(x_{\max}^2 - x^2)}$

Aufgabe 10.33:

Wir erhalten mit $c = 4 \cdot 10^4$ N/m

$A_b = 0,110$ mm, $407 < n < 450$ min^{-1}

Berücksichtigen wir zusätzlich zur Masse m_0 des Rotors das 33/140-fache der Trägermasse, so erhalten wir mit $m = m_0 + \Delta m_T = 25,90$ kg

$A_b = 0,083$ mm, $361 < n < 390$ min^{-1}

Kapitel 11:

Aufgabe 11.3:

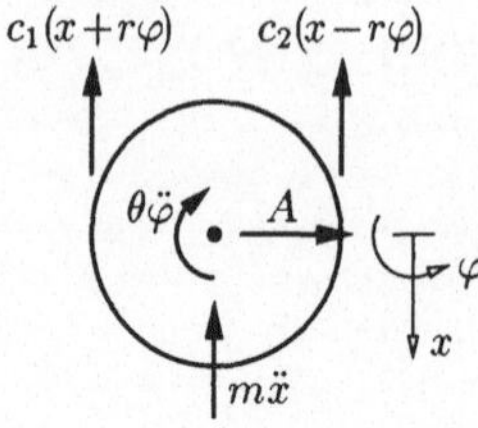

Mit Hilfe der Gleichgewichtsbedingungen erhalten wir die zwei Bewegungsgleichungen

$$\ddot{x} = \frac{7}{5}\frac{c}{m}x + \frac{3}{5}\frac{c}{m}r\varphi, \quad \ddot\varphi = \frac{14}{5}\frac{c}{m}\varphi + \frac{6}{5}\frac{c}{m}\frac{x}{r}$$

und damit

$$\omega_1^2 = \frac{c}{m}, \quad \omega_2^2 = \frac{16}{5}\frac{c}{m}.$$

Aufgabe 11.4:

Wir bestimmen zunächst die Einflußzahlen und erhalten dann mit (11.8) ein homogenes Gleichungssystem für die drei Verschiebungen q_1, q_2 und q_3. Aus der charakteristischen Gleichung erhalten wir dann:

$$\omega_1 = 4,92\sqrt{\frac{EJ}{ml^3}}, \quad \omega_2 = 19,60\sqrt{\frac{EJ}{ml^3}}, \quad \omega_3 = 41,61\sqrt{\frac{EJ}{ml^3}}.$$

Aufgabe 11.5:

$$\omega_1 = 0,807\sqrt{\frac{EJ}{ml^3}}, \quad \omega_2 = 2,82\sqrt{\frac{EJ}{ml^3}}$$

Eigenschwingungsformen: $q_2 = 2,41q_1$ für ω_1, $\quad q_2 = -0,41q_1$ für ω_2

Bewegungsgleichungen:

$$x = \frac{v_0}{2,82\,\omega_1}\sin\omega_1 t - \frac{v_0}{2,82\,\omega_2}\sin\omega_2 t$$

$$y = \frac{2,41v_0}{2,82\,\omega_1}\sin\omega_1 t + \frac{0,41v_0}{2,82\,\omega_2}\sin\omega_2 t.$$

Kapitel 12:

Aufgabe 12.6:

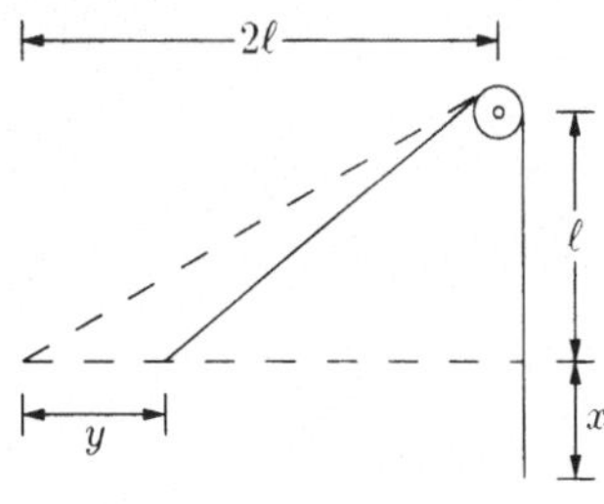

Wir bestimmen zunächst mit Hilfe der geometrischen Verhältnisse

$$y = 2l - \sqrt{4l^2 + x^2 - 2\sqrt{5}lx}$$

und erhalten dann über den Energiesatz

$$\dot{x}^2(x) = \cfrac{4gx}{3 + \cfrac{l^2}{4l^2 + x^2 - 2\sqrt{5}\,lx}}$$

$$S(x) = 2m(g - \ddot{x})$$

mit

$$\ddot{x} = 2g\,\frac{3 + \cfrac{l^2}{4l^2 + x^2 - 2\sqrt{5}\,lx} + 2xl^2\,\cfrac{x - \sqrt{5}\,l}{(4l^2 + x^2 - 2\sqrt{5}\,lx)^2}}{\left\{3 + \cfrac{l^2}{4l^2 + x^2 - 2\sqrt{5}\,lx}\right\}^2}\,.$$

Aufgabe 12.7:

Generalisierte Koordinaten q_1 und q_2 als vertikale Verschiebungen der Massen m_1 bzw. m_3.

$$\ddot{q}_1 = -\tfrac{1}{5}\,g, \quad \ddot{q}_2 = \tfrac{3}{5}\,g.$$

Für die Masse m_2 folgt dann aus der kinematischen Bindung: $\ddot{q} = \tfrac{1}{2}(\ddot{q}_1 + \ddot{q}_2) = \tfrac{1}{5}\,g$ aufwärts.

Aufgabe 12.8:

Drehung des Stabes q_1, Rotation der Walze q_2, Bewegungsgleichungen:

$$\frac{1}{3}\,ml^2\ddot{q}_1 = cl^2(q_1 - q_2) + \frac{mgl}{2}\,q_1$$

$$\frac{3}{2}\,ml^2\ddot{q}_2 = cl^2(q_1 - q_2)$$

Aufgabe 12.9:

a) $q_{\mathrm{st}} = \dfrac{g}{c}\,(m_1 - m + 2m_2)$

b) $\ddot{q}(m_1 + 4m + 4m_2) + cq = g(m_1 - m + 2m_2), \quad m_1 + 2m_2 > m$

c) $\omega_0^2 = \dfrac{c}{m_1 + 4m + 4m_2}$ \quad d) $q = q_{\mathrm{st}}(1 - \cos\omega_0 t)$

Aufgabe 12.10:

Translation q_1, Rotation q_2, Bewegungsgleichungen:

$$m\ddot{q}_1 - m\ddot{q}_2\, l \sin q_2 - m\dot{q}_2^2\, l \cos q_2 = -cq_1$$

$$-m\ddot{q}_1\, l \sin q_2 + \frac{4}{3}\,ml^2\ddot{q}_2 = -mg\, l \sin q_2$$

Linearisierung führt auf:

$$\ddot{q}_1 + \frac{c}{m}\, q_1 = 0, \quad \ddot{q}_2 + \frac{3g}{4l}\, q_2 = 0$$

Bedingung: $\quad \dfrac{c}{m} = \dfrac{3g}{4l}$.